AF503042

TABLES

POUR SERVIR A L'INTELLIGENCE

DES MESURES, POIDS ET MONNOIES

DES ANCIENS.

Se trouve **A PARIS**,

Chez
- Didot jeune, Imprimeur de Monsieur, quai des Augustins.
- Debure, Libraire de la Bibliothèque du Roi, rue Serpente, Hôtel Ferrand, n°. 6.
- Théophile Barrois jeune, Libraire, quai des Augustins, n°. 18.
- Croullebois, Libraire, rue des Mathurins, n°. 32.

MÉTROLOGIE,

OU

TABLES

POUR SERVIR A L'INTELLIGENCE

DES POIDS ET MESURES DES ANCIENS,

ET PRINCIPALEMENT A DÉTERMINER LA VALEUR

DES MONNOIES GRECQUES ET ROMAINES,

D'après leur rapport avec les Poids, les Mesures et le Numéraire actuel de la France.

PAR M. DE ROMÉ DE L'ISLE,

De l'Académie Impériale des Curieux de la Nature ; des Académies Royales des Sciences de Berlin et de Stockholm ; de celle des Sciences utiles de Mayence ; Honoraire de la Société d'Emulation de Liège.

Prix broché 18 liv.

A PARIS,

DE L'IMPRIMERIE DE MONSIEUR.

M. DCC. LXXXIX.

AVEC APPROBATION, ET PRIVILÉGE DU ROI.

AVERTISSEMENT.

S I le prix de 18 liv., auquel se vend cet Ouvrage, paroissoit à quelques personnes excéder le taux ordinaire d'un petit volume in-4°. d'environ 250 pages : on les prie de faire attention que les TABLES et TABLEAUX SYNOPTIQUES, dont ce Volume est presqu'en entier composé, ont dû nécessairement augmenter les frais de son impression.

L'Auteur croit devoir aussi prévenir le Public qu'on a donné l'attention la plus scrupuleuse à la correction des épreuves. Si cependant il est échappé quelques fautes qui ne soient point corrigées dans l'ERRATA qui termine cet Ouvrage, il ose croire qu'elles sont de peu d'importance, et qu'elles ne peuvent préjudicier à la certitude des Résultats généraux déduits de la comparaison de nos Mesures avec celles des Grecs et des Romains.

b.

A MA PATRIE,

RENAISSANTE SOUS LES AUSPICES

DE LOUIS XVI:

L'AN DE GRACE M. DCC. LXXXIX.

M. NECKER

ÉTANT MINISTRE DES FINANCES;

ET

LA NATION FRANÇAISE ASSEMBLÉE

POUR LA RESTAURATION DES LOIS

ET DU CRÉDIT PUBLIC.

J. B. L. DE ROMÉ DE L'ISLE, Français, de plusieurs Académies étrangères, ancien Secrétaire au Corps Royal de l'Artillerie et du Génie détaché dans l'Inde en 1756.

PATRIÆ RENASCENTI

SVB AVSPICIIS INCLYTI REGIS

LVDOVICI DECIMI SEXTI:

ANNO REPARATÆ SALVTIS M.DCC.LXXXIX.

NECKERO,

CALVMNIÂ SVBLATÂ, PVBLICVM ÆRARIVM

FELICITER GVBERNANTE;

ET

NATIONE GALLICÂ

PRO LEGIBVS

AC FIDE PVBLICÂ RESTITVENDIS

VERSALIIS CONVOCATÂ.

Opus suum Vovet, Dicat, Consecrat
J. B. L. DE ROMÉ DE L'ISLE. Francigena.

» L'Ouvrage que j'ai entrepris est un Labyrinthe où plusieurs se sont
» égarés ; pour en pénétrer toutes les issues et en franchir les détours,
» j'avois besoin d'un fil pour me guider ; je ne puis me dissimuler que
» j'en tiens le bout. « M. PAUCTON, *Métrolog.* p. 125.

PRÉFACE.

PRÉFACE.

Le rapport des Mesures antiques avec les nôtres, est une connoissance si nécessaire pour l'intelligence de l'Histoire Ancienne, qu'il n'est pas étonnant que depuis Budé (*a*), nombre de Savans en aient fait l'objet de leurs recherches. Si leurs travaux n'ont pas eu tout le succès qu'on s'en étoit promis, c'est que la plupart ont négligé la seule route qui pouvoit les conduire à la découverte de la vérité, et que d'autres, bien convaincus des avantages qu'ils auroient trouvés à parcourir cette route, n'ont pas été sans doute à portée de la reconnoître, ou de la suivre comme ils l'auroient désiré.

M. Paucton, à qui nous devons l'ouvrage le plus récent et le plus approfondi qui ait paru sur cette matière (*b*), s'exprime ainsi dans sa Métrologie (page 313) : » Un » examen suivi des Monnoies anciennes, qui ont été » conservées jusqu'à présent seroit très-propre à répandre

---

(*a*) Budé, à la persuasion duquel François I, fonda le Collège Royal, fut le premier en France, qui fit une petite Collection de Médailles d'or et d'argent, même avant que d'écrire sur les Monnoies des Anciens. Son Livre *de Asse* parut en 1514, et lui fit le plus grand honneur. Il est rempli d'excellentes recherches ; ce qui n'empêche pas que l'Auteur ne se soit trompé dans l'évaluation de la Livre Romaine, qu'il égale à 12 onces 4 gros de la livre de Paris, tandis qu'elle pèse en effet deux onces de moins que cette évaluation.

(*b*) Métrologie, ou Traité des Mesures, Poids et Monnoies des Anciens peuples et des Modernes. *Paris , 1780, in-4° de plus de 900 pages.*

c

» un plus grand jour sur cette matière. Je ne suis pas à
» portée de profiter de cet avantage. J'indique ce moyen
» à celui qui trouvera bon de s'occuper de cette étude. «
Or ce que M. Paucton n'a pu faire, ce que d'autres
auroient pu mieux faire, les circonstances m'ont permis
de l'éxécuter.

Dans la vue de me rendre utile aux deux Savans
Rédacteurs du Catalogue des Médailles de M. D'Ennery,
j'ai pesé avec toute l'exactitude possible, les Monnoies
Romaines de Bronze qui portent la marque de l'*As* ou
livre romaine et de ses sous-multiples, ainsi que les diverses
réductions de ces Monnoies, vulgairement et faussement
désignées sous le nom de *Poids Romains*. Elles formoient
une des suites les plus intéressantes de cette riche et
précieuse Collection (*a*). J'ai ensuite comparé les résultats

---

(*a*) Cette Collection, fruit de plus d'un siécle de travaux, de recherches
et de dépenses auxquelles M. D'Ennery a consumé la majeure partie de sa
fortune, n'a pu trouver (quoiqu'annoncée depuis deux ans), un Acquéreur
dans toute l'Europe ! Il a fallu pour en avoir à-peu-près le tiers de sa valeur,
morceler, et pour ainsi dire incendier ce trésor numismatique, dont l'ensemble
n'existe plus que dans le Catalogue fait pour en conserver la mémoire à la
postérité. Il auroit été sans doute à désirer que le poids de chaque pièce y eût été
consigné ; mais n'ayant pu m'occuper de la pesée des Médailles Grecques et
Romaines que dans les intervalles que me laissoient les soins que je donnois
aux Tables et à l'impression de ce Catalogue, il n'a été possible d'y insérer que
les seuls poids des As et de leurs sous-multiples avec un petit nombre de ceux
que je présente ici, tant des Médailles Consulaires et Impériales, que de celles
des Peuples, Villes et Rois. L'ouvrage que je donne aujourd'hui peut donc être

que j'avois obtenus, avec ceux qu'a publié Dom Bernard de Montfaucon dans le IIIe. volume du *Supplément à l'Antiquité expliquée*; j'ai trouvé les uns parfaitement d'accord avec les autres, ce qui m'a décidé à les présenter réunis dans un seul et même Tableau. (*Voyez* la Table XII.)

Comme les divisions de la livre romaine sont marquées sur toutes ces Monnoies par un certain nombre de points ou globules, rien ne semble, plus facile au premier coup-d'œil, que d'en déduire le rapport de cette livre avec la nôtre; mais il s'en faut bien que cela soit ainsi : l'altération plus ou moins sensible qu'ont éprouvé ces Monnoies, soit par l'usage et les frottemens, soit par leur long séjour dans la terre parmi les autres débris de l'antiquité, vient s'opposer à l'acquisition de cette connoissance, qu'il faut chercher dans des métaux moins imparfaits et moins sujets à s'altérer que le Bronze : tels sont l'Or et l'Argent.

J'ai donc pesé toutes les Monnoies Romaines d'or et d'argent qui, par un degré supérieur de conservation, pouvoient faire connoître leur poids légitime et primitif, et j'ai eu la satisfaction, parmi celles qui composoient la riche Collection dont je viens de parler, d'en trouver un

---

regardé comme un supplément à ce Catalogue ; et j'espère que dans l'espèce de discrédit où la Numismatique est tombée depuis quelques années, il servira de réponse à ceux qui demandent sans cesse : *A quoi servent donc les Médailles ?*

grand nombre, et de tous les modules, qui ne permettent plus de douter que l'Once Romaine ne fût à la nôtre dans le rapport de 7 à 8, et le Scrupule Romain du poids de 21 de nos grains. (*Voyez* les Tables X et XI.)

M. Sabbathier, dans son utile et savant *Dictionnaire pour l'intelligence des Auteurs Classiques*, après avoir rapporté les différentes opinions des Modernes sur la valeur de la Livre Romaine, en conclut » qu'on ne peut établir aucun » système que sur des autorités qui se contredisent, « parce que tel des Auteurs Anciens ne fait l'Once Romaine que de six deniers, tandis que tel autre la fait de sept, et tel autre de huit ; mais il est bon de faire observer que ces prétendues contradictions ne sont qu'apparentes, puisqu'à raison des différens poids des drachmes ou deniers dont il s'agit, l'once pouvoit également contenir six drachmes ou deniers de 84 grains, sept de 72, ou 8 de 63, et qu'ainsi la Livre Romaine étoit la même, soit qu'on y comptât 72 Sous d'or du poids de 84 grains, ou 84 Deniers du poids de 72 grains, ou enfin 96 du poids de 63 grains. Il est donc possible, quoi qu'en dise M. Sabbathier, de trouver fixément ce que la Livre Romaine contenoit de Deniers, et de déterminer la valeur de cette Livre, en la comparant à la Livre de Paris.

Pline l'ancien nous apprend que les premières Mon-noies d'or frappées à Rome (vers l'an 547 de sa fondation) étoient

.étoient telles, que le Scrupule ou la 24me. partie de l'Once Romaine valoit 20 sesterces ou 5 deniers d'argent (*a*). Trois de ces Monnoies d'or, dont parle Pline, sont décrites sous les n°s. 114, 115 et 116 de la Suite des Médailles Consulaires du Catalogue de M. D'Ennery; et de ces trois, il y en a deux qui ne laissent rien à desirer pour la conservation. Toutes donnent le Scrupule Romain du poids exact de 21 de nos grains, et l'on peut d'autant mieux compter sur ce poids, qu'il existe non-seulement dans la pièce d'un scrupule et de la valeur de XX sesterces dont je viens de parler, mais encore dans deux autres de trois scrupules et de la valeur de soixante sesterces, exprimée sur ces deux Médailles, lesquelles donnent le triple du poids précédent, ou 63 de nos grains.

Le Savant P. Hardouin avoit observé le même rapport dans deux Médailles d'or pareilles, dont il fait mention dans ses Notes sur Pline (*b*). On a lieu d'être étonné que cette connoissance soit demeurée stérile entre les mains

---

(*a*) » *Aureus nummus post annum LXII percussus est quam argenteus,* » *ita ut scrupulum valeret sestertiis vicenis.* « Nat. Hist. Lib. 33, Cap. 3.

(*b*) Voici ce qu'il dit à l'occasion du passage de Pline cité plus haut : « *Aurei* » *cujusvis nummi Scrupulum æstimabatur vicenis argenti sestertiis, sivè, quod* » *idem est, denariis quinque. Luculentum hujus rei testimonium præbent nummi* » *aurei duo quos vidimus tum in Bibliothecâ Regiâ, tum in Musæo Sanctæ-* » *Genovefæ. Alter nummus est unius scrupuli pondere, hoc est granorum* 21, » *alter majusculus pondere omnino triplo majore, hoc est granorum* 63. Harduin. in Plin.

de cet habile Antiquaire, qui eut pu en déduire, comme je l'ai fait, l'exacte évaluation de la Livre Romaine, évaluation qui, jusqu'à ce jour, a passé pour un problême insoluble, à cause des vains efforts de ceux qui s'en étoient occupés (*a*).

Cette évaluation est de plus confirmée par les Monnoies d'or de Constantin et de ses successeurs; car les Historiens disent que le Sou d'or, qui commença sous Constantin, étoit du poids de quatre scrupules ou d'un sixième d'Once Romaine; or le poids de ces *Sous d'or*, qui etoient en grand nombre, et des mieux conservés dans la Suite Impériale de M. D'Ennery, est de 84 grains. La même Collection offroit non-seulement des *Demi-Sous d'or* du poids de 42 grains, des *Tiers de Sous d'or* du poids de 28 grains, mais

---

(*a*) Il pourra paroître assez singulier qu'un homme qui jusqu'à présent n'avoit étudié que la Géométrie de la Nature et ces Formes Cristallines si admirables, si nombreuses et si variées du Règne Minéral, ose entrer en lice et se présenter pour la solution d'un problême contre lequel avoient échoué les plus célèbres Antiquaires, que d'autres avoient à peine éffleuré, et que d'autres enfin jugeoient encore inaccessible, à cause de l'incertitude des résultats qui s'offroient par-tout à leurs regards. Mais je n'ai d'autre mérite en ceci que d'avoir eu le bonheur de rencontrer, dans ce scrupule d'or dont parle Pline, le poids Français de 21 grains, qui, multiplié par 24 (nombre très-connu, des scrupules de l'Once Romaine), m'a donné, avec le poids de cette Once, celui de la Livre même que l'on cherchoit. Cinq ou six mois d'un travail assidu m'ont suffi pour vérifier si ce rapport étoit exact ou d'accord avec l'Histoire et les autres Monumens de l'Antiquité; et ce n'est qu'après avoir reconnu qu'il étoit incontestable, que j'ai pris sur moi de le publier.

encore une Suite très-précieuse de MÉDAILLONS D'OR (*a*) du poids de 6, de 8, de 18 et de 36 scrupules, qui tous donnent le même rapport du scrupule à 21 de nos grains. (*Voyez* la Table XI).

M. de la Nauze (*b*) est de tous les Modernes qui se sont occupés de l'évaluation de la Livre Romaine, celui qui approche le plus des résultats que je viens d'énoncer, puisqu'il fait le scrupule de 21 ⅓ grains. Cette différence d'un tiers de grain sur le scrupule, en produit sur la livre une de 96 grains, ce qui a suffi pour lui faire méconnoître l'exacte détermination de cette livre. Cependant comme l'écart est peu considérable dans des pièces qui n'excèdent guère le poids d'un tiers d'once romaine, et que le Mémoire de cet Académicien a pour base une pesée fort exacte des *Médailles d'or Consulaires* du Cabinet du Roi, pesée dont il fait honneur à son illustre confrère M. l'abbé Barthélemy, j'ai réuni toutes les Médailles qu'il a publiées

(*a*) Cette Suite, si mal appréciée par les Amateurs étrangers, qui vraisemblablement ignoroient son extrême rareté, a passé presqu'entière, et à très-bas prix, dans le Cabinet du Roi. Le même Cabinet s'est encore enrichi de la belle Suite d'As Romains et Italiques de M. D'Ennery, à l'exception néanmoins de celles des *Réductions de ces As* qui faisoient partie de la *Suite Consulaire de Bronze*, et qui ont passé avec cette dernière Suite en pays étranger.

(*b*) Mémoires de l'Acad. Royale des Inscript. ann. 1760. Avant M. de la Nauze, le Blanc, dans son Traité des Monnoies de France, avoit déja évalué le Scrupule à 21 ⅓ grains; mais chez lui cette assertion est dénuée de l'appareil des preuves dont M. de la Nauze a cherché à l'étayer.

conjointement avec celles du même genre, dont les poids
se trouvent cottés dans la Collection du Lord Pembrock,
j'ai réuni, dis-je, ces Médailles des Familles Romaines à
celles du Cabinet de M. D'Ennery, que j'ai pesées, pour
en former un seul et même Tableau, qui n'est pas une
des pièces les moins authentiques que je puisse produire
en faveur de ma découverte. (*Voyez* la Table X).

Il seroit trop long d'examiner et de discuter en détail
les différens systémes des Savans qui m'ont précédé dans
cette carrière; il suffira de présenter ici le résultat des
apperçus de chaque Auteur (*a*), sur le rapport qu'avoit la
Livre Romaine avec notre Poids de Marc.

La Livre Romaine valoit :

	Onces.	Gros.	Grains.	NOMBRE de Grains à la Livre.
1°. Suivant BUDÉ (*de Asse* 1514). 100 Drach. ou Den. de 72 gra.	12	4	..	7200.
2°. ——— M. de la BARRE (Mém. de l'Acad. Royale des Inscript. ann. 1728. 96 Deniers de 75 grains.....	12	4		7200.

(*a*) Si je ne cite point ici le P. MERSENNE, AGRICOLA, VOSSIUS, GRONOVIUS,
ARBUTHNOTH, ÉDOUARD BERNARD, et plusieurs autres auxquels on doit des
recherches plus ou moins approfondies sur les Poids et Mesures des Anciens,
c'est que les uns sont d'un sentiment peu différent de ceux que j'ai rapprochés
dans ce Tableau, et que les autres, en évaluant les Poids, les Mesures et les
Monnoies des Anciens, n'ont point eu pour objet de les comparer directement
avec la Livre de Paris dont il s'agit ici.

3°.

	Onces.	Gros.	Grains.	NOMBRE de Grains à la Livre.
3°. ———— M. d'HANCARVILLE (ann. 1785) d'après la mesure du Conge par Auzout......	10	7	12	6276.
4°. ———— M. AUZOUT, d'après le Conge du Capitole (Acad. Royale des Sc. ann. 1680)....	10	7	38	6302.
ou d'après un autre résultat du même.	10	6	34	6226.
5°. ———— M. PAUCTON, (dans sa Métrol. ann. 1780).	10	7	48	6312.
6°. ———— M. DUPUY, (Ac. Royale des Inscript. année 1757).......... } 84 Deniers de 75 grains.....	10	7	36	6300.
7°. ———— EISENSCHMIDT, (Traité des Poids et Mesures des Anciens. 1708). } 84 Deniers de 74 grains.....	10	6	24	6216.
8°. ———— LE BLANC, (Traité des Monnoies de France 1689).........	10	5	24	6144.
9°. ———— M. DE LA NAUZE, (Ac. Royale des Inscrip. ann. 1760)......	10	5	24	6144.
10°. ———— Dernier résultat présenté dans cet Ouvrage (a)........ } 96 Drachmes ou Den. de 63 grains.......	10	4	..	6048.

(a) C'est aussi le sentiment de JACQUES CAPELLE, dans le petit Traité qu'il a publié sous ce titre : *De ponderibus, nummis et mensuris Libri V.* Francof. 1606 in- 4°. Cet Auteur, moins connu qu'il ne mérite de l'être, avoit observé le poids de quelques Monnoies Romaines ; de là, sans doute, l'exactitude du résultat suivant : *Libræ Parisienses una et viginti pendent Romanas trigenta duas,* dit-il, ibid. lib. I, §. CXI. C'est aussi l'opinion de SAVOT et de BOUTEROUE, *Recherches Curieuses des Monnoies de France,* 1666, in-fol.

S'il restoit quelques doutes sur la certitude de ce dernier résultat, la cubature du Pied romain viendroit bientôt les dissiper. Nous savons que l'*Amphore* étoit une mesure romaine des liquides, qui portoit aussi le nom de Quadrantal, parce qu'elle étoit la cubature du pied romain (*a*) ; nous savons de plus que le *Conge* en étoit la huitième partie ou le Demi-pied cube romain. Or si l'on cube le Pied romain, qui a 10 pouces 10 lignes et $\frac{6}{10}$ de lignes de notre pied-de-roi (*b*), on obtient, à une très-légère fraction près, le même résultat auquel on parvient par la multiplication du scrupule d'or du poids de 21 grains.

La mesure du Conge Romain publiée par Auzout est sensiblement erronée, puisqu'elle donne un Pied romain de 11 pouces et $\frac{1}{25}$, ou même de 11 pouces 2 lignes, tandis que ce même Pied, si l'on en juge par ceux que

---

(*a*) » *Quod vas*, dit Festus au mot Quadrantal, *pedis quadrati octo et* » *quadraginta capit sextarios.* «

(*b*) Un Pied de Bronze Antique très-bien conservé, et qu'on garde dans la Bibliothèque du Vatican, mesuré par M. l'abbé Barthélemy de l'Académie Royale des Inscriptions et par le P. Jacquier, Minime à Rome, s'est trouvé de 130,6 $\frac{11}{14}$ lignes du pied-de-roi. Un autre Pied semblable, trouvé par M. Grignon, de l'Académie Royale des Sciences, dans les ruines d'une Ancienne Ville, sur la petite montagne du Châtelet en Champagne, entre Joinville et Saint-Dizier, contient 130,6 lignes du pied-de-roi. Enfin d'après l'Obélisque de Sésostris ou du Champ de Mars, mesuré par M. Stuart, le Pied romain se trouve être de 10 pouces 10 lignes $\frac{17}{100}$, ce qui s'éloigne peu des résultats précédens.

l'Antiquité nous a transmis, n'a pas même 11 pouces complets du Pied-de-roi.

D'un autre côté, si M. Paucton exagère le Pied Romain jusqu'à lui donner 11 pouces 4 lignes $\frac{8}{10}$ du Pied-de-Roi, c'est qu'il le confond toujours avec le Pied Grec Olympique, qui a 6 $\frac{2}{10}$ lignes de plus que le Pied romain : il n'est donc pas étonnant que la cubature de ce faux pied romain lui ait fait attribuer au Conge une capacité de 185 pouces cubiques et $\frac{17}{20}$, quoique, d'après le vrai Pied romain cité plus haut, elle n'excède pas 162 pouces.

Cependant M. Paucton n'ignoroit pas que parmi un assez grand nombre de Pieds romains antiques, dont la mesure avoit été prise avec exactitude, aucun n'excédoit onze pouces de notre pied-de-roi, ni même 10 pouces 11 lignes; et comme ces pieds plus courts que celui qu'il avoit adopté l'embarrassoient, il a cru, pour se tirer de ce mauvais pas, devoir avancer que le Pied Romain fut altéré sous les Empereurs, et qu'il devint alors plus court qu'il ne l'étoit du tems de la République (a); mais cette assertion, d'ailleurs dénuée de preuves, tombe aussitôt qu'il est prouvé, comme on le verra par nos Tables, que le prétendu pied romain de M. Paucton n'est que le Pied grec Olympique, et que le vrai Pied romain de 10 pouces

______

(a) Métrologie, p. 133.

10 lignes $\frac{6}{10}$, est en rapport avec la capacité de l'Amphore, évaluée à 27 pintes de Paris. (*Voyez* la Table III.)

Pour arriver donc à la connoissance du poids de la Livre Romaine par la capacité du Conge, j'ai cru qu'il falloit, avant tout, déterminer la capacité du Conge ou celle du Quadrantal, non en mesurant la quantité d'eau que pouvoient contenir ces vaisseaux dans leur état actuel, mais en déterminant à *priori* celle qu'ils devoient contenir d'après la cubature même du Pied romain, dont la vraie longueur est aujourd'hui constatée, non-seulement par la mesure scrupuleuse qu'en ont prise immédiatement les Savans que j'ai cités plus haut, mais encore par l'accord qui se trouve entre le produit de sa cubature et la Livre romaine évaluée par la pesée des Médailles.

J'ai suivi, pour la détermination des Mesures et des Monnoies grecques, la marche qui m'avoit conduit à la decouverte du poids précis de la Livre romaine. J'ai pesé non-seulement toutes les Médailles d'argent des Villes Autonomes, des Isles et des Colonies de la Grèce ou de l'Asie mineure décrites dans le Catalogue de M. D'Ennery, mais aussi celles d'or et d'argent des Rois de Macédoine, d'Egypte, de Syrie, de Sicile, &c. qui faisoient partie de ce Cabinet. Par ce moyen j'ai reconnu que ces Monnoies se rapportoient à différentes Drachmes que j'ai désignées par un nom particulier, relatif à la plus célèbre des Isles

ou

ou Villes qui viennent se ranger sous une même division. (*Voyez* la Table IX.)

Pline (*a*) et quelques Auteurs anciens ayant dit que la Drachme Attique avoit le poids du Denier Romain, et qu'on prenoit indifféremment le denier pour la drachme, ou la drachme pour le denier, la plupart des Auteurs qui, depuis Budé jusqu'à M. Paucton, se sont occupés du rapport qu'avoit la drachme Attique avec le denier Romain, ont pris pour base de ce rapport les uns la Drachme de 72 grains, les autres une drachme Attique de 74 à 75 grains (*b*), qu'ils ont ensuite comparée avec un denier Romain du même poids ; mais comme le poids du Denier n'a pas moins varié chez les Romains que celui de la

---

(*a*) *Drachma Attica Denarii argentei habet pondus, eademque sex Obolos pondere efficit.* Nat. Hist. Lib. 21. Cap. 34,

(*b*) Voyez les différens systêmes rapportés plus haut. Il faut en excepter Jacques Capelle, qui, même en donnant le nom de Livre Attique à la Livre Romaine, a pris pour base de son évaluation la drachme ou le denier de 63 grains. « *Libra Attica et Romana*, dit-il, *qualis sub Coss. et Impp. usurpabatur pen-* « *debat granorum Romanorum* (ou plutôt *Nostratiûm*) *sex millia et duode-* « *quinquaginta, Drachmas Atticas nonaginta sex, Denarios Consulares octo-* « *ginta quatuor, Uncias Atticas et Romanas duodecim, Parisienses decem et* « *semissem, Stateres Atticos sive Siclos sanctuarii viginti quatuor.*» Et il cite en faveur de cette évaluation Dioscoride et Galien, Aetius, Paul Æginete, Oribase, Celse et Saint-Epiphane. Au reste, si cet Auteur donne improprement à la Livre Romaine le nom de *Livre Attique*, il étoit bien éloigné de la confondre avec la *Mine Attique* qu'il savoit être de 4 Drachmes ou de 252 grains plus forte que ce qu'il nommoit *Livre Attique ou Romaine. Mina Attica*, dit-il, *granorum sex millia trecenta*, ibid.

f

Drachme chez les Grecs, il est bon de rappeler ici qu'il y avoit chez ces peuples une Drachme pondérale ou *Drachme-poids*, égale à 3 scrupules ou à la huitième partie de l'Once Romaine, et cette drachme *(a)*, que je désigne sous les noms de *petite Drachme Attique* ou *Drachme de Samos*, servoit à évaluer le poids variable des *Drachmes* ou *Deniers-monnoies*.

C'est cette Drachme, du poids de 3 scrupules, que Dioscoride et Galien nomment *Holce* ou *Drachme Attique*, comme ils appeloient *Obole Attique* la sixième partie de cette drachme ou le demi-scrupule. En vain M. Paucton prétend-il rejeter un témoignage aussi formel à l'égard de cette Drachme, qu'il nomme *Drachme ou Denier Romain de Néron*, parce qu'en effet tel étoit le poids du denier dans les dernières années du Règne de ce Prince : mais ce n'est point *improprement*, comme il le dit *(b)*, que ces Auteurs la désignent sous les noms que je viens d'indiquer, puisqu'au contraire c'étoit la vraie *Drachme Attique-poids*, également en usage chez les Grecs et chez les Romains.

(a) De même que notre Once se divise en *huit gros*, l'Once romaine étoit composée de *huit drachmes*.

(b) « L'*Obole*, que ces Écrivains appellent improprement *Obole Attique*, « vaut 1 ½ lupins &c. Métrolog. p. 275. La *Drachme* ou *Denier Romain de Néron*, « que ces Auteurs appellent improprement *Holce* et *Drachme Attique*, vaut, &c. Ibid. p. 276.

Quant aux *Drachmes-monnoies*, on verra par les Tables que j'en ai dressées, le rapport qu'elles ont entre elles et avec les Deniers romains de différents poids qui ont été frappés sous la République, sous les Triumvirs et sous les Empereurs. (*Voyez* les Drachmes des nᵒˢ. II, V, VI, VII et IX.)

La plus foible de ces Drachmes est celle d'*Ægium* ou *du Péloponnèse*. Elle ne pèse que 60 grains (*a*), tandis que la plus forte, qui est celle d'*Egine*, en pèse 140 ou deux gros moins quatre grains.

C'est sur la valeur inégale de ces différentes drachmes qu'étoit fondée, comme nous l'apprend Pollux (*b*), la valeur plus ou moins considérable des différens TALENS.

Un Talent étoit composé de 60 Mines, et chaque Mine de 100 Drachmes; mais il est aisé de sentir que le poids et conséquemment le prix du Talent ont dû varier selon le poids des Drachmes dont il étoit composé. Priscien nous apprend que le poids du *grand Talent Attique* (lequel étoit

---

(*a*) Cette Drachme, apportée dans les Gaules par les Phocéens, fondateurs de Marseille, y fait encore aujourd'hui la 8ᵉ. partie de l'Once Marseilloise, dont les seize composent la Livre que l'on désigne en Provence sous le nom de *Poids de Table*. Cette même Drachme fait aussi la centième partie de la Livre ou du *Cheky* de Constantinople, et elle se retrouve encore chez les Moscovites.

(*b*) « *Porrò Mina ipsa, ut apud Athenienses centenas habebat Drachmas,* « *sic apud alios quoque totidem suas cujusque generis, quæ pro ratione* « *cujusque Talenti plus minus valerent augmento vel decremento.* » Jul. Pollux Onomast. Lib. IX.

composé de 6000 drachmes Attiques du poids de quatre scrupules), étoit de 83 livres et 4 onces romaines (*a*). Le *petit Talent Attique*, composé de 6000 drachmes du poids de trois scrupules, ne devoit donc peser que 62 livres et demie romaines, et le double de ce poids, ou 125 livres, est précisément celui que Saint-Epiphane donne au *Talent d'Alexandrie* (*b*), dont le poids égaloit celui de deux petits Talens Attiques. La Livre Romaine, plus foible de quatre *drachmes pondérales* que la petite Mine Attique, étoit donc composée de 96 drachmes ou deniers de 63 grains (qui étoient de petites drachmes attiques ou pondérales) ; de 84 drachmes ou deniers d'Auguste du poids de 72 grains; de 75 drachmes attiques moyennes ; enfin de 72 grandes drachmes attiques du poids d'une sextule ou sixième d'once romaine.

Ce rapport exact de la Livre Romaine, telle que je la donne ici, avec le poids des principaux Talens évalués en livres romaines par quelques Anciens, suffiroit seul pour démontrer que le problême de l'exacte détermination de cette livre est enfin résolu.

Pour rendre plus complètes les Tables des différentes

(*a*) « *Talentum magnum Libræ LXXXIII et unciæ IV.* Prisc. de Ponderib. ».

(*b*) « *Talentum super omnia pondera quibus alia appenduntur excellit ;* « *existit verò CXXV Librarum.* » Saint-Epiph.

Drachmes

Drachmes qui paroissent ici pour la première fois (*a*), j'ai cru devoir ajouter aux Médailles de Villes de M. D'Ennery que j'ai pesées moi-même, un nombre encore plus considérable de celles du très-riche Catalogue d'Hunter (*b*)

(*a*) L'impression de ces Tables étoit fort avancée, lorsqu'a paru le savant Ouvrage de M. l'abbé Barthélemy, qui a pour titre : *Voyage du jeune Anacharsis en Grèce.* J'espérois que les lumières de ce célèbre Académicien m'aideroient à perfectionner un travail hérissé d'un aussi grand nombre de difficultés ; mais il m'a fallu renoncer à cet espoir, et m'abandonner à toute l'indulgence du Public, après avoir lu ce qui suit : » Je n'ai évalué *ni les mesures cubiques des Anciens,* » *ni les monnoies des différens peuples de la Grèce,* parce que j'aurai rarement » occasion d'en parler, et que je n'ai trouvé *que des résultats incertains.* Sur ces » sortes de matières on n'obtient souvent, à force de recherches, que le droit » d'avouer son ignorance, et je crois l'avoir acquis. « *Avertissement sur les Tables du IVe. vol. de l'édit. in-4°.*

(*b*) Nummorum Veterum Populorum et Urbium, qui in Museo Guillelmi Hunter asservantur descriptio, figuris illustrata, Operâ et studio Caroli Combe. *Londini* 1782, *in-4°.*

De la comparaison que j'ai faite du nombre des Médailles décrites dans ce Catalogue, avec le Tableau de ce que possédoit en ce genre M. Pellerin, tel qu'il l'a publié lui-même à la suite de son *Recueil de Médailles de Peuples et de Villes,* il résulte que, de 755 Peuples, Isles ou Villes, dont les Médailles en Or, Argent et Bronze, ont été publiées dans l'un et l'autre Ouvrage, il y en a 117 du Docteur Hunter qui manquent à M. Pellerin, et 280 de M. Pellerin qui manquent au Docteur Hunter. Ainsi ce dernier, quoique plus nombreux en Médailles de certaines villes, comme Athènes, Naples, Syracuse, Tarente, Thurium, Agrigente, &c. donne cependant un moindre nombre de Villes que ne l'a fait M. Pellerin. J'ai vivement regretté que cet illustre Antiquaire n'eût point fait connoître le poids des Monnoies ou Médailles qu'il a décrites, mais comme ces Médailles ont toutes passé dans le Cabinet du Roi, le Public a lieu d'espérer que les savans Directeurs de ce Cabinet voudront bien suppléer à cette omission de M. Pellerin, et nous mettre à portée par là de comparer la plus riche et la plus précieuse des Suites qui existent avec celles que nous connoissons déja.

beaucoup plus complet en cette partie que ne l'étoit celui de l'Antiquaire Français, et dans la quantité de Médailles grecques, dont M. Combe, Auteur du Catalogue d'Hunter, a donné le poids en grains Anglois de la Livre de Troy, j'ai choisi les mieux conservées, ou du moins celles que j'ai présumé telles par la supériorité du poids dans chaque multiple ou sous-multiple de la drachme sous laquelle ces Monnoies viennent se ranger. Il est facile de voir par la réduction que j'ai faite du poids d'Angleterre à celui de France, que le rapport qu'ont entre elles ces différentes drachmes n'est point arbitraire ; que celles d'un même peuple, d'une même ville, quelquefois aussi celles d'un même type, viennent assez constamment se placer dans la même division. (*Voyez* la Table IX.)

C'est ainsi que les Médailles d'Achaïe, d'Arcadie, de Béotie, de Thrace et de Thessalie, appartiennent pour la plupart à la drachme de 60 grains, qui est celle d'*Ægium ou du Peloponnèse* ; celles de la Cyrénaïque, de Cos et de Samos, à la *petite Drachme Attique* de 63 grains ; une partie de celles de Chalcis ou d'Eubée, de Crotone, de Métaponte, d'Héraclée, de Rhodes et d'Egypte, à la *Drachme Euboïque* de 66 grains ; plusieurs de celles d'Ionie, de Carthage, de Syrie, de Lesbos, de Tyr et tous les Sicles Samaritains, à la *Drachme Phénicienne* de 69 grains ; celles de Dyrrhachium, d'Ephèse, de Néapolis, de Cumes et de Pæstum, à la *Drachme Ephésienne* de 72 grains ; celles d'Apollonie, d'Aptere, Chersonesus, Cnossus, Cydonie, Eleutherne, Gortyne, Itanus, Lyttus, Phæstus, Polyrhenium, &c. à la *Drachme Crétoise* de 75 grains ; plusieurs Drachmes ou Tétradrachmes d'Athènes, de Clazomène, de Magnésie, de Smyrne, à la *moyenne Drachme Attique* de 78 grains ; celles d'Alèse, de Camarine, de Catane, de Géla, d'Himère, des Léontins, de Messine, de Ségeste, de Selinonte et de Syracuse, à la *Drachme Attico-Sicilienne* de 81 grains ; enfin celles d'Agrigente, plusieurs de Catane, de Corinthe et de ses Colonies, désignées par le type de Pégase, à la *grande Drachme Attique* ou *Corinthienne* de 84 grains. C'est encore sous la Drachme Attico-Sicilienne que viennent se ranger la plupart des Médailles ou Médaillons d'or et d'argent des Rois de Macédoine, de Pont, de Sicile, et même une partie de celles des Rois de Syrie, tandis que celles des Médailles de ces derniers Rois, qui sont de fabrique Tyrienne, rentrent par leur poids dans la *Drachme Phénicienne* ou de 69 grains.

Le rapport des Monnoies grecques entre elles étant ainsi déterminé, il est aisé de les comparer à ceux des Deniers Romains, qui sont plus forts ou plus foibles, et souvent du même poids. Ainsi tel Tétradrachme pouvoit valoir quatre et même cinq Deniers Romains, tandis que tel autre plus foible en valoit à peine trois, comme l'observe Pline à l'occasion des Tétradrachmes qui parurent à Rome lors du triomphe de Quintius Flaminius; d'un autre côté les Médailles que la plupart des Modernes sont convenus d'appeler *Cistophores* étant communément du poids de 3 gros et de 21 à 24 grains, peuvent être considérées comme des Tridrachmes relativement à la Drachme Attico-Sicilienne, ou comme des Tétradrachmes relativement à celle d'*Ægium* ou du Péloponnèse.

Le rapport de l'or à l'argent et les différentes valeurs du *Sesterce* chez les Romains, ayant été déterminés dans la XIVe. Table, je donne dans la XVe. un Tableau sommaire de leur manière de compter, suivi d'exemples propres à faire connoître la valeur actuelle de ces différentes sommes, et comment il faut s'y prendre pour évaluer celles dont il est parlé dans les Auteurs.

Après avoir ainsi comparé les Poids et les Monnoies des Romains avec les différens Talens de la Grèce et des autres peuples (*Voyez* les Tables VII et VIII), j'ai cru devoir jetter un coup-d'œil sur le rapport qu'avoient entre elles et avec les nôtres les Mesures Grecques et Romaines de capacité, soit pour les liquides, soit pour les grains. Il résulte des Tableaux comparés que je présente de ces mesures, que celles des Grecs sont en général plus petites d'un quart que celles qui leur correspondent chez les Romains; que le pied cube Romain est aussi d'un

quart

quart plus petit que le nôtre, et qu'enfin notre Boisseau composé de 16 litrons (a), est au *Modius* ou Boisseau Romain, composé de 16 sextiers, comme $13\frac{1}{3}$ est à 9, ou 20 à $13\frac{1}{2}$; car le Sextier Romain est égal à $\frac{9}{16}$ de la Pinte de Paris, et 9 de nos Pintes, égales à 16 de ces Sextiers, font juste le *Modius* Romain. (*Voyez* les Tables II à V.)

Ce rapport qu'ont avec les nôtres les Mesures cubiques des Grecs et des Romains, nous est d'autant moins étranger, que la Livre Romaine, si peu différente (b) de la Mine ou Livre Grecque, a subsisté parmi nous sous la première Race de nos Rois, et que la Livre Gauloise ou de Charlemagne qui l'a remplacée, a bientôt été suivie de l'introduction de la Livre de seize onces composée de deux de nos marcs actuels.

Les différences qui existent entre nos Mesures *Linéaires, Cubiques* et *Pondérales*, et celles qui leur étoient analogues chez les Grecs et chez les Romains, étant désormais bien déterminées, il sera plus aisé d'assigner auquel de ces Peuples ont appartenu, non-seulement les différens Poids de Bronze, de Marbre, de Pierre ou de Plomb (*Voyez* la Table XIII); mais encore les Mesures de capacité et

---

(a) Notre Litron tire son nom du Grec λίτρα, qui signifie Livre.

(b) Vingt-une de nos Livres actuelles sont égales à 32 Livres Romaines et à $30\frac{18}{31}$ petites Mines Attiques.

h

les Vases de toute espèce, qui se rencontrent journellement dans la terre à quelques pieds au dessous de sa sur-
face. C'est dans la vue de faciliter cette évaluation , que
j'ai cru devoir enrichir ces Tables de celle qui donne la
série progressivement décroissante des *Pesanteurs spéci-
fiques*, d'après l'Ouvrage le plus récent et le plus généralement estimé qui ait paru sur cette matière. (*Voyez* la
Table VI.)

Enfin comme les Mesures de capacité ont un rapport
nécessaire avec les différens Pieds dont elles sont la
cubature, je me suis vu conduit à examiner de nouveau
tout le système métrique linéaire des Anciens, déja très-
approfondi par M. Paucton ; mais cet habile Métrologue
a malheureusement confondu le Pied grec Olympique
avec le Pied romain , en donnant le Pygon pour le Pied
grec Olympique. Il est résulté de cette double méprise
une multitude de faux rapports, qui ont rendu défectueuse
une grande partie de ses calculs.

Cette considération m'a déterminé à les refaire en partie,
et à présenter au Public un nouveau Tableau des Mesures
Linéaires des Anciens comparées avec les nôtres, depuis
le *Dactyle* ou travers de doigt jusqu'aux plus longues
distances itinéraires. (*Voyez* la Table I.)

Je ne dois pas dissimuler ici le secours que j'ai trouvé
dans les savantes recherches sur les différens Stades, qu'a

donné M. Bailly de l'Académie Royale des Sciences dans le second volume de son *Histoire de l'Astronomie Ancienne*. C'est à lui que j'ai l'obligation d'avoir renoué le fil qu'avoit rompu M. Paucton. Ce dernier Auteur n'a parlé que des quatre principaux Stades, qui sont le Delphique ou Pythique, le Nautique ou Persien, l'Olympique et l'Égyptien ou Alexandrin. A ces Stades j'en ajoute quatre autres donnés par M. Bailly, qui sont : le Stade d'Aristote ou petit Stade, le même que M. D'Anville a désigné sous le nom de Stade Macédonien, celui de Cléomède, celui d'Eratosthène et · le Stade Philétérien. D'après la réunion que j'ai faite des Pieds de ces quatre derniers Stades à ceux qu'avoit publiés M. Paucton, il est facile de se convaincre que son prétendu Pied Romain n'est autre que le Pied ou la 600e. partie du Stade Olympique, et que si l'on ajoute à ce Pied, qui est de $17\frac{7}{9}$ doigts, les $14\frac{2}{9}$ doigts du Pied Pythique, il en résulte les 32 doigts de la Coudée Sacrée. On voit de plus que le prétendu pied grec Olympique de M. Paucton n'est autre que le Pygon, qui n'est le pied d'aucun stade connu , car le Pygon ou *Palmipes* de M. Paucton ne peut être que le Pied Philétérien, puisqu'il est la six centième partie du Stade Philétérien. On ne peut donc donner avec lui, ou ceux qu'il a suivis , le nom de *Pied Philétérien* à la petite coudée de $21\frac{1}{3}$ doigts, puisque celle-ci, loin d'appartenir au Stade Philétérien, se trouve être la 600e.

partie du Stade Alexandrin. Quant au Stade d'Eratosthène, j'ai cru devoir m'écarter de ce qu'en dit M. Bailly, pour me conformer à ce que nous en apprend Strabon (*a*), qui compte 700 de ces stades au degré, ce qui fait 252000 stades pour la circonférence du Globe.

Malgré les méprises dans lesquelles est tombé M. Paucton sur deux ou trois mesures fondamentales des Anciens, cè Savant est le premier qui nous ait fait connoître toutè la beauté de leur systême métrique linéaire, que l'on peut regarder à juste titre comme un des chef-d'œuvres de l'esprit humain. En effet, si l'on compare l'harmonie qui règne entre ces mesures, avec l'incohérence de la plupart des nôtres (*b*), on sera forcé de convenir que les Anciens sont à cet égard infiniment supérieurs aux Modernes ; voici les preuves de cette vérité, tirées de l'Auteur même que je viens de citer.

» On n'avoit pas encore bien vu, dit-il, que les an-
» ciennes mesures avoient été étalonnées sur un prototype

(*a*) » *Cum ergo sit, secundum Eratosthenem, æquinoctialis circulus* » *stadiorum* 252000, *quadrans erit* 63000, *atque hoc est ab æquatore ad* » *polum* 15 *sexagesimæ stadiorum, quarum* 60 *continet æquinoctialis.* « Strab. Je cite la traduction latine, parce qu'elle est à la portée d'un plus grand nombre de lecteurs.

(*b*) » Ne diroit-on pas, s'écrie l'Auteur à l'occasion des Poids et Mesures de » la France, que cette multiplicité de mesures en tout genre est une production » monstrueuse du hasard ou des hommes dans l'enfance et avant qu'ils eussent appris à réfléchir? « Métrol. p. 752.

invariable,

» invariable, pris dans la nature même, et auquel nos
» mesures actuelles ont également un rapport connu.
» L'Egypte conservoit le module authentique de cette
» mesure universelle, et c'étoit à ce module que les Grecs,
» comme Pythagore, confrontoient et justifioient leurs
» mesures, qui devoient y avoir un rapport fixe et assigné.
» C'est donc sur cet étalon inaltérable qu'il faut mettre
» en parallèle les mesures de l'Antiquité avec les nôtres;
» et pour constater que les Anciens ont été exacts dans la
» vérification de leurs mesures sur cette mesure fiducielle,
» nous ferons intervenir en preuve les mesurages divers
» de Monumens Anciens actuellement existans.

» LE PROTOTYPE OU ÉTALON NATUREL AUQUEL LES
» ANCIENS AVOIENT RAPPORTÉ LEURS MESURES, EST LA
» MESURE DE LA TERRE. La grandeur connue d'un degré
» de Méridien terrestre n'est guère moins propre à
» fixer invariablement la valeur absolue d'une mesure
» que la longueur du pendule si vantée de nos jours (a)....

(a) M. Bouguer a trouvé, qu'au moyen des corrections nécessaires, le pendule
à secondes doit être, sous l'équateur, de 36 pouces 7.21 lignes; et pour Paris, de
36 pouces 8.67 lignes. Si l'on prenoit pour mesure usuelle et primordiale de
la France, la longueur du pendule qui bat les demi-secondes de tems, cette
mesure devant être le quart de celle qui bat à Paris les secondes, donneroit pour
métrète linéaire de la France, un pied qui répondroit à 110,17 lignes ou 9 pouces 2
lignes et $\frac{17}{100}$ de notre Pied-de-Roi, et qui par conséquent ne différeroit du *Pied
Pythique* ou *Delphique* des Anciens, que de $\frac{52}{100}$; c'est-à-dire d'un peu plus d'une

» Une mesure universelle déduite de la grandeur d'un
» arc du Méridien, auroit au moins cet avantage sur une
» mesure semblable déduite de la longueur du pendule,
» que la première seroit partie aliquote d'un degré de
» grand cercle de la terre, et par là simplifieroit les opé-
» rations géographiques.

» Voilà précisément quel étoit le systême métrique des
» peuples dans l'Antiquité la plus reculée. Cette partie de
» la législation leur avoit paru mériter une attention
» particulière. Ils fixèrent d'une manière irrévocable leurs
» mesures, en les rendant dépendantes de la grandeur
» d'un degré du Méridien; ils en prirent précisément la
» *quatre cent millième partie*, que j'appelerai *Métrète linéaire*
» ou *Pied géométrique* (a)..... Ce pied va nous prouver que
» la mesure de la terre avoit été prise par les Anciens
» aussi exactement qu'elle l'a été dans ce siècle......

---

demi-ligne. Or cette légère différence ne paroît être due qu'à la différente latitude du lieu pour lequel le *Pied Pythique* a été calculé. Ce pied peut donc être regardé comme déduit de la longueur du pendule, tandis que leur *Pied géométrique* est très-certainement déduit de la mesure du degré. Si l'on se refuse à accorder ces connoissances aux Anciens, il faudra dire que le hasard les a mieux servis à cet égard que nous ne l'avons été par tous les travaux académiques du siècle dernier.

(*a*) Les Mesures anciennes avoient été reglées sur les proportions naturelles d'un homme de moyenne taille; et elles avoient été toutes assujetties à ce Pied, qui étoit lui-même la mesure du coude au poignet. Un travers de doigt en étoit la seizième partie; ses $\frac{8}{9}$ étoient la mesure du pied naturel de l'homme ou la 600ᵉ. partie du Stade Pythique. Cette 600ᵉ. partie du Stade Pythique étoit la 900ᵉ. partie du Stade Alexandrin, dont le Pied géométrique étoit la 800ᵉ.

» On sent bien que ce ne peut être que par des com-
» paraisons de mesurages faits anciennement et de nos
» jours sur des Monumens encore existans, que je puis
» déterminer à combien de nos toises les Géometres de
» l'Antiquité auroient évalué un degré de Méridien. Or
» je trouve, 1°. que *le côté de la base de la grande Pyramide*
» *d'Égypte* pris 500 fois; 2°. que la *Coudée du Nilometre*
» (dite aussi *Coudée Sacrée*) prise 200000 fois; 3°. qu'*un*
» *Stade existant* et mesuré à Laodicée dans l'Asie mineure
» par M. Smith, pris 500 fois : je trouve, dis-je, que ces
» trois produits sont chacun de même valeur, et que
» chacun en particulier est précisément la même mesure
» d'un degré, qui a été déterminé par nos Géometres
» modernes. D'où je conclus, 1°. que le côté de la base
» de la grande Pyramide étoit d'un Stade juste, tel qu'il
» est défini par Marin de Tyr, par Ptolémée et par
» Heron : 2°. que la Coudée du Nilometre (elle sert
» encore aujourd'hui à mesurer les crues du Nil) est la
» grande Coudée, évaluée à deux pieds géométriques
» par Héron : 3°. que le Stade de Laodicée étant de même
» grandeur que celui d'Alexandrie ou de la grande pyra-
» mide, les mesures de l'Egypte ne lui étoient pas parti-
» culières, puisqu'elles se retrouvent dans un Stade de
» l'Asie mineure mesuré de nos jours. « *Métrolog. p.* 102
et suiv.

On peut voir dans l'Ouvrage même le développement de ces preuves : je me contenterai d'observer ici que Strabon, Pline et Pomponius Méla, s'accordent à donner un stade de longueur au côté de la base de la grande Pyramide. Hérodote donne à cette base huit Pléthres, dont chacun étoit, dit-il, composé de 100 pieds (géométriques), ce qui fait 50 coudées du Nilometre, et 400 pour la longueur de ce stade. D'un autre côté Philon de Byzance (*de septem Orbis spectaculis*) évalue cette même base à six stades de circuit. On pourroit le croire en contradiction avec les Auteurs précédens ; mais il est évident que Philon parle ici de Stades Pythiques ou Delphiques, qui contenoient 266 ⅔ coudées du Nilometre. Or si l'on multiplie ce nombre par six, on aura 1600 coudées ou quatre Stades Alexandrins pour le périmetre de la grande Pyramide d'Egypte ; et Philon est alors parfaitement d'accord avec les témoignages précédens.

Les deux Pyramides du lac Mœris avoient, au rapport d'Hérodote, chacune un stade de hauteur ; mais on n'en voyoit que la moitié supérieure, l'autre moitié restant cachée dans le lac. Ce stade, qui étoit le *Nautique* ou *Persien*, n'étant composé que de 300 coudées du Nilometre, étoit d'un quart plus court que le stade Alexandrin dont il s'agit ici, et qui passoit avec raison pour le plus grand de tous.

Par

Par la vérification faite de nos jours, tant de la Coudée du Nilomètre que du Stade Alexandrin, 400 de ces Coudées sont égales à 114 toises 9 pouces 7 $\frac{2}{10}$ lignes de France, et 200000 de ces coudées (égales à 400000 pieds géométriques), donnent, ainsi que les mesures modernes les plus exactes, 57066 $\frac{2}{3}$ toises pour la grandeur d'un degré du Méridien (a).

Ainsi ces Pyramides, que le vulgaire des Ecrivains n'envisage que comme un monument de l'orgueil ou de la vanité puérile et tyrannique des princes qui les élevèrent (b), sont pourtant un des plus superbes et des plus respectables témoins de la science qu'avoient acquise les Anciens sur la mesure de la terre, et de l'application ingénieuse qu'ils en firent aux Mesures usuelles de la société.

(a) Mesures d'un degré du Méridien, prises par les Géomètres modernes les plus renommés.

57037 Toises à la latitude moyenne de 33°. 18'. Par l'Abbé de la Caille.
57069 . . . . à celle de . . . . 44°. 44'. Par le P. Beccaria.
57028 ou 57030 . . . . . à celle de . . . . 45°.   Par Cassini et Maraldi.
57086 . . . . à celle de . . . . 48°. 43'. en Autriche, par le P. Liesganig.
57064 ou 57060 . . . . . à celle de . . . . 49°. 23'. entre Paris et Amiens, par Picard.
57075. Mesure moyenne entre les deux précédentes, ce qui donne 2283 Toises pour la lieue commune de 25 au degré.

(b) Pline appelle ces Pyramides : *regum pecuniæ otiosa ac stulta ostentatio, et il ajoute : non constat à quibus factæ sunt, justissimo casu obliteratis tantæ vanitatis auctoribus.* Lib. 36, C. 12.

k

Le Pied géométrique ancien étoit, comme on vient de le voir, la *quatre cent millième partie d'un degré de grand Cercle;* et comme le petit Stade ou Stade d'Aristote ne contenoit que 180 coudées du Nilomètre, égales à 360 pieds géométriques, ce Stade se trouvoit être la *quatre cent millième partie de la circonférence du Globe* (a), de même que le pied géométrique étoit la *quatre cent millième partie* du degré : il y avoit donc au petit Stade autant de pieds géométriques que de degrés à la circonférence de la terre, et ce même pied représentoit avec la même précision la six-centième partie du Stade Nautique, et la huit-centième du Stade Alexandrin.

Des résultats aussi profonds, aussi savamment combinés chez les Anciens, auroient de quoi nous étonner et nous confondre, si l'Historien de l'Astronomie que j'ai déja cité n'avoit démontré jusqu'à l'évidence, que les connoissances Astronomiques chez ces peuples datoient de la plus haute antiquité. C'est pour cette raison que j'ai cru devoir terminer ces Tables sommaires des Poids, des Mesures

---

(*a*) M. Bailly soupçonne que cette mesure, précisément parce qu'elle est très-exacte, n'est point l'ouvrage des Grecs qui ont précédé Aristote, mais qu'elle fut envoyée de l'orient à ce Philosophe par Callisthène, avec les observations de Babylone, où elle avoit été conservée par la tradition Chaldéenne, et que cette nation, qui n'en connoissoit pas elle-même la précision, la tenoit de ce peuple ancien, qui, selon lui, a éclairé tous les autres. Astr. anc. p. 78.

et des Monnoies des Anciens, par une Table de Chronologie Astronomique et Civile (*voyez* la Table XVI), tirée
principalement des Ouvrages de ce laborieux Académicien.
Elle présente avec les principales époques de l'Histoire
Ancienne, celles sur-tout qui sont relatives, soit aux
progrès de l'Astronomie, soit à l'introduction de l'Art
Monétaire chez les Grecs et chez les Romains (*a*). Je la
termine à l'Ère Vulgaire, n'ayant eu pour objet dans cet
Ouvrage que les Peuples Anciens, dont les Mesures
méritent à tant d'égards de nous intéresser.

Si, comme on le désire depuis long-tems, le projet
de ramener à l'uniformité les Poids et les Mesures de la

(*a*) Un exemple rendra sensible l'utilité de cette dernière Table. On lit dans
la Vie de Peiresc, par Riquier (page 124) : » que le Denier, qui du tems des
» Rois avoit pesé un tiers d'once (*c'est-à-dire huit scrupules ou 2 gros 24 grains*),
» ne pesa plus sous l'ancienne République qu'un sixième (4 *scrupules ou 1 gros*
» 12 *grains*), sous la nouvelle qu'un septième (*ce qui fait* 3 $\frac{1}{2}$ *scrupules ou* 72
» *grains*), et enfin sous les premiers Empereurs qu'un huitième (3 *scrupules ou*
» 63 *grains*) ou une Drachme égale à la Drachme attique. « Sur quoi j'observe
1°. que le Denier n'existoit point encore sous les rois de Rome, puisque la monnoie
d'argent ne date à Rome que de l'an 485 de sa fondation (269 avant J. C.) : il
fut alors de 6, puis de 3 scrupules jusque vers l'an 550 ; depuis cette époque jusqu'à la fin de la République, le Denier fut de 74 à 77 et même de 81 grains ; il
revint à 72 sous les premiers empereurs, et s'y maintint jusqu'à la fin du règne
de Néron, où il retomba à 3 scrupules ou 63 grains. 2°. que malgré l'erreur du
savant Peiresc ou de son Historien, sur l'époque où l'usage du *Deniers* introduisit
à Rome, on a comparé comme on le devoit, dans ce même passage, avec la
Drachme Attique le Denier du poids de 3 scrupules, et non les autres Deniers
plus forts, comme l'ont fait depuis MM. de la Barre, Eisenschmidt, Dupuy,
Edouard Bernard, &c. &c.

France, pouvoit un jour s'exécuter, qu'auroit-on de mieux à faire que d'adopter dans toute son étendue le système métrique de l'Antiquité, en rendant nos *Mesures pondérales* dépendantes de celles de *Capacité*, et donnant à celles-ci pour base, soit le *Pied géométrique* des Anciens ainsi que le propose M. Paucton (a), soit leur *Pied Pythique* dont nos Provinces méridionales sont depuis long-tems en possession ? Si l'on préféroit de conserver notre *Poids de Marc* et notre *Pied-de-Roi*, du moins faudroit-il y assujettir en nombres ronds et faciles toutes nos Mesures de capacité. Mais M. Necker, après s'être occupé, comme il le dit dans son *Compte-rendu*, de l'examen des moyens qu'il faudroit employer pour rendre les Poids et les Mesures uniformes dans tout le Royaume, doute encore » si l'utilité qui en » résulteroit seroit proportionnée aux difficultés de toute » espèce que cette opération entraîneroit. « C'est donc à la Nation seule qu'il appartient de peser les avantages et d'aplanir les difficultés d'une pareille réforme, et cette matière est trop importante pour qu'elle ne fasse pas un jour l'objet de la délibération des États généraux.

(a) Voyez sa Métrologie, p. 751 et suiv.

TITRES

I

TROISIÈME PARTIE.

POIDS DES ANCIENS.

QUATRIÈME PARTIE.

MONNOIES DES ANCIENS.

Anciennes

CINQUIÈME PARTIE.

MESURE DU TEMS.

APPROBATION.

J'ai lu par ordre de Monseigneur le Garde-des-Sceaux un Ouvrage intitulé, *Métrologie, ou Tables pour servir à l'intelligence des Poids et Mesures des Anciens,* &c. Cet Ouvrage, le plus exact et le plus complet qui ait encore paru sur cette matière, m'a paru ne pouvoir manquer d'être favorablement accueilli des Savans; et je n'y ai rien trouvé qui puisse en empêcher la publication. A Paris, ce 10 avril 1789. *Signé* CAUSSIN DE PERCEVAL.

PRIVILÉGE.

LOUIS, par la grace de Dieu, Roi de France et de Navarre : A nos amés et féaux Conseillers, les Gens tenans nos Cours de Parlement, Maîtres des Requêtes ordinaires de notre Hôtel, Grand-Conseil, Prévôt de Paris, Baillifs, Sénéchaux, leurs Lieutenans Civils, et autres nos Justiciers qu'il appartiendra : SALUT. Notre amé le sieur DE ROMÉ DE L'ISLE, de plusieurs Académies, nous a fait exposer qu'il desireroit faire imprimer et donner au public un ouvrage de sa composition, intitulé, MÉTROLOGIE, ou TABLES POUR SERVIR A L'INTELLIGENCE DES POIDS ET MESURES DES ANCIENS, ET PRINCIPALEMENT A DÉTERMINER LA VALEUR DES MONNOIES GRECQUES ET ROMAINES, s'il nous plaisoit lui accorder nos Lettres de Privilége pour ce nécessaires. A CES CAUSES, voulant favorablement traiter l'Exposant, nous lui avons permis et permettons par ces présentes, de faire imprimer ledit Ouvrage autant de fois que bon lui semblera, et de le vendre, faire vendre et débiter par tout notre Royaume; Voulons qu'il jouisse de l'effet du présent Privilége, pour lui et ses hoirs à perpétuité, pourvu qu'il ne le rétrocède à personne ; et si cependant il jugeoit à propos d'en faire une cession, l'acte qui la contiendra sera enregistré en la Chambre Syndicale de Paris, à peine de nullité, tant du Privilége que de la Cession ; et alors, par le fait seul de la Cession enregistrée, la durée du présent Privilége sera réduite à celle de la vie de l'Exposant, ou à celle de dix années, à compter de ce jour, si l'Exposant décède avant l'expiration desdites dix années ; le tout conformément aux articles IV et V de l'Arrêt du Conseil du 3o août 1777, portant Réglement sur la durée des Priviléges en Librairie. FAISONS défenses à tous Imprimeurs, Libraires et autres personnes de quelque qualité et condition qu'elles soient, d'en introduire d'impression étrangère dans aucun lieu de notre obéissance ; comme aussi d'imprimer ou faire imprimer, vendre, faire vendre, débiter ni contrefaire ledit Ouvrage, sous quelque prétexte que ce puisse être, sans la permission expresse et par écrit dudit Exposant, ou de celui qui le représentera, à peine de saisie et de confiscation des exemplaires contrefaits, de six mille livres d'amende qui ne pourra être modérée pour la première fois, de pareille amende et déchéance d'état en cas de récidive, et de tous dépens, dommages et intérêts, conformément à l'Arrêt du 3o août 1777, concernant les contrefaçons : A la charge que ces présentes seront enregistrées tout au long sur le registre de la Communauté des Libraires et Imprimeurs de Paris, dans trois mois de la date d'icelles; que l'impression dudit Ouvrage sera faite dans notre Royaume, et non ailleurs, en beau papier et beaux caractères, conformément aux Réglemens de la Librairie, à peine de déchéance du présent Privilége ; qu'avant de l'exposer en vente, le manuscrit qui aura servi de copie à l'impression dudit Ouvrage, sera remis, dans le même état où l'approbation y aura été donnée, ès mains de notre très-cher et féal Chevalier Garde-des-Sceaux de France, le sieur BARENTIN ; et qu'il en sera ensuite remis deux exemplaires dans notre Bibliothèque publique, un dans celle de notre château du Louvre, et un dans celle de notre très-cher et féal Chevalier Chancelier de France, le sieur de Maupeou, et un dans celle dudit sieur BARENTIN ; le tout à peine de nullité des présentes. Du contenu desquelles vous mandons et enjoignons de faire jouir ledit Exposant et ses hoirs pleinement et paisiblement, sans souffrir qu'il leur soit fait aucun trouble ou empêchement. VOULONS que la copie des Présentes, qui sera imprimée tout au long au commencement ou à la fin dudit Ouvrage, soit tenue pour duement signifiée, et qu'aux copies collationnées par l'un de nos amés et féaux Conseillers-Secrétaires foi soit ajoutée comme à l'original. COMMANDONS au premier notre Huissier ou Sergent sur ce requis, de faire pour l'exécution d'icelles, tous actes requis et nécessaires, sans demander autre permission , et nonobstant clameur de Haro, Charte Normande, et Lettres à ce contraires. CAR tel est notre plaisir. DONNÉ à Versailles, le trezième jour du mois de mai, l'an de grace mil sept cent quatre-vingt-neuf, et de notre Règne le seizième. Par le Roi en son Conseil , *signé* LE BEGUE.

Registré sur le Registre XXIV de la Chambre royale des Libraires et Imprimeurs de Paris, n°. 1695, fol. 177 , conformément aux dispositions énoncées dans le présent Privilége, et à la charge de remettre à ladite Chambre les neuf exemplaires prescrits par l'Arrêt du Conseil du 16 avril 1785. A Paris, ce 20 mai 1789.

KNAPEN, Syndic.

PREMIÈRE PARTIE

PREMIÈRE PARTIE.

MESURES LINÉAIRES OU DE SUPERFICIE.

TABLE PREMIÈRE.

MESURES LINÉAIRES DES ANCIENS,

Et rapports de ces Mesures avec notre Pied de Roi, d'après une nouvelle détermination du *Pied Grec Olympique*, et du *Pied Romain*, confondus par M. Paucton dans sa Métrologie.

§. I. *Petites Mesures, depuis le dactyle ou travers de doigt jusqu'à la coudée.*

NOMS DES MESURES.	Nomb. des doigts.	Millièmes de pouce.	Pouces.	Lignes.	Centièm. de ligne.	OBSERVATIONS.
1. Le Dactyle ou doigt........	1	0.642	..	7	59	C'est un travers de doigt.
2. Le Condyle...............	2	1.284	1	3	35	Le demi-palme, ou demi travers de main.
3. Le Palme ou Paleste........	4	2.568	2	6	70	C'est le tiers de notre empan.
4. Pied du petit stade..........	$9\frac{9}{16}$	6.140	6	1	28	C'est la 600. partie du petit stade, n°. I. 666666 $\frac{2}{3}$ au degré.
5. Le Lichas................	10	6.420	6	5	9	C'est le demi-pied philetérien.
6. L'Orthodore..............	11	7.062	7	..	68	
7. La Spithame..............	12	7.704	7	8	44	C'est le grand palme, ou *Palma* des latins, ou notre empan.
8. Pied du stade de Cléomède...	$12\frac{11}{16}$	8.225	8	2	66	La 600°. partie du stade, n°. II. 500200 au degré.
9. Pied pythique ou delphique..	$14\frac{2}{5}$	9.131	9	1	48	C'est le pied marseillois, la 600°. partie du stade pythique, n°. III. 450000 au degré.
10. Pied du stade d'Eratosthène.	$15\frac{2}{32}$	9.810	9	9	69	La 600. partie du stade, n°. IV. 420000 au degré.
11. Le Pied géométrique........	16	10.272	10	3	31	C'est la 600. partie du stade nautique, n°. V. 400000 au degré, les $\frac{2}{3}$ de la coudée moyenne.
12. Le Pied romain............	$16\frac{31}{32}$	10.894	10	10	60	Vraie mesure du pied romain (*a*).
N. B. Le pied anglois est de...	....	......	11	3	25	

(1) D'après le pied de bronze antique du Vatican, mesuré par M. l'abbé Barthelemy et le Père Jacquier, et d'après celui qu'a trouvé M. Grignon sur la petite montagne du Châtelet en Champagne, lequel est aujourd'hui dans le cabinet de M. l'Abbé de Tersan. Suivant Héron, le pied romain est au pied philétérien, comme 10 est à 12, ce qui est très-vrai : mais pour trouver ce rapport, il ne faut pas confondre, ainsi que lui, le pied géométrique ou nautique avec le pied philétérien ; ni, comme M. Paucton, le pied grec olympique avec le pied romain, et la coudée pythique avec le pied philétérien.

Hygin, après avoir observé que le pied romain n'étoit point en usage hors de l'Italie, dit que dans la Cyrénaïque, où les Grecs étoient établis, on se servoit d'un pied qu'on nommoit *ptolémaïque*, et qui étoit de 12 pouces $\frac{1}{2}$ romains ; or ce pied ne peut être que le pied grec olympique, plus fort de $6\frac{1}{10}$ lignes, que le pied romain.

NOMS DES MESURES.	Nomb. des doigts.	Millièm. de pouce.	Pouces.	Lignes.	Centièm. de ligne.	OBSERVATIONS.
13. Le Pied grec olympique..... (M. Paucton en a fait son pied romain.)	$17\frac{7}{9}$	11.413	11	4	80	La 600ᵉ partie du stade olympique, nº. VI. 360000 au degré. Ce pied de 17 doigts $\frac{7}{9}$, réuni au pied pythique de 14 doigts $\frac{2}{9}$, fait les 32 doigts de la coudée sacrée.
14. La Pygme, d'où dérive le mot *pygmée*..................	18	11.556	11	6	66	Les $\frac{3}{4}$ de la coudée moyenne.
15. Le Pygon..................	$18\frac{14}{27}$	11.889	11	10	55	M. Paucton donne faussement cette mesure pour le pied grec olympique.
16. Le Pied royal, ou philétérien; (on le nommoit aussi *Palmipes*, parce qu'il étoit composé du palme et du pied géométrique).	20	12.840	12	10	18	La 600ᵉ. partie du stade philétérien, nº. VII. 318000 au degré. M. Paucton le confond avec le pygon et le pied de *Drusus* (1).
17. La Coudée pythique ou delphique; c'est la petite coudée d'Egypte ou de Samos.	$21\frac{1}{3}$	13.696	13	8	29	La 600ᵉ. partie du stade égyptien, nº. VIII. 300000 au degré; vaut $1\frac{1}{2}$ pieds pythiques, et fait les $\frac{2}{3}$ de la coudée sacrée.
18. La Coudée lithique, ou coudée moyenne d'Hérodote, dite aussi *Coudée commune.*	24	15.408	15	4	74	Vaut $1\frac{1}{2}$ pieds géométriques ou nautiques; les $\frac{3}{4}$ de la coudée sacrée.
19. La Coudée royale ou babylonienne d'Hérodote, *Coudée noire* des Arabes..........	27	17.334	17	4	..	Elle vaut $1\frac{1}{2}$ pygmes; M. Paucton n'en parle point.
20. La Coudée sacrée, dite aussi coudée du Caire ou du Nilomètre..............	32	20.544	20	6	44	Vaut $1\frac{1}{2}$ petites coudées du nº. 17. 200000 au degré; c'est la *coudée hachémique*, ou grande coudée des Arabes.

(1) Le pied de *Drusus*, dit Hygin, avoit $13\frac{1}{2}$ pouces romains. Ce pied de Drusus valoit donc 12 pouces 3 lignes $\frac{3}{10}$ de notre pied de roi, c'est-à-dire, qu'il étoit d'un demi-doigt plus long que le pygon, et d'un doigt plus court que le pied philétérien. Il est évident que Héron se trompe, lorsqu'il donne 20 doigts au *pygon*, et 16 seulement au *pied royal* ou *philétérien*, car 16 doigts sont incontestablement la mesure du pied nautique ou géométrique, et non celle du pied philétérien : ce dernier pied étoit aussi très-certainement de 20 doigts; ce n'étoit donc pas le *pygon*, qui n'en a que $18\frac{14}{27}$. M. Paucton ne se trompe pas moins, lorsqu'il prend cette dernière mesure pour le *pied grec olympique*, qui est de 17 doigts $\frac{7}{9}$; tandis qu'il fait de ce dernier son prétendu pied romain, qui devient alors une mesure grecque, quoique d'environ $\frac{7}{9}$ de doigt plus foible que le vrai pied grec olympique.

D'un autre côté le même auteur adopte l'erreur de Héron, en prenant la mesure de 20 doigts pour le *pygon*, et même pour le *pied de Drusus*, quoique ni l'une ni l'autre de ces dénominations ne convienne à cette mesure, qui est celle du pied royal ou philétérien.

M. Paucton s'est encore mépris, en rapportant à la coudée pythique ou delphique (qu'il donne faussement pour le pied philétérien) ce qu'Hérodote dit de la coudée commune de 24 doigts, que ce père de l'histoire appelle *coudée moyenne*, pour la distinguer, soit de la coudée pythique ou *petite coudée*, qui n'avoit que $21\frac{1}{3}$ doigts, soit de la *coudée babylonienne* et de la *coudée sacrée*, qui la surpassoient en longueur. Hérodote s'exprime ainsi, liv. 1, ch. 179. « La coudée « royale de Babylone est plus grande de 3 doigts « que la coudée moyenne. » Or cette coudée royale de Babylone ne peut être la coudée de 24 doigts, car si l'on ajoute 3 doigts à la coudée pythique de $21\frac{1}{3}$ doigts, on aura $24\frac{1}{3}$, et ce nombre est d'un tiers de doigt plus fort que la coudée lithique. La coudée moyenne d'Hérodote est donc celle de 24 doigts, plus foible de 3 doigts que la coudée royale de Babylone ou coudée noire des Arabes, qui étoit de 27 doigts. C'est donc à tort que M. Paucton donne à la coudée pythique ou petite coudée de $21\frac{1}{3}$ doigts, les noms de *coudée moyenne*, et de *pied royal* ou *philétérien*, puisque le premier de ces noms appartient à la coudée de 24 doigts, et le second à une mesure

§. II. *Mesures moyennes , ou propres à l'arpentage , etc.*

NOMS DES MESURES.	RAPPORT AVEC LES PRÉCÉDENTES.	MESURE DE FRANCE.		
		TOISES.	Pieds Pou.	Lig.
21. Le Pas simple ou de voyageur.	Valoit 2 pieds philétériens , 2 $\frac{1}{4}$ pieds grecs olympiques, 2 $\frac{1}{2}$ pieds géométriques, 40 doigts, ...	2	1	8
22. Le Xylon. (Si comme paroît l'indiquer l'étymologie , cette mesure étoit propre au bois de chauffage , elle répondroit à notre *demi-corde* ou *voie de bois* , qui porte à Paris 4 pieds de large , sur autant de hauteur , les búches ayant 3 $\frac{1}{2}$ pieds de longueur).	Contenoit de coudées sacrées 2 $\frac{1}{4}$, de coudées moyennes 3 , de pygmes 4 , de spithames 6 , de dactyles ou doigts 72	3	10	2
23. Le Pas double ou géométrique (*a*).	Valoit de pas simples 2 , de coudées sacrées 2 $\frac{1}{2}$, de coudées moyennes 3 $\frac{1}{3}$, de petites coudées 3 $\frac{3}{4}$, de pieds philétériens 4 , de pieds grecs olympiques 4 $\frac{1}{2}$, de pieds géométriques 5 , de spithames 6 $\frac{2}{3}$, de dactyles ou doigts 80	4	3	4
24. Le Pas romain , ou Brasse romaine.	N'est point en rapport exact avec les mesures grecques qui précèdent : il avoit 5 pieds romains (*b*) , et conséquemment, il étoit de 3 pouces 1 ligne plus long que le précédent, et de 7 pouces 2 lignes plus court que le suivant,..................	4	6	5
25. L'Orgyie , dite aussi Hexapode, Brasse grecque ou Pas persien.	Contenoit de coudées sacrées 3 , de coudées moyennes 4 , de petites coudées 4 $\frac{1}{2}$, de pieds phi-			

grecque de 20 doigts , qui étoit la 600ᵉ. partie du stade philétérien.

Ces méprises de M. Paucton, sur la dénomination de quelques mesures grecques, et la confusion qu'il a faite du pied olympique avec un pied romain de même mesure, tandis qu'il donne au *pygon* le nom de pied grec olympique, ont influé sur une partie de ses calculs ; ce qui est d'autant plus fâcheux , que son Ouvrage est d'ailleurs ce que nous avons de plus complet et de plus approfondi sur les poids et mesures des Anciens. C'est dans la vue de remédier à ces méprises, que je vais continuer l'énumération des principales mesures de l'antiquité , en suivant l'ordre tracé par notre savant métrologue , auquel je me permettrai de faire les changemens que nécessite la détermination fondamentale des mesures précédentes.

(*a*) Notre pas ou brasse géométrique est de 5 pieds de roi.

(*b*) 4 pieds romains font notre aune à 4 lignes près , puisqu'ils donnent 3 pieds 7 pouces 6 $\frac{4}{10}$ lignes : et notre aune 3 pieds 7 pouces 10 $\frac{5}{6}$ lignes.

NOMS DES MESURES.	RAPPORT AVEC LES PRECEDENTES.	TOISES.	Pieds	Pou	Lig.
	létériens 4 $\frac{4}{5}$, de pygmes 5 $\frac{1}{3}$, de pieds grecs olympiques 5 $\frac{2}{5}$, de pieds géométriques 6 (delà son nom d'*hexapode*), de spithames 8, de dactyles ou doigts 96.....	....	5	1	7
	N. B. Le cercueil de marbre qui est dans la chambre ménagée au centre de la grande pyramide d'Egypte, a de longueur, prise en dedans du cercueil, une *orgyie* juste, et de largeur un *pas simple*, ou 40 doigts, d'où l'on conclud que la taille d'un homme de moyenne stature, étoit il y a quatre mille ans, comme elle est aujourd'hui.				
26. L'Acène, dite aussi Décapode, ou Canne commune. *N B.* Cette mesure servoit aux architectes et aux arpenteurs. La perche romaine étoit un peu plus forte; elle valoit 10 pieds romains, qui font 9 pieds 10 lignes de France. L'*Aroure*, étoit une mesure de superficie, qui contenoit 100 acènes carrées, ce qui fait 50 coudées sacrées ou 100 pieds géométriques en tout sens.	Contenoit de pas doubles 2, de pas simples 4, de coudées sacrées 5, de coudées moyennes 6 $\frac{2}{3}$, de petites coudées 7 $\frac{1}{2}$, de pieds philétériens 8, de pieds grecs olympiques 9, de pieds géométriques 10, de pieds pythiques 11 $\frac{1}{4}$, de spithames 13 $\frac{1}{3}$, et de dactyles ou doigts 160............	....	8	6	7
	N. B. Héron donne à cette mesure 10 pieds philétériens de 16 doigts, parce qu'il confond toujours ce pied avec le pied géométrique; il dit aussi qu'elle avoit 12 pieds romains (*a*). Le pied romain est en effet au pied philétérien, comme 10 est à 12, mais ce n'est pas le pied philétérien dont parle Héron, puisqu'il ne lui donne que 16 doigts au lieu de 20 qu'il doit avoir. Ce même rapport de 10 à 12 se rencontre aussi, à très-peu près, entre le pied grec olympique et la coudée pythique; delà l'erreur de M. Paucton, qui a fait du premier son pied romain, et de la seconde son pied philétérien.				

(*a*) Ce prétendu pied romain de Héron seroit de 13 $\frac{1}{7}$ doigts, et n'auroit par conséquent que 8 pouces 6 lignes, et $\frac{66}{100}$ du nôtre, c'est-à-dire 4 lignes de plus que le pied de Cléomède.

NOMS DES MESURES.	RAPPORT AVEC LES PRÉCÉDENTES.	MESURE DE FRANCE.		
		TOISES.	pieds	pou-	Lig.

NOMS DES MESURES.	RAPPORT AVEC LES PRÉCÉDENTES.	TOISES.	pieds	pou-	Lig.
27. La grande Acène, dite aussi Dodécapode , ou Canne Hachémique.	Contenoit de cannes simples $1\frac{1}{6}$, de coudées sacrées 6, de coudées moyennes 8, de petites coudées 9, de pieds philétériens $9\frac{3}{5}$, de pygmes $10\frac{2}{3}$, de pieds géométriques 12, de spithames 16, et de dactyles ou doigts 192	10	3	2
28. La Canne double.	Ou petite mesure de 10 coudées sacrées, analogue à notre *perche* (a) contenoit de pas doubles 4, de pas simples 8, de coudées moyennes $13\frac{1}{3}$, de petites coudées 15, de pieds philétériens 16, de pieds grecs olympiques 18, de pieds géométriques 20, de pieds pythiques $22\frac{1}{2}$, de spithames $26\frac{2}{3}$, et de dactyles ou doigts 320	17	1	2
29. Le Chébel ou Chaine d'arpenteur , ou Demi-Schoène persien.	Contenoit de cannes doubles 3, de cannes hachémiques 5, de cannes communes 6, d'orgyies 10, de pas doubles 12, de pas simples 24, de coudées sacrées 30, de coudées moyennes 40, de petites coudées 45, de pieds philétériens 48, de pieds grecs olympiques 54, de pieds géométriques 60, de pieds pythiques $67\frac{1}{2}$, de spithames 80	8	3	3	7
	N. B. Les 40 coudées, et les 60 pieds philétériens que Héron donne à cette mesure , doivent s'entendre de coudées moyennes, et de pieds géométriques.			

(a) Notre Perche est de 22 pieds de roi , et 100 Perches carrées font l'Arpent.

B

NOMS DES MESURES.	RAPPORT AVEC LES PRÉCÉDENTES.	MESURE DE FRANCE.			
		TOISES.	pied.	pou.	Lig.
3o. Le Pléthre ou Jugère des Latins.	Valoit de chébels 1 $\frac{2}{3}$, de cannes doubles 5, de cannes hachémiques 8 $\frac{1}{3}$, de cannes communes 10, d'orgyies 16 $\frac{2}{3}$, de pas doubles 20, de pas simples 40, de coudées sacrées 5o, de coudées moyennes 66 $\frac{2}{3}$, de petites coudées 75, de pieds philétériens 8o, de pygons 86 $\frac{2}{3}$, de pieds grecs olympiques 90, de pieds géométriques 100, de pieds pythiques 112 $\frac{1}{2}$, de spithames 133 $\frac{1}{3}$...............	14	1	6	
	N. B. Héron donne encore ici le pied géométrique pour le pied philétérien, puisqu'il évalue faussement le pléthre à 100 pieds philétériens. Hérodote évalue le côté de la base de la grande pyramide d'Égypte à 8 pléthres, or il est constant que cette base a 8oo pieds géométriques ou 4oo coudées sacrées, ce qui ruine l'assertion de Héron.				
31. Le Schoène persien.	Valoit 2 chébels, 6 cannes doubles, 10 cannes hachémiques, 12 cannes simples, 20 orgyies, 48 pas simples, 60 coudées sacrées...................	17		7	2

§. III. *Mesures Itinéraires des Anciens.*

TABLEAU comparé des huit principaux Stades.

I. PETIT STADE ou STADE D'ARISTOTE.	II. STADE DE CLÉOMÈDE.	III. STADE PYTHIQUE ou DELPHIQUE.	IV. STADE D'ÉRATOSTHÈNE.
51 T. 1 P^d. 1 P^{ce}. $\frac{94}{100}$.	68 T. 2 P^{ds}. 10 P^{ces}. $\frac{56}{100}$	75 T. 3 P^{ds} 7 P^{ces}.	81 T. 4 P^{ds}. 1 P^{ce}. $\frac{44}{70}$.
Différ. avec le suivant	Différ. avec le suivant	Différ. avec le suivant	Différ. avec le suivant
17 1 8 $\frac{64}{100}$	9 0 8 $\frac{44}{100}$	6 0 6 $\frac{44}{70}$.	3. 5. 6.
il vaut	il vaut	il vaut	il vaut
180 coudées sacrées, et	240 coudées sacrées, et	266 $\frac{2}{3}$ coudées sacrées et	286 $\frac{37}{41}$ coudées sacrées, et
337 $\frac{1}{2}$ pieds romains.	454 $\frac{1}{2}$ pieds romains.	500 pieds romains.	540 $\frac{1}{2}$ pieds romains, et de pieds géométriques, 573 $\frac{1}{3}$.
C'est le stade de l'itinéraire d'Alexandre, par Arrien.	Il est au précédent, comme 12 est à 9.	Il est de $\frac{1}{7}$ plus court que le stade olympique.	
Nombre de stades au degré 1111 $\frac{1}{9}$ stades.	Nombre de stades au degré 833 $\frac{1}{3}$.	Nombre de stades au degré 750.	Nombre de stades au degré 700.
Pieds de ce stade au degré 666666 $\frac{2}{3}$.	Pieds de ce stade au degré 500200.	Pieds de ce stade au degré 450000.	Pieds de ce stade au degré 420000.
Circonférence du globe 400000 stades,	Circonférence du globe 300000 stades,	Circonférence du globe 270000 stades,	Circonférence du globe 252000,
57066 toises au degré,	57060 toises au degré,	56000 toises au degré,	57166 toises au degrés,
14 $\frac{13}{16}$ stades au mille Romain.	11 stades au mille Romain.	10 stades au mille Romain.	9 $\frac{1}{4}$ stades au mille Romain.

V. STADE NAUTIQUE ou PERSIEN.	VI. STADE GREC OLYMPIQUE.	VII. STADE PHILÉTÉRIEN ou STADE ROYAL.	VIII. STADE EGYPTIEN ou ALEXANDRIN.
85 T. 3 P^{ds}. 7 P^{ces}. $\frac{20}{100}$	95 T. 0 P^d. 8 P^{ces}	107 T. 4 P^{ds}. 11 P^{ces}.	114 T. 0 P^d. 9 P^{ces}. 7 L. ou
Différ. avec le suivant	Différ. avec le suivant	Différ. avec le suivant	684 pieds 9 pouces $\frac{60}{100}$
9 3 1 $\frac{2}{10}$	12. 4. 3.	6. 1. 10 p. 7 lig.	il vaut
il vaut	il vaut	il vaut	
300 coudées sacrées, et	333 $\frac{1}{3}$ coudées sacrées, et	378 coudées sacrées, et	400 coudées sacrées, et
571 $\frac{1}{3}$ pieds romains.	625 pieds romains.	714 $\frac{2}{7}$ pieds romains.	769 $\frac{1}{6}$ pieds romains.
C'est le stade dont se servent Hérodote et Xenophon.	Pline n'a connu que ce stade, qui est de 94 T. 3 P^{ds} selon d'Anville.	Le pied de ce stade est de 20 doigts.	C'est le stade employé par Ptolémée.
Nombre de stades au degré 666 $\frac{2}{3}$.	Nombre de stades au degré 600.	Nombre de stades au degré 530.	Nombre de stades au degré 500,
P^{ds}. de ce stade au degré 400000 pieds géomét.	Pieds grecs au degré 360000.	Pieds philétérien au degré 318000.	ou 200000 coudées sac. ou 300000 petites coud. ou 400000 P^{ds}. géométr.
Circonférence du globe 240000 stades,	Circonférence du globe 216000 stades,	Circonférence du globe 190800 stades,	Circonférence du globe 180000 stades,
57066 $\frac{1}{3}$ toises au degré,	57066 $\frac{2}{3}$ toises au degré,	57070 toises au degré,	57066 $\frac{2}{3}$ toises au deg.
8 $\frac{3}{4}$ stades au mille Romain.	8 stades au mille Romain.	7 stades au mille Romain.	6 $\frac{1}{2}$ st. au mille romain.
10 au mille Persien.			7 $\frac{1}{2}$ st. au mille persien.
			Le côté de la base de la grande pyramide d'Egypte est son étalon.

NOMS DES MESURES.	RAPPORT AVEC LES PRÉCÉDENTES.	MESURE DE FRANCE.			
		TOISE	pieds	pouc	Lig.
32. Le Petit Stade ou Stades d'Aristote , ci-dessus n°. I.	Contenoit de plethres $3\frac{3}{5}$, de chébels 6, de cannes doubles 18, de cannes hachémiques 30, de cannes communes 36, d'orgyies 60, de pas doubles 72, de pas simples 144, de coudées sacrées 180, de coudées royales $213\frac{1}{3}$, de coudées moyennes 240, de petites coudées 270 , de pieds philétériens 288, de pygmes 320, de pieds grecs olympiques 324, de pieds romains $337\frac{2}{3}$, de pieds géométriques 360, de pieds pythiques 405 , de spithames 480, et de pieds de ce petit stade 600	51	1	1	$\frac{92}{100}$
33. Le Stade de Cléomède, ci-dessus n°. II.	Contenoit de petits stades $1\frac{2}{3}$, de pléthres 4, de chébels 8, de cannes doubles 24, de cannes hachémiques 40, de cannes communes 48, d'orgyies 80, de pas doubles 96, de pas simples 192, de coudées sacrées 240, de coudées royales $284\frac{12}{27}$, de coudées moyennes 320, de petites coudées 360, de pieds philétériens 384, de pygmes $426\frac{2}{3}$, de pieds grecs olympiques 432, de pieds romains $454\frac{1}{2}$, de pieds géométriques 480, de pieds pythiques 540, de pieds de Cléomède 600, et de spithames 640..........	68	2	10	$\frac{56}{100}$
34. Le Stade Pythique ou Delphique, ci-dessus n°. III. N. B. 10 de ces stades font un mille grec, égal au mille romain de 756 Tˢ.	Valoit de stades de Cléomède $1\frac{1}{9}$, de petits stades $1\frac{1}{2}$, de pléthres $5\frac{1}{3}$, de chébels $8\frac{8}{9}$, de cannes doubles $26\frac{2}{3}$, de cannes communes $53\frac{1}{3}$, d'orgyies $88\frac{8}{9}$, de pas doubles $106\frac{2}{3}$, de pas simples $213\frac{1}{3}$, de coudées sacrées $266\frac{2}{3}$, de coudées moyennes $355\frac{1}{9}$, de				

NOMS DES MESURES.	RAPPORT AVEC LES PRÉCÉDENTES.	MESURE DE FRANCE.			
		TOISES.	pieds	pouc.	lig.
	coudées pythiques ou petites coudées 400, de pieds philétériens 426 $\frac{2}{3}$, de pygons 460 $\frac{4}{5}$, de pygmes 474 $\frac{2}{27}$, de pieds grecs olympiques 480, de pieds romains 500, de pieds géométriques 533 $\frac{1}{3}$, de pieds pythiques ou de mesure naturelle 600, de spithames 711 $\frac{1}{9}$...............	75	3	7	
35. Le Stade d'Eratosthène, ci-dessus n°. IV.	Contenoit de coudées sacrées 286 $\frac{37}{41}$, de pieds romains 540 $\frac{1}{2}$, de pieds géométriques 573 $\frac{1}{3}$, et de nos toises................	81	4	1	$\frac{44}{70}$
36. Le Stade nautique ou Persien, dit aussi Stade d'Hérodote ou de Possidonius, ci-dessus n°. V.	Contenoit de stades pythiques 1 $\frac{1}{8}$, de stades de Cléomède 1 $\frac{1}{4}$, de petits stades 1 $\frac{2}{3}$, de pléthres 6, de chébels 10, de cannes doubles 30, de cannes hachémiques 50, de cannes simples 60, d'orgyies 100, de pas doubles 120, de pas simples 240, de coudées sacrées 300, de coudées royales 355 $\frac{5}{9}$, de coudées moyennes 400, de petites coudées 450, de pieds philétériens 480, de pygons 518 $\frac{2}{5}$, de pygmes 533 $\frac{1}{3}$, de pieds grecs olympiques 540, de pieds romains 571 $\frac{1}{3}$, de pieds géométriques ou nautiques 600, de pieds pythiques 675, de spithames 800..............	85	3	7	$\frac{20}{100}$
	N. B. Ce *stade nautique* ou *persien,* est celui dont parle Hérodote (a) au sujet de la hauteur des deux pyra-				

(a) Le même Hérodote donne au Temple de Jupiter, Bélus à Babylone, deux de ces stades en carré, ou quatre stades carrés. Au milieu étoit une tour à base carrée d'un stade sur chaque côté; la hauteur de cette tour étoit également d'un *stade nautique.*

NOMS DES MESURES.	RAPPORT AVEC LES PRÉCÉDENTES.	MESURE DE FRANCE.			
		TOISES.	piéds	pouc.	Lig.
	mides du lac Meris. » Chacune, » dit-il, s'élève de 50 orgyies au » dessus de l'eau, dans laquelle se » trouve cachée pareille hauteur. » Ces pyramides ont par conséquent » chacune 100 orgyies. Or les 100 » orgyies font juste un stade de 6 » pléthres ; car l'orgyie a 6 pieds ou » 4 coudées, le pied vaut 4 palmes, » et la coudée 6. « Liv. II, ch. 149. Il est évident qu'Hérodote parle ici de la coudée de 24 doigts, qu'il nomme ailleurs (liv. I, ch. 178) *coudée moyenne*, laquelle étoit plus courte de 3 doigts que la *coudée royale* de Babylone. C'est donc sans fondement que M. Paucton (a) en citant ce passage d'Hérodote, si clair et si précis, a ajouté au mot *coudées*, ceux-ci, ROYALES DE BABYLONE, qui ne sont pas dans le texte, ce qui pourroit induire à penser qu'Hérodote a donné ce nom à la coudée de 24 doigts, tandis qu'il le donne en effet à celle de 27 doigts.				
37. Le Stade grec olympique, ci-dessus n°. VI.	Contenoit de stades nautiques $1\frac{1}{9}$, de stades pythiques $1\frac{1}{4}$, de stades de Cléomède $1\frac{7}{18}$, de petits stades $1\frac{46}{54}$, de pléthres $6\frac{2}{3}$, de chébels $11\frac{1}{9}$, de cannes doubles $33\frac{1}{3}$, de cannes hachémiques $55\frac{5}{9}$, de cannes simples $66\frac{2}{3}$, d'orgyies $100\frac{9}{100}$, de pas doubles $133\frac{1}{3}$, de pas simples $266\frac{2}{3}$, de coudées sacrées $333\frac{1}{3}$, de coudées moyennes $444\frac{4}{9}$, de petites coudées 500, de pieds philétériens $533\frac{1}{3}$, de pygons 576, de pygmes $592\frac{16}{27}$, de pieds grecs olympiques 600,				

(a) Métrologie, p. 151.

NOMS DES MESURES.	RAPPORT AVEC LES PRÉCÉDENTES.	MESURE DE FRANCE			
		TOISES.	pieds.	pou.	Lig.
	de pieds romains 625, de pieds géométriques 666 $\frac{2}{3}$, de pieds pythiques 750, de spithames 888 $\frac{8}{9}$..............................	95	.	8	
	N. B. Toutes les mesures de ce stade sont erronées dans M. Paucton, qui les a calculées d'après le *pygon*, mesure grecque de 18 doigts $\frac{14}{27}$, qu'il a prise pour le pied grec olympique, en faisant de ce dernier, qui est de 17 doigts $\frac{7}{9}$, un prétendu *pied romain* qui n'a jamais existé.				
38. Le Stade philétérien, ci-dessus n°. VII.	Contenoit de pléthres 7 $\frac{28}{50}$, de chébels 12 $\frac{18}{30}$, de cannes doubles 37 $\frac{8}{10}$, de cannes hachémiques 63, de cannes simples 75 $\frac{6}{10}$, d'orgyies 126, de pas doubles 151 $\frac{1}{5}$, de pas simples 302 $\frac{2}{5}$, de coudées sacrées 378, de coudées royales 448, de coudées moyennes 504, de petites coudées 567, de pieds philétériens 600, de pygons 653 $\frac{23}{125}$, de pygmes 672, de pieds grecs olympiques 680 $\frac{2}{5}$, de pieds romains 714 $\frac{2}{7}$, de pieds géométriques 756, de pieds pythiques 850 $\frac{1}{2}$, de spithames 1008.................	107	4	11	
39. Le grand Stade, dit aussi Stade Egyptien (*a*) ou Alexandrin, ci-dessus n°. VIII. Ses étalons sont le côté de la base de la grande pyramide d'Egypte et la Coudée du Nilomètre ou Coudée Sacrée encore existante au Caire.	Contenoit de stades philétériens 1 $\frac{11}{189}$, de stades olympiques 1 $\frac{1}{5}$, de stades nautiques 1 $\frac{1}{3}$, de stades d'Eratosthène 1 $\frac{17}{43}$, de stades pythiques 1 $\frac{1}{2}$, de stades de Cléomède 1 $\frac{2}{3}$, de petits stades 2 $\frac{2}{9}$, de pléthres 8, de chébels 13 $\frac{1}{3}$, de cannes doubles 40, de cannes				

(*a*) C'est le *Stade des Stades* de Moïse de Khorène, Auteur arménien du cinquième siècle.

NOMS DES MESURES.	RAPPORT AVEC LES PRÉCÉDENTES.	MESURE DE FRANCE.			
		TOISES.	pieds	pou.	Lig.
	hachémiques 66 $\frac{2}{3}$, de cannes simples 80, d'orgyies 133 $\frac{1}{3}$, de pas doubles 160, de pas simples 320, de coudées sacrées 400, de coudées royales 477 $\frac{1}{17}$, de coudées moyennes 533 $\frac{1}{3}$, de petites coudées 600, de pieds philétériens 640, de pygons 690 $\frac{5}{6}$, de pygmes 711 $\frac{1}{9}$, de pieds grecs olympiques 720, de pieds romains 769 $\frac{1}{6}$, de pieds géométriques 800, de pieds pythiques 900, de spithames 1066 $\frac{2}{3}$............................	114	.	9	7 $\frac{3}{10}$
40. Le Diaule ou Stade double.	Est, suivant Hérodote, une mesure de 2 stades nautiques, mais ce nom peut s'entendre également de 2 stades quelconques. Quoi qu'il en soit, en prenant le diaule pour 2 stades nautiques, il répond à........	171	1	2	4
41. L'Hippicon (c'étoit la carrière destinée pour la course des chevaux).	Valoit 2 diaules nautiques, 3 stades alexandrins, 4 stades nautiques, 4 $\frac{1}{2}$ stades pythiques, 5 stades de Cléomède, 6 $\frac{2}{3}$ petits stades, 24 pléhtres, 40 chébels, 240 cannes simples, 400 orgyies, 480 pas doubles, 960 pas simples, 1200 coudées sacrées, 1600 coudées moyennes, 1800 petites coudées, 1920 pieds philétériens, 2072 $\frac{1}{2}$ pygons, 2133 $\frac{1}{3}$ pygmes, 2160 pieds grecs olympiques, 2285 $\frac{1}{3}$ pieds romains, 2400 pieds géométriques, 2700 pieds pythiques, et 3200 spithames.....	342	2	4	8
42. Le Chemin Sabbatique égal au demi-mille Gaulois.	C'étoit une distance de 2000 coudées communes hébraïques, ou pieds philétériens de 20 doigts				

NOMS DES MESURES.	RAPPORT AVEC LES PRÉCÉDENTES.	MESURE DE FRANCE.			
		TOISES.	Pieds	Pou.	Lig.
43. Le Mille Hébreu.	qui valoit 1000 pas simples, 1250 coudées sacrées, 1666 $\frac{2}{3}$ coudées moyennes, 1875 petites coudées	356	3	9	1
44. Le Mille Romain.	Valoit 6 stades olympiques, 2000 coudées sacrées, 3000 petites coudées, 3200 pieds philété-riens ou coudées communes hé-braïques, 3600 pieds grecs olym-piques, 4000 pieds géométriques, 4500 pieds pythiques.........	570	4		
	Evalué d'après le pied rom. de 10 pouces, 10 lignes $\frac{6}{10}$ vaut juste,	755	4	8	8
	que M. d'Anville, pour avoir un nombre rond, aporté à 756 T. (a)	756			

ou 4536 pieds de roi. Ce mille étoit composé de 1000 pas ro-mains, qui, à raison de 5 pieds romains pour le pas, font 5000 pieds romains.

Le mille romain contenoit 6 $\frac{1}{2}$ stades alexandrins, 7 stades phi-létériens, 8 stades olympiques, 8 $\frac{3}{4}$ stades nautiques, 9 $\frac{1}{4}$ stades d'Ératosthène, 10 stades pythi-ques, 11 stades de Cléomède et 14 $\frac{13}{16}$ petits stades. M. Paucton ayant, comme on l'a vu plus haut, confondu le pied grec olympique avec le pied romain, qui est un peu plus foible, il en est résulté que presque par-tout où cet esti-mable Auteur parle du pied ro-main, il faut entendre le pied grec olympique, ainsi les 792 toises, 3 pieds 7 pouces 2 lignes qu'il donne au mille romain, sont

(a) Si l'on donnoit au Mille romain 5 toises de plus ou 761 toises, alors 3 de ces Milles feroient notre lieue commune de France de 25 au degré.

NOMS DES MESURES.	RAPPORT AVEC LES PRÉCÉDENTES.	MESURE DE FRANCE.			
		TOISES.	Pieds	Pou.	Lig.
	précisément la valeur de 5oo pieds grecs olympiques.				
45. Le Mille ou Milliaire persien ou asiatique.	Valoit 1 $\frac{1}{2}$ milles hébreux, 2 $\frac{1}{2}$ hippicons, 5 diaules nautiques, 7 $\frac{1}{2}$ stades égyptiens ou alexandrins, 9 stades olympiques, 10 stades nautiques, 11 $\frac{1}{4}$ stades pythiques, 12 $\frac{1}{2}$ stades de Cléomède, 16 $\frac{2}{3}$ petits stades, 60 pléthres, 100 chébels, 3oo cannes doubles, 5oo cannes hachémiques, 600 cannes simples, 1000 orgyies, 1200 pas doubles, 2400 pas simples, 3000 coudées sacrées, 4000 coudées moyennes, 45oo petites coudées, 48oo pieds philétériens, 5184 pygons, 5400 pieds grecs olympiques, 6000 pieds géométriques, 675o pieds pythiques et 8000 spithames.............	856			
Le Coss indien.	Vaut 1 $\frac{1}{2}$ milles asiatiques, 15 stades nautiques, 6000 coudées moyennes, 9000 pieds géométriques, et de toises.........	1284			
46. Le Dolichos.	Valoit 1 $\frac{1}{3}$ mille égyptien (a), 4 hippicons, 8 diaules, 12 stades égyptiens ou alexandrins, 16 stades nautiques, 18 stades pythiques, 20 stades de Cléomède, 26 $\frac{2}{3}$ petits stades, 96 pléthres, et de nos toises.............	1369	3	7	
47. L'Ancien Mille européen, ou Mille gaulois d'un quart d'heure de chemin.	Contenoit 8 $\frac{1}{3}$ stades nautiques, 1000 pas doubles, 2000 pas simples, 4000 pieds philétériens, et 5000 pieds géométriques......	713	2		
	Il est plus court que le mille romain de 42 toises, 2 pieds,				

(a) Le Mille égyptien dont il s'agit ici valoit 9 stades alexandrins ou 1027 toises 1 pied 2 pouces 3 lignes.

NOMS DES MESURES.	RAPPORT AVEC LES PRÉCÉDENTES.	MESURE DE FRANCE.			
		TOISES.	pieds	pouc	Lig.
	8 pouces, 8 lignes. Le mille italien moderne est de $951\frac{1}{9}$ toises.				
48. La lieue gauloise et de la Grande-Bretagne, ou lieue d'Irlande.	Valoit $1\frac{1}{2}$ milles européens, $12\frac{1}{2}$ stades nautiques, 1500 pas doubles, 3000 pas simples, 6000 pieds philétériens, 7500 pieds géométriques...............	1070			
49. La lieue de demi-heure de chemin. N. B. Tels sont les Coss de 40 au degré.	Contient $1\frac{1}{3}$ lieues gauloises, 2 milles européens, 2000 pas doubles, 4000 pas simples, 8000 pieds philétériens, 10000 pieds géométriques...............	1426	4		
50. La lieue de $\frac{1}{4}$ d'heure de chemin, ou de $26\frac{2}{3}$ au degré.	Ou Raste germanique vaut, 2 lieues gauloises, $2\frac{15}{18}$ milles romains, 3 milles européens, 25 stades nautiques, 3000 pas doubles ou géométriques.....	2140			
51. La Parasange d'Hérodote. N. R. Les Persans l'appellent aujourd'hui *Firsenk*. C'est le *Farsang* d'Arménie, et le *Pharsac* d'Arabie.	Contenoit de milles asiatiques 3, de milles romains $3\frac{15}{27}$, de milles européens $3\frac{3}{5}$, de stades égyptiens $22\frac{1}{2}$, de stades philétériens $23\frac{51}{62}$, de stades olympiques 27, de stades nautiques 30, de stades pythiques $33\frac{3}{4}$, de stades de Cléomède $37\frac{1}{2}$, de petits stades 50, de schoènes persiens 150, de pléthres 180, de chébels 300, de cannes doubles 900, de cannes hachémiques 1500, de cannes simples 1800, d'orgyies 3000, de pas géométriques 3600, de Xylons 4000, de pas simples 7200, de coudées sacrées 9000, de coudées royales $10666\frac{2}{3}$, de coudées moyennes 12000, de petites coudées 13500, de pieds philétériens 14400, de pygons $15553\frac{1}{5}$, de pygmes 16000, de pieds grecs olympiques 16200, de pieds romains 16875, de pieds				

NOMS DES MESURES.	RAPPORT AVEC LES PRÉCÉDENTES.	MESURE DE FRANCE.			
		TOISES.	pieds	pou-	Lig.
	géométriques 18000 , de pieds pythiques 20250, de spithames 24000......................	2568			
52. La lieue marine de France ou d'une heure de chemin, et de 20 au degré.	Vaut $3\frac{1}{3}$ milles asiatiques, $3\frac{2}{3}$ milles romains, 4 milles européens, 8 chemins sabbatiques, 25 stades alexandrins, 30 stades olympiques, $33\frac{1}{3}$ stades nautiques, $37\frac{1}{3}$ stades pythiques, 200 pléthres, 4000 pas géométriques, 10000 coudées sacrées, 15000 petites coudées, 16000 pieds philétériens, 17280 pygons, 18000 pieds grecs olympiques, 20000 pieds géométriques, 22500 pieds delphiques ou pythiques........	2853	2		
	N. B. Les marins la divisent en 3 milles, en sorte que chacun de ces milles répond à une minute de degré de grand cercle.				
53. La lieue commune de France de 25 au degré.	Est de 3200 pas géométriques ou	2283			
	Ce qui fait 9000 lieues pour les 360 degrés, et donne le degré de 57075 toises.				
	La lieue des environs de Paris, n'est que de 2000 toises; notre *journée de chemin* est de 22830 toises ou 10 lieues communes, ou 8 lieues marines. Deux et demie de ces journées font le degré. Il seroit à souhaiter que la lieue d'une heure de marche fut la dominante.				
54. Le Schoène du Delta ou de la Basse-Egypte. N. B. C'est le grand *Pharsac* d'Arabie de $16\frac{2}{3}$ au degré.	Contenoit de parasanges $1\frac{1}{3}$, de lieues communes de France $1\frac{1}{2}$, de milles asiatiques 4, de milles romains $4\frac{400}{756}$, de stades alexandrins 30, de stades olym-				

NOMS DES MESURES.	RAPPORT AVEC LES PRÉCÉDENTES.	MESURE DE FRANCE.			
		TOISES.	pied.	pou.	Lig.
	piques 36, de stades nautiques 40, de stades pythiques 45, de stades de Cléomède 50, de petits stades 66 $\frac{2}{3}$, de pléthres 240, de chébels 400, de cannes doubles 1200, de cannes hachémiques 2000, de cannes simples 2400, d'orgyies 4000, de pas géométriques 4800 (a), de pas simples 9600, de coudées sacrées 12000, de coudées moyennes 16000, de petites coudées 18000, de pieds philétériens 19200, de pygons 20736, de pieds grecs olympiques 21600, de pieds géométriques 24000, de pieds pythiques 27000, de spithames 32000..........	3424			
55. Le Schoène de la Thébaïde ou de la Haute-Égypte. *N. B.* Ce grand Schoène égyptien étoit égal au *Gau* indien. C'étoit aussi ce qu'on appeloit *Stathmes* ou Relais d'Asie.	Valoit 1 $\frac{1}{2}$ schoènes du Delta, 2 parasanges, 2 $\frac{1}{4}$ lieues communes de France, 6 milles asiatiques, 6 $\frac{600}{758}$ milles romains, 45 stades alexandrins, 54 stades olympiques, 60 stades nautiques, 67 $\frac{1}{2}$ stades pythiques, 75 stades de Cléomède, 100 petits stades, 360 pléthres, 600 chébels, 1800 cannes doubles, 3000 cannes hachémiques, 3600 cannes simples, 6000 orgyies, 7200 pas géométriques, 8000 xylons, 14400 pas simples, 18000 coudées sacrées, 24000 coudées moyennes, 27000 petites coudées, 28800 pieds philétériens, 31104 pygons, 32000 pygmes, 32400 pieds grecs olympiques, 36000 pieds géométriques, 40500 pieds pythiques, et 48000 spithames..	5136			

(a) La grande lieue germanique de 15 au degré, est de 5333 $\frac{1}{3}$ pas géométriques, et vaut 3804 toises 2 pieds 8 pouces.

E

NOMS DES MESURES.	RAPPORT AVEC LES PRÉCÉDENTES.	MESURE DE FRANCE.			
		TOISES.	pieds	pou.	Lig.
56. Le Schoène de l'Heptanome ou de la moyenne Egypte. N. B. C'est le *Jiom* ou *Giom* d'Arabie.	Contenoit 2 schoènes de la Thébaïde, 3 schoènes du Delta, 4 parasanges, 4 $\frac{1}{2}$ lieues communes de France, 12 milles asiatiques, 13 $\frac{444}{756}$ milles romains, 90 stades alexandrins, 108 stades olympiques, 120 stades nautiques, 135 stades pythiques, 150 stades de Cléomède, 200 petits stades, 720 pléthres, 1200 chébels, 12000 orgyies, 36000 coudées sacrées, 48000 coudées moyennes, 72000 pieds géométriques......................	10272			
57. La journée de chemin, *Diæta.*	Étoit de 5 schoènes de la Thébaïde, de 9 lieues marines ou d'une heure, de 10 parasanges, de 30 milles asiatiques, de 33 $\frac{732}{756}$ milles romains, de 36 milles européens, de 225 stades alexandrins, de 270 stades olympiques, de 300 stades nautiques, de 337 $\frac{1}{2}$ stades pythiques, de 375 stades de Cléomède, de 500 petits stades, et de..........	25680			
58. Un Degré de grand cercle de la Terre.	Contient 20 lieues marines de France (*a*), 22 $\frac{2}{9}$ parasanges, 25 lieues communes, 66 $\frac{2}{3}$ milles asiatiq. 75 milles romains, 80 milles européens, 500 stades alexandrins, 530 stades philétériens, 600 stades olympiques, 666 $\frac{2}{3}$ stades nautiques, 700 stades d'Eratosthène, 750 stades pythiques, 833 $\frac{1}{3}$ stades de Cléomède, 1111 $\frac{1}{9}$ petits stades, 4000 pléthres, 6666 $\frac{2}{3}$ chébels, 20000 cannes doubles, 33333 $\frac{1}{3}$ cannes				

(*a*) Voyez le rapport des différentes mesures itinéraires modernes avec le degré *ci-après*, page 20.

NOMS DES MESURES.	RAPPORT AVEC LES PRÉCÉDENTES.	MESURE DE FRANCE.			
		TOISES.	pieds	pouc.	lig.
	hachémiques, 40000 cannes simples, 66666⅔ orgyies, 80000 pas doubles, 88888⁸⁄₉ xylons, 160000 pas simples, 200000 coudées sacrées, 266666⅔ coudées moyennes, 300000 petites coudées, 320000 pieds philétériens, 345600 pygons, 355555⁵⁄₉ pygmes, 360000 pieds grecs olympiques, 400000 pieds géométriques, 450000 pieds delphiques ou pythiques, 500200 pieds de Cléomède, 666666 ⅔ pieds du petit stade et, sous la latitude de Paris,	57075			
59. La Circonférence de la Terre.	Est de 360 degrés de grand cercle, 800 journées de chemin, 2000 schoènes de l'Heptanome, 4000 schoènes de la Thébaïde, 6000 schoènes du Delta, 7200 lieues marines de France, 8000 parasanges, 9000 lieues communes de France, 24000 milles asiatiques, 27000 milles romains, 28800 milles européens, 180000 stades alexandrins, 190800 stades philétériens, 216000 stades olympiques, 240000 stades nautiques, 252000 stades d'Eratosthène, 270000 stades pythiques, 300000 stades de Cléomède, et 400000 petits stades. Ainsi ce dernier stade est la 400000ᵉ partie de la circonférence du globe, de même que le pied géométrique est la 400000ᵉ. partie d'un degré de grand cercle. Or, comme l'a très-bien remarqué M. Paucton, cette 400000ᵉ. partie d'un degré du méridien (mesuré par les Anciens				

NOMS DES MESURES.	RAPPORT AVEC LES PRÉCÉDENTES.	MESURE DE FRANCE.			
		TOISES.	pieds	pouc	Lig.
	aussi exactement qu'il l'a été depuis par les modernes), étoit le prototype de toutes les mesures antiques. L'étalon de ce prototype existe non seulement dans le côté du carré qui fait la base de la grande pyramide d'Egypte, mesure du *stade égyptien*, mais aussi dans la *coudée sacrée*, qui sert encore de nos jours à mesurer la crue du Nil. Ce Nilomètre est tracé sur une ancienne colonne de marbre, qui fait partie d'un édifice placé dans l'île de *Rodda* au milieu du Nil, entre le vieux Caire et Giza.				

Rapport des différentes mesures itinéraires des modernes, avec un degré de grand Cercle, évalué à 57066 ⅔ toises.

AU DEGRÉ.

1. Jiom ou Giam d'Arabie... 5 5/9
2. Gau de Surate et du Malabar.................................. 10
3. Gau du Coromandel... 11
4. { Lieue de police de la Saxe............................
   Mille de Hongrie......................................
   Lieue commune de Suède et de l'Ukraine........... } 12
5. Gau Indien de plus petite mesure.......................... 12 ½
6. Lieue de Hongrie.. 13

    N. B. Quelques-uns la font de 12, et d'autres de 13 ½ au degré.

7. Lieue de la basse Autriche................................. 14
8. { Mille ou lieue commune d'Allemagne................
   Lieue d'Autriche, de Souabe, de Prusse et de Silésie... } 15
9. Lieue de Bohême.. 16
10. { Grand Pharsac d'Arabie..........................
    Lieue itinéraire d'Espagne depuis 1766.............. } 16 ⅔
11. Lieue du Brésil.. 17
12. Lieue marine d'Espagne.................................... 17 ½

AU DEGRÉ.

13. Lieue de Portugal.. 18
14. Parasange de Perse. *Voyez* Pharsac d'Arabie, n°. 18...

15. { Lieue marine ou horaire de France, d'Angleterre et des Pays-Bas...
Mille marin de Hollande...........................
Mille commun de Pologne et de Lithuanie.......... } 20

16. Lieue de Pologne, selon quelques-uns.............. 21
17. Lieue de l'Amérique espagnole..................... 22
18. Pharsac d'Arabie.................................. $22\,\frac{2}{9}$
19. Lieue du Bourbonnois et du Lionnois.............. 23
20. Lieue du Maine, du Perche et du Poitou........... 24

21. { Lieue commune de France, ou de Brabant, de Champagne, de Normandie et de Picardie...............
Pû de la Chine. Mille de Flandres................. } 25

22. Lieue du Berry.................................... 26
23. Lieue de Berbice, Amérique hollandoise........... 27
24. Lieue d'Artois, de Luxembourg, de Cayenne........ 28
25. Lieue d'Anjou, de Beauce, de Bretagne............ 33
26. Coss de l'Indostan............................... 40 (*a*)
27. Mille commun d'Angleterre........................ 48
28. Lieue d'Écosse................................... 5o

29. { Mille marin d'Angleterre et de France..........
Mille commun d'Italie.............................
Mille marin de l'Océan............................ } 60

3o. Mille de Turquie................................. 62
31. Mille d'Arabie................................... $66\,\frac{1}{3}$
32. Mille marin de la Méditerranée................... 75
33. Werste de Russie ou demi-Coss indien............. 80
34. Li de la Chine................................... 25o (*b*)

(*a*) Mesure moyenne entre les Coss de 1335 toises ou d'un peu plus de 42 au degré, et ceux de d'Anville de 37 au degré. Le Coss de plus petite mesure est d'un peu plus de 44 au degré ou de 1284 toises.

(*b*) Ce Li de la Chine est égal à deux stades égyptiens ou alexandrins, et vaut par conséquent 228 toises 1 pied 7 pouces $\frac{2}{10}$ de France.

F

SECONDE PARTIE.
MESURES DE CAPACITÉ.

TABLE II.

MESURES FRANÇAISES DE CAPACITÉ,

Et leurs rapports en pouces cubiques du Pied de Roi , pour avoir un terme de comparaison avec les mesures antiques du même genre , dont il sera parlé ci-après.

§. I. *Mesures des liquides , et principalement pour le vin.*

NOMS DES MESURES.	NOMBRE DE MUIDS.	VELTES OU SETIERS	POTS.	PINTES.	POUCES CUBIQUES.	POIDS EN EAU PURE OU DISTILLÉE. LIV.	ONC.	GROS	GRAINS
Le Tonneau de marine	$5\frac{1}{4}$	189	..	1512	42 (*Pieds.*)	2940	..	..	....
Le Tonneau ordinaire ou de Bordeaux	3	108	..	864	24	1680	..	..	....
Le Tonneau d'Orléans	2	72	..	576	16	1120	..	..	....
La Pipe ou Queue de Bourgogne	$1\frac{1}{2}$	54	..	432	12	840	..	..	....
La Queue de Champagne	$1\frac{1}{3}$	48	..	384	$10\frac{2}{3}$	746	10	5	24
Le Muid ou Poinçon	1	36	..	288	8	560	..	..	....
La Demi-Queue de Bourgogne, (c'est aussi la Barrique ou le Muid d'eau-de-vie)	$\frac{3}{4}$	27	..	216	6	420	..	..	....
La Demi-Queue de Champagne.	$\frac{2}{3}$	24	..	192	$5\frac{1}{3}$	373	5	2	48
La Feuillette ou Demi-Muid..	$\frac{1}{2}$	18	..	144	4	280	..	..	....
Le Quartaut ou Quart de Muid.	$\frac{1}{4}$	9	36	72	3456 P.	140	..	..	....
Le Barril ou Demi-Quartaut...	$\frac{1}{8}$	$4\frac{1}{2}$	18	36	1728(*b*)	70	..	..	....
Le Demi-Barril ou $\frac{1}{12}$ Barrique(*a*)	$\frac{1}{16}$	$2\frac{1}{4}$	9	18	864	35	..	..	....
Le Broc	$\frac{1}{24}$	$1\frac{1}{2}$	6	12	576	23	5	2	48
La Velte, Verge ou Septier....	$\frac{1}{36}$	1	4	8	384	15	8	7	8
Le Gallon ou Demi-Velte.....	$\frac{1}{72}$	$\frac{1}{2}$	2	4	192	7	12	3	40
La Quarte ou le Pot	$\frac{1}{144}$	$\frac{1}{4}$	1	2	96	3	14	1	56
La Pinte de Paris , contenant..	2 Chopines....	$\frac{1}{8}$	..	1	48	1	15	...	64
La Chopine ou Setier	2 Demi-Setiers.	$\frac{1}{16}$	..	$\frac{1}{2}$	24	....	15	4	32
Le Demi-Setier	2 Poissons.....	$\frac{1}{32}$	..	$\frac{1}{4}$	12	....	7	6	16
Le Poisson	2 Demi-poissons	$\frac{1}{64}$	..	$\frac{1}{8}$	6	....	3	7	8
Le Demi-Poisson	2 Roquilles....	......	..	$\frac{1}{16}$	3	....	1	7	40
La Roquille		......	..	$\frac{1}{32}$	$1\frac{1}{2}$	....	..	7	56
Les $\frac{2}{3}$ de Roquille ou le Pouce cubique		...	..	$\frac{1}{48}$	1	....	..	5	$13\frac{1}{3}$

(*a*) Cette mesure fait les deux tiers du Métrète Romain. Voyez la Table suivante.

(*b*) Pied cube de France , plus fort d'un quart que le pied cube Romain.

§. II. *Mesures pour le Blé et autres menus grains.*

NOMS DES MESURES.	BOISSEAUX.	LITRONS.	PINTES.	POUC. CUBIQ.	LIVRES.	ONCES.	GROS.	GRAINS.
Le Muid de blé (a), contient de Boisseaux	144	2304	1920	92160	2880	....	....	....
Le Tonneau de marine, du poids de 2000 liv.	113 $\frac{2}{5}$	....	1512	72576	2268	....	....	....
Le Setier ou $\frac{1}{12}$ de Muid (b)	12	192	160	7680	240	....	....	....
La Mine ou $\frac{1}{24}$ de Muid	6	96	80	3840	120	....	....	....
Le Minot ou $\frac{1}{48}$	3	48	40	1920	60	....	....	....
Le Boisseau ou $\frac{1}{144}$	1	16	13 $\frac{1}{3}$	640	20	....	....	....
Le Demi-Boisseau ou $\frac{1}{288}$	$\frac{1}{2}$	8	6 $\frac{2}{3}$	320	10	....	....	....
Le Quart de Boisseau $\frac{1}{576}$	$\frac{1}{4}$	4	3 $\frac{1}{3}$	160	5	....	....	....
Le Demi-quart de Boisseau $\frac{1}{1152}$	$\frac{1}{8}$	2	1 $\frac{2}{3}$	80	2	8	....	....
Le Litron ou $\frac{1}{16}$ de Boisseau	....	1	....	40	1	4	....	....
Le Demi-Litron $\frac{1}{32}$	....	$\frac{1}{2}$	....	20	....	10	....	....
Le Quart de Litron $\frac{1}{64}$	....	$\frac{1}{4}$	....	10	....	5	....	....
$\frac{1}{8}$ de Litron	....	$\frac{1}{8}$	....	5	....	2	4	....
$\frac{1}{16}$ de Litron	....	$\frac{1}{16}$	....	2 $\frac{1}{2}$	....	1	2	....
$\frac{1}{32}$	....	$\frac{1}{32}$	....	1 $\frac{1}{4}$	....	....	5	....
$\frac{1}{40}$	....	$\frac{1}{40}$	....	1	....	....	4	....

(a) A Paris cette mesure est la même pour les grains, les *légumes* et la *chaux*; mais le *Muid* d'*avoine* est composé de 12 setiers de 24 boisseaux chacun, le *Muid de sel*, de 12 setiers de 16 boisseaux chacun; le *Muid de charbon de bois*, de 20 mines, chacune de 4 boisseaux pour le bourgeois, et de 16 mines, chacune de 4 boisseaux pour le marchand; le *Muid de charbon de terre* est de 15 minots chacun de 6 boisseaux, et le *Muid de plâtre* de 36 sacs de 2 boisseaux chacun; en sorte que le *Muid* est une mesure de 288 boisseaux pour l'avoine, de 192 pour le sel, de 144 pour le blé, de 90 pour le charbon de terre, de 64 ou 80 pour le charbon de bois, et seulement de 72 pour le plâtre. Il est essentiel de faire attention que souvent le même mot exprime des capacités différentes, selon la denrée dont il s'agit. Ainsi, pour *le Blé*, le boisseau contient 4 quartes ou 16 litrons; le minot 3 boisseaux, la mine 2 minots, le setier 2 mines, et le muid 12 setiers; tandis que pour l'*Avoine*, le boisseau contient 4 picotins ou 16 litrons, le minot 6 boisseaux, la mine 2 minots, le setier 2 de ces mines, et le muid 12 de ces setiers. Pour le *Sel*, le boisseau contient 6 mesures, le minot 4 boisseaux, la mine 2 minots, le setier 2 mines, et le muid 12 setiers. Pour le *Charbon de bois*, le minot ne contient que 2 boisseaux, la mine 2 de ces minots, et le muid 16 ou 20 de ces mines. Enfin pour le *Charbon*

de terre, le minot est, comme pour l'avoine, de 6 boisseaux; mais le muid ou la voie n'est que de 15 de ces minots.

(b) Un arpent de bonne terre, bien traitée par *la grande culture*, peut produire 8 setiers et davantage, mesure de Paris, mais on n'évalue, du fort au foible, le produit de chaque arpent de terre, qu'à 5 setiers, semence prélevée. L'arpent royal dont il s'agit ici, est de cent perches, et la perche de 22 pieds. Le prix commun du setier de froment est à Paris, depuis long-tems, à-peu-près de 17 liv. 8 sous, et pour les fermiers ou vendeurs, de 15 liv. 9 sous, à cause de l'inégalité des récoltes. Le prix commun de l'avoine est de 16 liv. 10 sous le setier double de celui du blé. Dans la *petite culture*, chaque arpent, du fort au foible, produisant, année commune, 32 boisseaux (non compris la dîme), dont il faut retrancher 8 boisseaux pour la semence, il reste 2 setiers qui se partagent par moitié entre le propriétaire et le métayer. Chaque arpent de blé donnant ainsi, du fort au foible, 4 pour un ou 2 setiers, semence prélevée et non compris la dîme; le setier, à 12 liv. année commune, froment et seigle, le produit d'un arpent, pour les 2 setiers, est de 24 liv. auxquelles, si l'on ajoute 2 liv. 13 sous pour la dîme, on aura 26 liv. 13 sous pour le produit total de l'arpent.

TABLE III.

MESURES ROMAINES DES LIQUIDES,

Évaluées en pouces cubiques du pied de Roi, en pintes de Paris, et en livres romaine et française, d'après la pesée des Médailles et la cubature du pied Romain.

NOMS DES MESURES ROMAINES.	POIDS ROMAIN.				POUCES CUBIQUES de FRANCE.	PINTE DE PARIS ET SES SOUDIVISIONS.	POIDS DE FRANCE EN EAU PURE.			
	LIVRES.	ONCES.	DRACH.	SCRUP.			LIV.	ONC.	GROS.	GRAI.
Le *Culeus* contenant XX Amphores....................	1600	..	..	..	25920	540 Pintes...........	1050	..	..	..
L'Amphore ou ..2 Urnes, c'est le pied cube Quadantal (*a*) romain.	80	..	..	..	1296	27.................	52	8	..	..
L'Urne........4 Conges....	40	..	..	..	648	13½................	26	4	..	..
Le Conge (*b*) ...6 Sextiers...	10	..	..	..	162	3⅜.................	6	9	..	..
Le Sextier (*c*) ...2 Hémines...	1	8	..	..	27	1 Chopine et ½ Poisson.	1	1	4	..
L'Hémine ou ½ Sextier 2 *Quartarius*	..	10	..	..	13½	1 Demi-Set. ¼ Poisson.	..	8	6	..
Le *Quartarius* ...2 Acétabules.	..	5	..	..	6¾	1 Poisson et ½ Roquille.	..	4	3	..
L'Acétabule ....1½ Cyathe....	..	2	4	..	3⅜	½ Poisson et ¼ Roquille.	..	2	1	36
Le Cyathe......4 Cuillerées..	..	1	5	1	2¼	⅓ Poisson et ⅙ Roquille.	..	1	3	48
Le ½ Cyathe.....2 Cuillerées..	..	..	6	2	1⅛	⅙ Poisson et 1/12 Roquille.	..	..	5	60
La Cuillerée ou Ligule........	..	..	3	1	9/16	1/12 Poisson et 1/24 Roquille.	..	..	2	66

N. B. L'Amphore valoit.. 1344p^{ces}. cub. rom.
    L'Urne........... 672............
    Le Conge........ 168............
    Et le Sextier....... 28............

Le Conge contenoit 6 Sextiers, 12 Hémines, 24 Quartes, 48 Acétabules, 72 Cyathes, 144 Demi-Cyathes, et 288 Cuillerées.

PLINE (lib. XXI, cap. 34.) donne à l'Obole 10 Calques; mais il parle en cet endroit de la grande Drachme attique de 84 grains, car celle de 63 grains n'avoit que 8 Calques; c'est par la même raison qu'il dit (*ibid.*) que le *Cyathe* pèse 10 Drachmes, l'*Acétabule* 15 Drachmes et l'*Hémine* 60. Car 1°. pour le Cyathe ou 72e. partie du Conge, 10 drachmes de 84 grains égalent 13⅓ drachmes de 63 grains ou 840 grains: 2°. pour l'Acétabule ou 48e. partie du Conge, 15 drachmes de 84 grains, égalent 20 drachmes de 63 grains ou 1260; 3°. enfin, pour l'Hémine ou 12e. partie du Conge, 60 drachmes de 84 grains, égalent 80 drachmes de 63 grains ou 5040 grains.

(*a*) L'Amphore se nommoit aussi *Quadrantal*, parce qu'elle étoit la cubature du pied romain, comme le dit Festus, au mot *Quadrantal. Quod vas pedis quadrati, octo et quadraginta capit sextarios.* Le même Auteur dit aussi dans un Plébiscite qu'il rapporte : Quadrantal *vini octoginta pondo fiet.* Congius *vini decem pondo fiet ; Sex sextarii congius fiet vini ; duo de quinquaginta sextari* Quadrantal *fiet vii*, etc.

(*b*) C'est le demi-pied cube romain ; les 3 ⅜ Pintes de Paris qu'il contient, pèsent en eau distillée, à raison de 70 liv. le pied cube (ainsi que l'a déterminé M. Brisson), les quantités suivantes, savoir :

Pour 2 Pintes 3 livres 14 onces 1 gros 56 grains.
.... 1 ....., 1 .... 15 .... 0 ... 64 ......
.... ⅛ .... 11 .... 5 ... 24 ......

Lesquelles quantités additionnées donnent au total............................6 liv. 9 onc.

(*c*) Le Sextier d'Italie, dit Oribase, contient 24 onces selon la mesure, et selon le poids 20 onces.

MESURES. A BLÉ DES ROMAINS.	PESOIT EN BLÉ. Poids romain.	POUCES CUBIQUES de France.	POIDS DE FRANCE.
			Liv. Onc. Gros.
Le *Modius* valoit.............16 Sextiers.	24 liv. 0 onc. rom.	432.........	13. 8
Le demi-*Modius*............ 8 Sextiers.	12 0	216.........	6. 12.
Le Sextier et ses subdivisions, comme ci-dessus..................................	6	27.........	... 13. 4.

TABLE IV.

RAPPORT DES MESURES ROMAINES DE CAPACITE

Aux Mesures Grecques correspondantes, évaluées en Drachmes de 63 grains, d'où il résulte que la Cotyle grecque est à l'Hémine romaine, comme 9 est à 12 ou comme 3 à 4, tandis que le Métrète ou pied cube romain n'est au Métrète ou pied cube grec, que comme 8 est à 9.

NOMS DES MESURES ROMAINES.	DRACHMES de 63 grains.	NOMS DES MESURES GRECQUES.	DRACHMES de 63 grains.
Amphore ou Quadrantal. { C'est le Métrète ou pied cube romain............	7680......	Cados ou Diota, valoit 12 chous .	8640 ou 90 liv. r 0.
Valoit 8 Conges ou 80 liv. R.	....		
Urne ou 4 Conges............... 40	3840......	Amphoreus ou 6 chous	4320. 45.
Conge ou 6 Sextiers.............. 10	960......	Chous............	720. 7. 6. Onc.
Sextier...................... 1 8..	160.....	Xestes............	120. 1. 3.
L'Hémine ou ½ Sextier............ 10..	80.....	Cotyle (*a*).........	60. 7 ½.
Quartatius.............................	40.....	Tétarte...........	30.
Acétabule............................	20.....	Oxybaphe..........	15.
Cyathe..............................	13 ⅓ ...	Cyathe............	10.
Demi-Cyathe........................	6 ⅔ ...	Conque............	5.
Cuillerée ou Ligule...................	3 ⅓ ...	Mystron...........	2 ½.
Mystron vétérinaire chez les Grecs.......	2 ⅔ ...	Chême............	2.
Cuillerée vétérinaire des Grecs..........	1 ⅓ ...	Cuillerée commune.	1.

N. B. Ces deux dernières petites mesures n'étoient d'usage que chez les Grecs ; les Romains n'alloient point au-delà de la Ligule, comme on le voit dans le Tableau précédent. Le Métrete de 8640 drachmes de 63 grains, égal à 90 liv. romaines ou 59 liv. 1 once de France, donne au pied cube 30 pintes et un peu plus de ⅛. Cette mesure s'éloigne un peu du Métrète olympique, et paroit tenir le milieu entre la cubature de la pygme et celle du pied romain.

Le Chous ou Conge grec contenoit 3 Chenices, 6 Sextiers ou Xestes, 12 Cotyles, 24 Tétartes, 48 Oxybaphes, 72 Cyathes, 144 Conques, 288 Mystrons ou Cuillerées romaines, 360 Chêmes et 720 Cuillerées grecques.

(*a*) Cette hémine ou cotyle grecque ne vaut que 60 drachmes de 63 grains, elle est par conséquent plus petite que l'*hémina*, *litra* ou livre asiatique, qui, selon M. Paucton, étoit la 96e. partie de la cubature du pied géométrique, laquelle valoit 64 des mêmes drachmes. D'après cette évaluation le pied cube géométrique devoit être de 6144 des mêmes drachmes, qui répondent à 42 livres de France ; cependant la cubature exacte de ce pied donnant 1092 pouces cubiques, il en résulte poids de France 44 liv. 3 onces 6 gros 16 grains, ou 6471 drachmes de 63 grains, comme on va le voir dans le tableau suivant de la cubature des différens pieds antiques.

G

MESURES DES GRECS POUR LE BLÉ.	PESOIT EN BLÉ. Poids romain.			POIDS DE FRANCE.		POUCES CUBIQUES.	BOISSEAU DE PARIS.
	liv.	onc.	dr.	liv.	onc.		litrons.
La Médimne attique valoit 1⅓ Métrète ou 16 Chous, 6 Hectes ou Modios	108 selon Suidas.			70.	14	2268	3. 8. 7/10.
Le Hecte ou Modios valoit 2 Hémihectes	18			11.	13	378	9. 27/60.
L'Hémihecte valoit 1½ Chous ou 8 Xestès	9			5.	14.4	189	4. 87/120.
Le Xestès ou setier 2 Cotyles, etc. comme ci-dessus	1	1	4	.. 11.6.36		23. ½	567/960.
Le Chous ou Conge grec 3 Chenices	6	9		4.	6.7	141. ½	3.
Et la Chenice 2 Sextiers ou Xestès	2	3		1.	7.5	47. ¼	1.

N. B. On voit que le *Modius* grec est au *Modius* romain, dans le même rapport de 18 à 24, ou de 9 à 12 que nous avons trouvé ci-dessus.

TABLE V.

RAPPORT DES MESURES ANTIQUES DE CAPACITÉ A LA PINTE DE PARIS, d'après la cubature des principaux pieds ci-dessus décrits ; avec l'évaluation de chaque Métrète ou pied cube en drachmes de 63 gains.

NOMS DES MESURES ANTIQUES.	Pouces.	Lignes.	centièmes.	POUCES CUBIQUES de FRANCE.	DRACHMES de 63 grains.	PINTES DE PARIS.	POIDS DE FRANCE. Liv.	Onc.	Gros.	Gra.
					Métrètes.					
1. Pied Pythique ou Delphique de	9	1	48	764	4527	15 11/12	30	15	1	18
Conge Pythique (Son Métrète est la moitié du Métrète Olympique)				63⅔		1 5/16	2	9	2	8
Sextier, *Id.*				10 22/36						
Hémine, *Id.*				5 11/36						
2. Pied géométrique ou nautique de	10	3	31	1092	6471	22¾	44	3	6	16
Conge asiatique ou persien				91		1 43/48	3	10	7	60
Sextier, *Id.*				15 1/6						
Hémine, *Id.*				7 7/12						
3. Pied Romain de	10	10	60	1296	7680	27	52	8		
Conge Romain. { La cubature exacte du pied romain, à cause d'une légère fraction qu'on a négligée, est de 1292 9/24 pouces.				162		3⅜	6	9		
Sextier, *Id.*				27						
Hémine, *Id.*				13½						
4. Pied grec Olympique de	11	4	80	1496	8862⅔	31 1/6	60	9	4	61
Conge Olympique ou attique moyen				124⅔		2 43/72	5		6	27
Sextier, *Id.* { Ces mesures sont à-peu-près le double de celles du métrète pythique.				20 7/9						
Hémine, *Id.*				10 7/18						
5. Pygme ou pied grec moyen de	11	6	66	1555	9214	32 19/48	62	15	6	54

NOMS DES MESURES ANTIQUES.	Pouces.	Lignes.	POUCES CUBIQUES de FRANCE.	DRACHMES de 63 grains.	PINTES DE PARIS.	POIDS DE FRANCE. Liv.	Onc.	Gros	Gra.
Conge de la Pygme — *N. B. Les mesures de ces deux pieds, nᵒˢ. 4 et 5, sont plus foibles que les mesures romaines du nᵒ. 3, parce qu'il n'y avoit que 8 conges au métrète romain, tandis qu'il y en avoit 12 au métrète grec.*			$129\frac{7}{12}$		$2\frac{67}{96}$	5	3	7	30
Sextier, *Id*			$21\frac{43}{72}$						
Hémine, *Id*			$10\frac{115}{144}$						
6. Pygon ou grand pied grec de	11	10.55	1686	10000	$35\frac{1}{8}$	68	4	7	70
Conge attique — *Le métrète attique est égal à $1\frac{1}{8}$ métrète olympique du nᵒ 4.*			$140\frac{1}{2}$		$2\frac{77}{96}$	5	11		34
Sextier, *Id*			$23\frac{5}{12}$						
Hémine, *Id*			$11\frac{17}{24}$						

Ces mesures sont encore plus petites que celles du métrète romain, par la raison qu'on a vue plus haut.

N. B. C'est à cette mesure que M. Paucton donne le faux nom de Métrète olympique.

NOMS DES MESURES ANTIQUES.	Pouces.	Lignes.	POUCES CUBIQUES de FRANCE.	DRACHMES de 63 grains.	PINTES DE PARIS.	POIDS DE FRANCE. Liv.	Onc.	Gros	Gra.
7. Pied Royal ou Philétérien de	12	10.18	$2027\frac{5}{12}$	12000	$42\frac{1}{4}$	82	2	1	62
Conge Philétérien — *Mesures qui approchent le plus des mesures romaines.*			$168\frac{137}{144}$		$3\frac{25}{48}$	6	13	4	
Sextier, *Id*			$28\frac{137}{864}$						
Hémine, *Id*			$14\frac{137}{1728}$						

N. B. On voit par la différence du métrète grec au métrète romain, que les petites mesures philétériennes, à commencer du conge, sont à-peu-près les mêmes que les romaines, quoique la disproportion soit très-grande entre les deux métrètes ou pieds cubes.

NOMS DES MESURES ANTIQUES.	Pouces.	Lignes.	POUCES CUBIQUES de FRANCE.	DRACHMES de 63 grains.	PINTES DE PARIS.	POIDS DE FRANCE. Liv.	Onc.	Gros	Gra.
8. La Coudée Pythique ou petite coudée, qui est aussi le pied du stade égyptien.	13	8.29	$2576\frac{10}{12}$	15266	$52\frac{11}{12}$	104	5	4	56
Conge égyptien			$214\frac{2}{3}$		$4\frac{17}{36}$	8	11	1	
Sextier, *Id*			$35\frac{14}{18}$						
Hémine, *Id*			$17\frac{32}{36}$						

N. B. C'est, suivant M. Paucton, le métrète d'Egypte ou de Ptolémée.

NOMS DES MESURES ANTIQUES.	Pouces.	Lignes.	POUCES CUBIQUES de FRANCE.	DRACHMES de 63 grains.	PINTES DE PARIS.	POIDS DE FRANCE. Liv.	Onc.	Gros	Gra.
9. La Coudée moyenne ou de 24 doigts	15	4.74	3712	22000	$75\frac{2}{4}$	150	4	7	23
Conge de Syrie			$309\frac{1}{3}$		$6\frac{4}{9}$	12	8	3	61
Sextier, *Id*			$51\frac{10}{18}$						
Hémine, *Id*			$25\frac{28}{36}$						

N. B. C'est, suivant M. Paucton, le Métrète d'Antiochus ou de Syrie.

AVERTISSEMENT SUR LA TABLE SUIVANTE.

La pesanteur spécifique des corps, étant un des moyens les plus propres à déterminer la CAPACITÉ d'un VASE ou METRETE quelconque, par le poids connu qu'il contient, soit d'eau distillée, soit de toute autre liqueur, on a cru qu'un tableau de ces pesanteurs seroit ici d'autant moins déplacé, qu'il peut également servir à déterminer le POIDS MATRICE d'un pays, par le poids que contient d'un fluide quelconque un Vase dont la capacité seroit connue.

TABLE VI.

PESANTEUR SPÉCIFIQUE

Des principales Substances du Règne minéral, rangées dans un nouvel ordre, différent de celui qu'a présenté M. Brisson de l'Académie Royale des Sciences, dans l'Ouvrage intitulé : *Pesanteur Spécifique des Corps.* Paris, Imprimerie royale, 1787, in-4°.

NUMEROS de l'Ouvrage de M. Brisson.	NOMS DES SUBSTANCES.	PESANTEURS	CABINETS QUI LES ONT PROCURÉES.
	SUBSTANCES MÉTALLIQUES.		
	Platine purifiée, passée par la filière............	210,417..	Sickengen.
20...	—— purifiée et forgée....................	203,366...	Id.
	—— purifiée et fondue....................	195,000..	Lavoisier.
18...	—— en grenaille décapée par l'esprit de sel...	167,521..	Tillet.
	Grain de Platine native, légerement attirable à l'aimant, et du poids de 40 grains..........	163,333 ⅓.	Romé de l'Isle.
	Platine en grenaille non attirable à l'aimant.....	162,519..	Id.
18...	—— brute en grenaille....................	156,017..	Tillet.
19...	—— brute fondue (masse poreuse)..........	146,263..	Lavoisier.
2...	Or à 24 carats fondu et forgé...............	193,617..	Tillet.
1...	— fondu et non forgé, de même que l'or natif....	192,581..	Id.
97..	Mercure coulant....................	135,68u..	Brisson.
56...	Plomb....................	113,523..	Id.
10...	Argent à 12 deniers fondu et forgé...............	105,107..	Tillet.
	—— fondu et non forgé....................	104,743..	Id.
67...	Régule de Bismuth....................	98,227..	Sage.
68...	Bismuth vierge ou natif....................	90,202..	Cabinet du Roi.
21...	Cuivre rouge fondu, passé à la filière..........	88,785..	Brisson.
	—— fondu sans être écroui....................	87,840..	(a).
22...	Cuivre jaune ou laiton fondu, passé à la filière....	85,441..	Id.
	—— non passé à la filière....................	83,958..	Id.
71...	Régule de Cobalt....................	78,119..	Sage.
94...	—— de Nickel....................	78,070..	Id.
29...	Acier ni écroui ni trempé....................	78,331..	Brisson.
	—— écroui et ensuite trempé....................	78,180..	Id.
28...	Fer forgé en barre....................	77,880..	Id.

(a) M. Brisson n'a trouvé que 77,880, ce qui est la pesanteur spécifique du Fer forgé.

NUMEROS de l'Ouvrage de M. Brisson.	NOMS DES SUBSTANCES.	PESANTEURS	CABINETS QUI LES ONT PROCURÉES.
27...	Fer fondu..........................	72,070..	Buffon.
47...	Étain pur de Cornouaille écroui...............	72,994..	Duhamel.
	——— non écroui......................	72,914..	Id.
64...	Régule de Zinc......................	71,908..	Sage.
	——— de Manganèse....................	68,500..	de Morveau.
79...	——— d'Antimoine........	67,021..	Sage.
86...	——— natif d'arsenic..................	57,633..	Id.

SUBSTANCES ENCORE PEU CONNUES, RANGÉES PARMI LES RÉGULES.

31...	Wolfram ou Tungstène chargé de fer............	71,195..	Romé de l'Isle.
392...	Tungstène ou pierre pesante....................	60,665..	Cabinet du Roi.
55...	——— sous le faux nom de *Mine d'étain blanche*..	60,076..	Romé de l'Isle.
72...	Manganèse striée en rayons divergens...........	47,563..	Cabinet du Roi.
96...	Molybdene.....	47,385..	*Ibid.*

SUBSTANCES PIERREUSES.

396...	Spath pesant octaèdre.....................	44,712..	Cabinet du Roi.
395...	——— en segmens rhomboïdaux..........	44,434..	Romé de l'Isle.
394...	——— gris roulé. *Pierre de Bologne*..........	44,409..	Cabinet du Roi.
393...	——— blanc, demi-transparent..........	44,300..	*Ibid.*
397...	——— en tables à bords en biseau........	44,228..	Romé de l'Isle.
398...	——— en stalactites. *Albâtre pesant*........	42,984..	*Id.*
123...	Jargon de Ceylan, (nature d'Hyacinte).........	44,161..	*Id.*
	——— cristal complet avec ses deux pointes....	43,372..	Gosselin.
109...	Rubis d'Orient. (*Saphir rouge*)..................	42,833..	Bretet.
120...	Saphir du Puy en Velay....................	40,769..	Romé de l'Isle.
114...	Topaze pistache d'Orient....................	40,615..	Rousseau de Perse.
113...	——— d'Orient, (*Saphir jaune*)...............	40,106..	Aubert.
122...	Girasol d'Orient........................	40,000..	Cabinet du Roi.
118...	Saphir d'Orient en parallélipipède rhomboïdal....	39,941..	A la Couronne.
119...	——— blanc d'Orient......................	39,911..	Jacquemin.
172...	Spath adamantin de la Chine................	38,732..	Faujas de St. Fond.
125...	Vermeille, (nature de grenat)..............	42,299..	Fagnier.
126...	Grenat de Bohême à 24 facettes..............	41,888..	Renault.
127..	——— dodécaèdre du Tirol............	40,627..	Romé de l'Isle.
128...	——— altéré par le feu des volcans............	24,684..	*Id.*
129...	——— Syrien............................	40,000..	Fagnier.
110...	Rubis spinelle octaèdre......................	37,600..	Romé de l'Isle.
	Vermeille, (nature d'Hyacinte)...............	37,600..	*Id.*
124...	Hyacinte ordinaire....................	36,873..	Renault.
111...	Rubis balais octaedre......................	36,458..	Aubert.
116...	Topaze de Saxe........................	35,640..	Cabinet du Roi.
117...	——— blanche de Saxe et de Sibérie.............	35,535..	*Ibid.*
133...	Beril ou aigue-marine dite Orientale...........	35,489..	*Ibid.*
115...	Topaze du Brésil........................	35,365..	*Ibid.*
112...	Rubis du Brésil, (*Topaze rouge*)..................	35,311..	Romé de l'Isle.
121...	Saphir du Brésil, (*Topaze bleue*)...........	31,307..	Cabinet du Roi.
102...	Diamant blanc Oriental....................	35,212..	A la Couronne.
104...	——— orangé............................	35,500..	*Ibid.*
103...	——— couleur de rose......................	35,310..	*Ibid.*

H

NUMEROS de l'Ouvrage de M.Brisson.	NOMS DES SUBSTANCES.	PESANTEURS	CABINETS QUI LES ONT PROCURÉES.
106...	Diamant bleu..............................	35,254..	A la Couronne.
105...	———— vert..............................	35,238..	Aubert.
108...	———— jaune.............................	35,185..	A la Couronne.
107...	———— dodecaèdre, dit du Brésil.............	34,444..	Dufresne.
268...	Schorl vert du Dauphiné.....................	.34,529..	Romé de l'Isle.
265...	———— noir lamelleux, dit spathique...........	33,852..	Cabinet du Roi.
260...	———— noir, prismatique hexaedre...........	33,636..	Romé de l'Isle.
270...	———— vert-jaunâtre transparent. *Péridot*........	33,548..	Cabinet du Roi.
267...	———— violet, transparent, du Dauphiné........	32,956..	Romé de l'Isle.
271...	———— opaque cruciforme. *Pierre de croix*........	32,861..	*Id.*
261...	———— octaedre rhomboïdal..................	32,265..	*Id.*
269...	———— vert transparent, *Emeraude* ou *Péridot* du Brésil........................	31,555..	*Id.*
121...	(On pourroit placer ici le Saphir du Brésil)......	31,307..	Cabinet du Roi.
262...	Schorl noir à 9 pans de Madagascar.............	30,926..	Romé de l'Isle.
264...	Tourmaline d'Espagne et du Tirol.............	30,863..	*Id.*
263...	———————— de Ceylan....................	30,541..	*Id.*
266...	Schorl noir en masse. *Pierre de touche*...........	29,225..	Cabinet du Roi.
350...	Asbeste non mûr (Schorl argileux).............	29,958..	*Ibid.*
351...	———— étoilé ou en faisceaux divergens..........	30,733 .	*Ibid.*
178...	Œil de Chat noirâtre........................	32,593..	*Ibid.*
169...	Verd de Corse. *Verde di Corsica duro*.............	31,051..	*Ibid.*
399...	Spath fluor blanc et transparent................	31,555..	*Ibid.*
400...	———————— rouge en cubes. *Faux Rubis*...........	31,901..	*Ibid.*
408...	———————— violet pourpre foncé. *Fausse Améthyste*..	31,857..	*Ibid.*
404...	———————— vert octaedre. *Fausse Emeraude*.........	31,838..	*Ibid.*
406...	———————— vert bleuâtre. *Fausse Aigue-marine*.......	31,820..	*Ibid.*
403...	———————— vert en cubes. *Fausse Emeraude*.......	31,817..	Fagnier.
401...	———————— rouge octaèdre. *Faux Rubis balais*.......	31,815..	Romé de l'Isle.
409...	———————— demi-transparent blanc, veiné de violet.	31,796..	Cabinet du Roi.
407...	———————— violet d'Angleterre, en cubes transparens	31,757..	Romé de l'Isle.
405...	———————— bleu. *Faux Saphir*..................	31,688..	Fagnier.
411...	———————— en stalactites. *Albâtre vitreux*..........	31,668..	Romé de l'Isle.
402...	———————— jaune en cubes. *Fausse Topaze*..........	30,967..	Sage.
410...	———————— vert veiné de quartz. *Fausse Emeraude d'Auvergne*......................	30,943..	Cabinet du Roi.
	Chrysolite à pyramides hexaèdres (*a*)............	30,989..	Romé de l'Isle.
217...	Jade blanc. (Sa forme cristalline est inconnue)...	29,502..	Cabinet du Roi.
218...	——— vert. *Id*...........................	29,660..	*Ibid.*
219...	——— olivâtre. *Id*........................	29,829..	*Ibid.*
359...	Mica noir cristallisé........................	29,342..	Romé de l'Isle.
358...	——— de forme irrégulière...................	29,004..	Cabinet du Roi.
354...	——— en feuilles transparentes. *Verre de Moscovie*....	27,917..	*Ibid.*
356...	——— blanc en feuilles......................	27,044..	Ab. Hauy.
131...	Chrysolite du Brésil, (nature d'Emeraude).....	27,821..	Romé de l'Isle.
132...	———————— de Sibérie, (de même forme que celle du Brésil)......................	26,923..	*Id.*

(*a*) M. Brisson l'a pesée, mais il la confond avec la Chrysolite du Brésil ci-après, n°. 131, qui ne pèse que 27,821.

NUMEROS de l'Ouvrage de M. Brisson.	NOMS DES SUBSTANCES.	PESANTEURS	CABINETS QUI LES ONT PROCURÉES.
130...	Emeraude du Pérou (prismatique hexaèdre)......	27,755..	Renault.
134...	Aigue-marine ou Béril de Sibérie, *Id*............	27,227..	Romé de l'Isle.
647...	Basalte de la Chaussée des Géants..............	28,642..	Cabinet du Roi.
	Zéolite blanche de Ferroé....................	27,012..	Romé de l'Isle.
321...	———— bleue en masse informe. *Lapis lazuli*.......	27,675..	Cabinet du Roi.
322...	————————— dite orientale avec des points pyriteux.	27,714..	*Ibid.*
320...	Trapp des Suédois. ,.....................	27,453..	*Ibid.*
413...	Spath calcaire, dit *Cristal d'Islande*..............	27,151..	*Ibid.*
414...	———————— primitif de France..........	27,146..	*Ibid.*
412...	——————— mélé d'un peu de fer. *Spath perlé*...	28,378..	*Ibid.*
38...	——————— changé en mine de fer spathique...	36,720..	*Ibid.*
164...	——————— mélé de quartz. *Grès de Fontainebleau.*	26,111..	*Ibid.*
415...	——————— en prismes hexaèdres tronqués...	27,182..	Romé de l'Isle.
416...	——————— prismatique et pyramidal........	27,115..	*Id.*
417...	——————— pyramidal, dit à *dents de Cochon*...	27,141..	*Id.*
418...	——————— en masse bleuâtre, dit *Pierre puante.*	27,121..	Cabinet du Roi.
423...	——————— en stalactites. *Albâtre Oriental* blanc	27,302..	la Rochefoucault
424...	Albâtre oriental demi-transparent..............	27,621..	Cabinet du Roi.
425...	——— blanc œillé (coloré par le fer)...........	27,906..	*Ibid.*
430...	——— salin oriental......................	27,214..	la Rochefoucault
440...	——— salin d'Espagne.....................	27,128..	*Ibid.*
447...	——— œillé de Valence........	27,512..	*Ibid.*
455...	——— roux de Malaga.....................	27,009..	Cabinet du Roi.
564...	Marbre blanc ou statuaire de Carrare...........	27,168..	*Ibid.*
565...	——— blanc de Paros, (mélangé).............	28,376..	*Ibid.*
566...	——— noir d'Italie, (coloré par la matière grasse).	27,120..	*Ibid.*
567...	——— noir varié de blanc, dit *petit antique*........	27,329..	*Ibid.*
570...	——— bleu turquin de Carrare.............	27,132..	*Ibid.*
571...	——— gris de Malthe....................	27,054..	*Ibid.*
572...	——— serancolin moucheté..................	27,185..	*Ibid.*
573...	——— noir à taches jaunes, dit *Porte-or*..........	27,094..	Dubosc.
577...	——— dit *vert d'eau*....................	27,276..	Cabinet du Roi.
578...	——— vert rayé, dit *Cipolin*..............	27,258..	*Ibid.*
580...	——— violet, dit à Rome *Pavonazzo*..........	27,554..	*Ibid.*
581...	——— violet grec varié de blanc.............	27,520..	*Ibid.*
582...	——— dit *Africain*....................	27,075..	*Ibid.*
585...	——— brèche violette de Gênes..............	27,144..	*Ibid.*
468...	——— Campan vert des Pyrénées.............	27,417..	*Ibid.*
469...	——— Campan rouge des Pyrénées.............	27,242..	*Ibid.*
419...	Pierre-porc noire (par la matière bitumineuse).....	26,207..	*Ibid.*
420...	Spath calcaire ramifié, dit *Flosferri*.............	26,747..	Romé de l'Isle.
456...	Albâtre Oriental de Montmartre...............	26,838..	Duc d'Orléans.
135...	Cristal de roche limpide de Madagascar.........	26,530..	Renault.
136...	————————— du Brésil.....................	26,526..	*Ibid.*
137...	————————— d'Europe ou des Alpes.........	26,548..	Cabinet du Roi.
138...	————————— irisé...................	26,497..	*Ibid.*
139...	————————— couleur de rose..............	26,701..	d'Aubenton.
140...	————————— jaune, dit *Topaze de Bohême*......	26,542..	Cabinet du Roi.
141...	— *Id.* bleu, dit *Saphir d'eau.* (C'est un Feld-spath).	25,813..	*Ibid.*
142...	——————— violet, dit *Améthyste*...........	26,535..	Jacquemin.
143...	——————— peu coloré. *Améthyste blanche*......	26,513..	*Id.*
144...	——— violet pourpre de Vic ou de Carthagène...	26,570..	Cabinet du Roi.

NUMEROS de l'Ouvrage de M.Brisson.	NOMS DES SUBSTANCES.	PESANTEURS	CABINETS QUI LES ONT PROCURÉES.
145...	Cristal brun , dit *Topaze enfumée de Bohême*.........	26,534..	Cabinet du Roi.
146...	—— noir......................	26,536..	*Ibid.*
147...	Quartz cristallisé en grouppes...................	26,546..	*Ibid.*
148...	—— en masse informe, transparent-louche.....	26,471..	*Ibid.*
149...	—— en cristaux rouge-bruns, *Hyacinte de Compostelle*	26,468..	Romé de l'Isle.
150...	—— laiteux demi-transparent................	26,519..	Cabinet du Roi.
151...	—— gras, entièrement opaque	26,459..	*Ibid.*
152...	—— fragile. *Id*.....................	26,404..	*Ibid.*
173...	Aventurine demi-transparente.................	26,667..	*Ibid.*
174...	—— opaque.... ..	26,426..	*Ibid.*
184...	Agate Orientale blanche.................	25,901..	*Ibid.*
185...	—— d'Allemagne, nuée de rouge et de blanc...	26,253..	*Ibid.*
187...	—— d'Allemagne à filets....................	26,667..	*Ibid.*
189...	—— onyx.......................	26,375..	*Ibid.*
192...	—— Jaspée.....................	26,356..	*Ibid.*
194...	Calcédoine très-fine et très-pure.............	26,156..	*Ibid.*
202...	Cornaline d'un très-beau rouge..............	26,137..	*Ibid.*
209...	Sardoine.....................	26,025..	*Ibid.*
220...	Petrosilex.....................	26,527..	*Ibid.*
223...	Pierre à fusil blonde, ou silex commun..........	25,941..	Brisson.
228...	Caillou veiné.....................	26,122..	Cabinet du Roi.
232...	—— de Rennes , brèche en jaspe.............	26,538..	*Ibid.*
234...	—— d'Angleterre , dit *Pouding*...........	26,087..	*Ibid.*
235...	—— d'Egypte arborisé.	25,648..	*Ibid.*
237...	Jaspe vert foncé....................	26,258..	*Ibid.*
240...	—— rouge.....................	26,612..	*Ibid.*
247...	—— sanguin.....................	26,277..	*Ibid.*
252...	—— fleuri rouge et blanc....................	26,228..	*Ibid.*
258...	Jaspe-Agate.....................	26,608..	*Ibid.*
259...	Jaspe grossier, dit *Sinople*...	26,913..	*Ib. d.*
216...	Prase.....................	25,805..	*Ibid.*
349...	Asbeste mûr.....................	25,779..	la Rochefoucault.
165...	Grès fin des environs d'Etampes...............	25,159..	Guettard.
166...	Feld-spath blanc......	25,946..	Cabinet du Roi.
171...	—— transparent du Saint-Gothard.........	25,644..	Romé de l'Isle.
167...	—— rougeâtre de Bavéno..............	24,378..	Sage.
170...	—— bleu chatoyant. *Pierre de Labrador*.......	26,925..	*Id.*
175...	Œil de Chat gris....................	25,675..	Cabinet du Roi.
387...	Sélenite décaèdre rhomboïdale.................	23,117..	*Ibid.*
388...	—— lenticulaire....................	23,065..	*Ibid.*
389...	—— cunéiforme de Montmartre.............	23,060..	*Ibid.*
386...	—— en lames rhomboïdales , dites *Miroir d'âne*..	23,114..	*Ibid.*
383...	Gypse spathique demi - transparent. *Albâtre gypseux* de Lagny......................	23,108..	*Ibid.*
385...	—— strié de la Chine....................	23,088..	*Ibid.*
384...	—— strié de France....................	23,057..	*Ibid.*
390...	—— fleuri ou *Fleurs de Gypse*................	23,059..	*Ibid.*
379...	—— grossier demi-transparent de Montmartre..	23,062..	*Ibid.*
382...	—— spathique. *Albâtre gypseux* de Gersdorf en Saxe.....................	22,746..	*Ibid.*
391...	—— en stalactites, à couches ondulées.......	22,849..	Romé de l'Isle.
381...	—— fin demi-transparent du Languedoc.......	22,741..	Brisson.

NUMEROS de l'Ouvrage de M.Brisson.	NOMS DES SUBSTANCES.	PESANTEURS	CABINETS QUI LES ONT PROCURÉES.
380...	Gypse fin opaque. *Pierre à plâtre de Salins*...............	22,642..	Cabinet du Roi.
378...	——— grossier opaque. *Pierre à plâtre de Montmartre*..	21,679..	Ib d.
643. C.	Pechstein rouge de Saxe........................	26,695..	*Ibid.*
643. D.	——— noirâtre de Saxe......................	23,191..	*Ibid.*
643. E.	——— brun verdâtre de Saxe...............	23,149..	*Ibid.*
643. F.	——— olivâtre de Saxe.....................	23,145..	*Ibid.*
	——— brun de Mesnil-montant près Paris....	21,685..	Delarbre.
643. B.	——— jaune de Hongrie...................	20,860..	Cabinet du Roi.
643. A.	——— noir de Hongrie....................	20,499..	*Ibid.*
360...	Plombagine ou crayon fin d'Angleterre.........	20,891..	Buffon.
680...	Soufre natif d'un beau jaune citron.......	20,332..	Cabinet du Roi.
681...	Soufre fondu, dit *Soufre en canons du commerce*.......	19,907..	Brisson.
688...	Charbon de terre compacte.....................	13.292..	Cabinet du Roi.
689...	Jais ou Jayet d'un beau noir luisant.............	12,590..	*Ibid.*
690...	Asphalte ou Bitume de Judée, noir et friable...	11,044..	*Ibid.*

LIQUEURS NATURELLES ET ARTIFICIELLES.

NUMEROS	NOMS DES SUBSTANCES.	PESANTEURS	POIDS DU PIED CUBE.			
			Liv.	Onc.	Gros.	Grains
706...	Eau du lac Asphaltite ou mer Morte...........	12,403..	86	13	1	6
705...	—— de mer, prise dans la baie de Saint-Brieux...	10,263..	71	13	3	47
702...	—— de puits, prise dans Paris................	10,017..	70	1	7	17
703...	—— d'Arcueil.............................	10,004..	70	...	4	9
701...	—— de la Seine, filtrée....................	10,001..	70	...	1	25
700...	—— de pluie ou distillée..... ✕	10,000..	70	...	...	...
758...	Vin de Constance.........................	10,819..	75	11	5	59
757...	—— de Tokay............................	10,538..	73	12	2	3
756...	—— de Madère, dit *Malvoisie de Madère*...........	10,382..	72	10	6	20
755...	—— de Malaga............................	10,221..	71	8	6	1
753...	—— de Pakaret	9,997..	69	15	5	22
750...	—— de Champagne blanc mousseux.............	9,979..	69	13	5	13
751...	—— de Bordeaux....................	9,939..	69	9	1	25
754...	—— de Xérès..................	9,924..	69	7	3	65
747...	—— de Bourgogne...................	9,915..	69	6	3	60
762...	Eau-de-vie de preuve, ou ordinaire du commerce.	9,131..	63	14	5	27
763...	Eau-de-vie double	8,630..	60	6	4	35
764...	Esprit de Vin du commerce....................	8,371..	58	9	4	30
759...	Bière rouge.............................	10,338..	72	5	6	61
760...	——— blanche......................	10,231..	71	9	6	70
761...	Cidre.................................	10,181..	71	4	2	13
775...	Vinaigre rouge.......................	10,251..	71	12	0	65
776...	——— blanc...................	10,135..	70	15	0	69
777...	——— distillé..................	10,095..	70	10	5	9
817...	Huile d'Olives.............................	9,153..	64	2	1	6

TROISIÈME PARTIE.

POIDS DES ANCIENS.

TABLE VII.

PARTIES ALIQUOTES DU TALENT ATTIQUE,

Et ses rapports tant avec les autres Talens, qu'avec la livre Romaine et notre poids de marc, plus sa valeur en argent de France.

NOMS DES TALENS.	Grandes Drac. Attiques.	Petites Drac. Attiques.	POIDS ROMAIN.				POIDS DE FRANCE.				VALEUR EN ARGENT.		
			Liv.	onc	dr	scr.	Liv	onc	gro	gr	Livres	S.	D.
Talent d'Egine..............	10000	13333⅓	138	10	5	1	91	2	2	48	9333	6	8
——— d'Alexandrie..........	9000	12000	125	..	..	..	82	..	4	.	8400	..	..
——— de Rhégium...........	7500	10000	104	2	..	..	68	5	6	..	7000	..	..
——— Italique.............	7200	9600	100	..	..	..	65	10	..	..	6720	..	..
....	6750	9000	93	9	..	..	61	8	3	..	6300	..	..
Métrète Grec................	6480	8640	90	..	..	..	59	1	..	..	6048	..	..
Grand Talent Attique........	6000	8000	83	4	..	..	54	11	..	..	5600	..	..
Métrète Romain, dit *Amphore* ou *Quadrantal*..................	5760	7680	80	..	..	..	52	8	..	..	5376	..	..
....		7500	78	1	4	..	51	4	2	36	5250	..	..
....		7200	75	..	..	..	49	3	4	..	5040	..	..
Talent Babylonien...........	5250	7000	72	11	..	..	47	13	5	..	4900	..	..
Petit Talent Attiqne.........	4500	6000	62	6	..	..	41	..	2	..	4200	..	..
....		5760	60	..	..	..	39	6	..	..	4032	..	..
....		4800	50	..	..	..	32	13	..	..	3360	..	..
Talent Egyptien ou Rhodien...	3000	4000	41	8	..	..	27	5	4	..	2800	..	..
Urne ou ½ *Quadrantal*...........		3840	40	..	..	..	26	4	..	..	2688	..	..
....		3600	37	6	..	..	24	9	..	..	2520	..	..
....		3000	31	3	..	..	20	8	1	..	2100	..	..
....		2880	30	..	..	..	19	11	..	..	2016	..	..
....		2400	25	..	..	..	16	6	4	..	1680	..	..
Talent Syrien ou Ptolémaïque...	1500	2000	20	10	..	..	13	10	6	..	1400	..	..
Demie-Urne ou 2 *Conges*........		1920	20	..	..	..	13	2	..	..	1344	..	..
....		1500	15	7	4	..	10	4	..	36	1050	..	..
....		1440	15	..	..	..	9	13	4	..	1008	..	..
....		1200	12	6	..	..	8	3	2	..	840	..	..
Dix petites Mines Attiques....		1000	10	5	..	..	6	13	3	..	700	..	..
Conge Romain................		960	10	..	..	..	6	9	..	..	672	..	..
....		900	9	4	4	..	6	2	3	36	630	..	..
....		750	7	9	6	..	5	2	..	18	525	..	..
....		600	6	3	..	..	4	1	5	..	420	..	..
....		500	5	2	4	..	3	6	5	36	350	..	..
Demi-Conge ou 3 *Sextiers Romains*...		480	5	..	..	..	3	4	4	..	336	..	..
....		450	4	8	2	..	3	1	1	54	315	..	..

NOMS DES TALENS.	Grandes Drac. Attiques	Petites Drac. Attiques	POIDS ROMAIN.				POIDS DE FRANCE.				VALEUR EN ARGENT.		
			Liv.	onc	dr.	scr.	Liv	onc	gro	gra.	Livres.	S.	D.
....	......	400	4	2	..	..	2	11	6	..	280	..	..
....	......	300	3	1	4	..	2	..	6	36	210	..	..
....	......	250	2	7	2	..	1	11	2	54	175	..	..
Mine d'Egine.........	166⅔	222 2/9	2	3	6	1/9	1	8	2	25	155	9	6⅔
—— d'Alexandrie.....	150	200	2	1	..	..	1	5	7	..	140	..	..
—— de Rhégium.....	125	166⅔	1	8	6	⅔	1	2	3	60	116	13	4
—— Italique.....	120	160	1	8	..	..	1	1	4	..	112	..	..
Grande Mine Attique.....	100	133⅓	1	4	5	½ ⅔	..	14	4	48	93	6	8
Mine Babylonienne.....	87½	116⅔	1	2	4	⅔	..	12	6	6	81	13	4
Petite Mine Attique.....	75	100	1	..	4	..	..	10	7	36	70	..	..
As ou Livre Romaine.....	72	96	1	..	..	..	..	10	4	..	67	4	..
Mine Egyptienne ou Rhodienne, qui est la Mine Syracusaine de Priscien.	50	66⅔	...	8	2	..	..	7	2	24	46	12	16
....	......	50	...	6	2	..	..	5	3	54	35	..	..

SOUS-DIVISIONS DU TALENT.	GRANDE DRACHME ATTIQUE.	PETITE DRACHME ATTIQUE.	POIDS ROMAIN.				POIDS DE FRANCE.				VALEUR EN ARGENT.		
			Liv	onc	dr.	scr.	Liv	onc	gro	grains.	liv	S.	Deniers
Semissis ou demi-As Romain.	36	48	..	6	..	..	..	5	2	..	33	12	..
Mine Syrienne ou Ptolémaïque.	25	33⅓	..	4	1	1	..	3	5	12	23	6	8
Triens ou ⅓ d'As Romain.	24	32	..	4	..	..	..	3	4	..	22	8	..
Valeur du Statère d'or, rapport de. 1 à 12 ½	....	25	..	3	1	..	..	2	5	63	17	10	..
Quadrans ou ¼ d'As Romain, et valeur du Statère d'or, rapport de........ 1 à 12	18	24	..	3	..	..	..	2	5	..	16	16	..
Valeur du Statère d'or, rapport de. 1 à 10	15	20	..	2	4	..	..	2	1	36	14	..	..
Sextans ou ⅙ d'As Romain.	12	16	..	2	..	..	..	1	6	..	11	4	..
Once Romaine ou XXIV Scrupules.	6	8	..	1	..	..	..	..	7	..	5	12	..
Tetradrachme ou Statère d'argent des Grecs.... XII.....Id	3	4	..	..	4	..	..	..	3	36	2	16	..
Duelle ou ⅓ d'Once Rom. VIII....Id	2	2⅔	..	..	..	..	..	..	2	24	1	17	..
Silicique ou Assarion, Didrachme des Grecs... VI......Id	....	2	..	..	2	..	..	..	1	54	1	8	..
Sextule ou ⅙ d'Once Rom. .IV......Id	1	1⅓	..	..	..	..	..	..	1	12	..	18	8
Denier Romain X As, Petite Drachme Attique. III......Id	....	1	..	..	..	1	..	..	..	63	..	14	..
Tétrobole Grec ou 1/12 d'Once Romaine..... II........Id	....	⅔	..	..	..	..	..	..	..	42	..	9	4
Triobole Grec, ½ Drach. Quinaire ou Victoriat... I ½ ......Id	....	½	..	..	..	..	..	..	..	31½	..	7	..
Diobole Grec ⅓ de Drach. valant 6 Siliques..... I......Id	....	⅓	..	..	..	..	..	..	..	21	..	4	8
Sesterce ou 2 ½ As Rom. Obole et demie Grecque. ¾ ......Id	....	¼	..	..	..	..	..	..	..	15¾	..	3	6
Obole Grecque. 1/48 d'Once Romaine..... ½ ......Id	....	⅙	..	..	..	..	..	..	..	10½	..	2	4
Lupin des Grecs. ⅓ ......Id	....	1/12	..	..	..	..	..	..	..	7	..	1	6⅔
Libelle Romaine.	....	1/10	..	..	..	..	..	..	..	6 3/10	..	1	4 8/10
Demi-Obole Grecque. ¼ ......Id	....	1/12	..	..	..	..	..	..	..	5¼	..	1	2
Silique Grecque. ⅛ ......Id	....	1/18	..	..	..	..	..	..	..	3¼	..	..	9⅓
Sélibelle ou Sembelle Romaine.	....	1/20	..	..	..	..	..	..	..	3 2/20	..	..	8 4/10
Quart d'Obole. Dicalque... ⅛ ......Id	....	1/24	..	..	..	..	..	..	..	2⅕	..	..	7

SOUS-DIVISIONS DU TALENT.	GRANDE DRACHME ATTIQUE.	PETITE DRACHME ATTIQUE.	POIDS ROMAIN.				POIDS DE FRANCE.				VALEUR EN ARGENT.		
			Liv	onc	dr.	scr	Liv	onc	gro	grains.	Liv	S.	Deniers
Téronce Romain (a)...............	....	$\frac{1}{40}$	..	..	..	..	..	..	..	$1\frac{23}{40}$	..	..	$4\frac{2}{16}$
Calque ou $\frac{1}{8}$ d'Obole........ $\frac{1}{16}$ Scrup...	....	$\frac{1}{48}$	..	..	..	..	..	..	..	$1\frac{5}{16}$	..	..	$3\frac{1}{2}$
Un Grain de France................	....		..	..	..	..	..	..	..	1	..	..	$2\frac{2}{3}$

A 2 $\frac{2}{3}$ deniers le grain d'argent , les 72 grains
ou 1 gros valent argent de France.....16 S.
L'once.......... ....6. ".' 8.
Et le marc..................51.   4.
}
Le prix du Marc d'argent au titre de 11 deniers
10 grains est d'environ 51″ 15 s.
Le grain de fin d'argent équivaut à 16 grains
de poids.

(a) « In argento NUMMI, id à Siculeis ; DENARII quod
« denos æris valebant ; QUINARII quod quinos. SESTER-
« TIUS quod semistertius. Nummi denarii decima LI-
« BELLA , quod libram pondo As valebat, et erat ex
« argento parva. SEMBELLA quod sit libellæ dimidium ,
« quod semis assis. TERUNCIUS à tribus unciis, sem-
« bellæ quod valet dimidium ; et est quarta pars ,
« sicut quadrans, assis. Varro, *de Ling. lat.*

	La Drachme des Grecs contenoit ,	Le Denier des Romains conte- noit ,
	1 $\frac{1}{2}$ Tétroboles.	2 Quinaires.
	2 Trioboles.	4 Sesterces.
	3 Dioboles.	10 Libelles.
	6 Oboles.	20 Sembelles.
	9 Lupins.	ou Sélibelles.
	18 Siliques.	40 Téronces.
	24 Dicalques.	
	48 Calques.	

T A B L E   V I I I.

ÉNUMÉRATION DES PRINCIPAUX POIDS DES ANCIENS,

Évalués en petites Drachmes Attiques de 63 grains , et comparés à la livre de notre poids de marc.

NOMS DES POIDS.	RAPPORT QU'ILS ONT ENTRE EUX.	POIDS DE FRANCE.			
		Livres.	onc.	gros	grains.
1. La Silique.........	Ou $\frac{1}{6}$ de Scrupule , étoit le plus petit des poids grecs, et valoit de nos grains..........	....	..	...	$3\frac{1}{2}$
2. Le Lupin.........	Contenoit 2 Siliques, $\frac{1}{3}$ Scru-pule.....................	....	..	...	7
3. L'Obole Attique de Dioscoride et de Galien, dite aussi petite Obole Attique ou de Samos.	Pesoit 1 $\frac{1}{2}$ Lupins, 3 Siliques , un demi-Scrupule , $\frac{1}{6}$ de Drach. et valoit 8 Calques..........	....	..	...	$10\frac{1}{2}$
	N. B. Voyez sur cette évaluation , Pollux, Cléopâtre, Photius, Galien, etc. Mais on doit observer que l'Obole étant la sixième partie d'une				

NOMS DES POIDS.	RAPPORT QU'ILS ONT ENTRE EUX.	POIDS DE FRANCE.			
		Livres.	onc.	gros	grains.
	drachme quelconque, son poids a dû varier comme le poids des différentes drachmes : ainsi l'Obole d'*Ægium* ou du Péloponnèse ne pesoit que 10 de nos grains, tandis que la grande obole attique en pesoit 14. C'est cette grande obole attique qui valoit X Calques suivant Pline. Voyez ci-après le Tableau des différentes drachmes. C'est faute d'avoir fait cette réflexion, qu'on a pris ces différentes évaluations des Auteurs anciens pour des contradictions. Voyez Budé *de Asse*, lib. V.				
4. *Gramma* ou Scrupule.	Etoit la 24e. partie de l'once romaine , et pesoit 2 petites oboles attiques, 3 lupins, 6 siliques, 16 calques............	....	...	..	21
5. Drachme asiatique de M. Paucton ou grand Triobole attique.	Pesoit 2 scrupules, 4 petites oboles attiques, 6 lupins, 12 siliques, 32 calques...........	....	...	..	42
	N. B. Je ne connois point de drachmes de ce poids : à moins qu'on ne donne ce nom à des tétroboles de la petite drachme attique ou à des trioboles de la grande.				
6. Petite Drachme Attique ou de Samos, ou Denier de Néron.	Pesoit 3 scrupules, 6 petites oboles attiques, 9 lupins, 18 siliques, 48 calques.............	....	...	..	63
	N. B. C'est de cette drachme dont parle Pline, lorsqu'il dit : « *Drachma Attica Denarii argentei habet pondus , eademque sex obolos pondere efficit.* » Nat. Hist. Lib. 21, Cap. 34.				
7. Drachme éphésienne, ou d'Ionie, ou Denier d'Auguste.	Pesoit 1 $\frac{1}{7}$ petites drachmes attiques, 3 $\frac{3}{7}$ scrupules, et répondoit à un de nos gros....	....	...	..	72

K

NOMS DES POIDS.	RAPPORT QU'ILS ONT ENTRE EUX.	POIDS DE FRANCE.			
		Livres.	onc.	gros.	grains.
8. Drachme Attico-Sicilienne, ou moyenne Drachme Attique.	Pesoit 1 $\frac{6}{21}$ petites drachmes attiques, 3 $\frac{6}{7}$ scrupules........	.....	..	1	9
	N. B. J'ai nommé cette drachme *Attico-Sicilienne*, parce qu'elle se trouve être celle du plus grand nombre des villes de la Sicile; et que la plupart des tétradrac. attiques en sont des multiples, comme on le verra dans le Tableau de cette drachme.				
9. Grande Drachme Attique, ou demi - Sicle Asiatique.	Pesoit 1 $\frac{1}{6}$ drachmes éphésiennes, 1 $\frac{1}{3}$ petites drachmes attiques, 4 scrupules et 8 petites oboles attiques..............	.....	..	1	12
	N. B. C'est la *Sextule*, l'*Hexagion* ou $\frac{1}{6}$ d'once romaine, qui fut le poids du sou d'or, sous Constantin et ses successeurs.				
10. Sicilique Romaine ou Assarion.	Pesoit 2 petites drachmes attiques, 6 scrupules ou $\frac{1}{4}$ d'once.	.....	..	1	54
11. Grand Didrachme Attique, Statere ou Sicle Asiatique.	Pesoit 8 scrupules, 24 lupins, 48 siliques, 128 calques.......	.....	..	2	24
	N. B. C'est la *Duelle* ou $\frac{1}{3}$ d'once romaine.				
12. Petit Tétradrac. Attique, ou Statere Grec (*a*).	Pesoit 12 scrupules, ou $\frac{1}{2}$ once romaine	.....	..	3	36
N. B. l'*Aureus* attique ou *Statère* d'or pesoit un Didrachme d'argent, le *Distatère* d'or pesoit un Tétradrachme, et les 4 *Statères* un Octodrachme : ainsi la monnoie d'or étoit à celle d'argent en proportion double pour le poids, et decuple pour le prix.	*N. B.* C'est le grand Tridrachme attique ou *Cistophore* : c'est de ce petit Tétradrachme dont parle Priscien, lorsqu'il dit qu'il pesoit 72 siliques, et le scrupule 6 siliques. Tite-Live ne s'est point trompé, comme le lui reproche M. Paucton (*b*), lorsqu'il dit à l'occasion de l'argent grec monnoyé qui fut porté dans le triomphe de Quintius Flaminius : « *Tetradrachma vocant,* « *trium ferè denariorum in singulis*				

<hr>

(*a*) Le-Sicle Samaritain étoit un peu plus fort.　｜　(*b*) Métrologie, pag. 302.

NOMS DES POIDS.	RAPPORT QU'ILS ONT ENTRE EUX.	POIDS DE FRANCE.			
		Livres.	onc.	gros	grains.
	« argenti est pondus. Lib. 34, C. 50; car il n'est point là question du grand Tétradrachme attique; mais d'autres Tétradrachmes plus foibles, tels que ceux du Péloponnèse, de Samos, etc. qui ne pesoient que 3 gros et 24 à 36 grains, c'est-àdire environ le poids de 3 deniers Romains d'alors.				
13. Grand Tétradrachme Attique, ou petite once Asiatique de M. Paucton.	Il pesoit 1 ⅓ statères grecs, 2 statères asiatiques, 16 scrupules ou ⅔ d'once romaine....	......	..	4	48
	N. B. M. Paucton fait de ce grand Tétradrachme attique, un OCTO-DRACHME de sa prétendue Drachme Asiatique de 42 grains. C'est par la même raison qu'il change les grands Tridrachmes attiques en *Hexadrachmes*, en un mot, qu'il rapporte à sa *litre* ou livre Asiatique, la plupart des passages où les Anciens parloient de la livre romaine.				
14. Once Romaine.	Pesoit 1 ½ grands tétradrach. attiques, 2 statères grecs (*a*), 3 statères asiatiques, 6 grandes drachmes attiques, 6 ²⁄₉ drac. attico-siciliennes, 7 drachmes éphésiennes, 8 petites drachmes attiques, et 24 scrupules......	......	..	7	...
15. Grande Once Asiatique.	Pesoit 1 ¼ onces romaines, 7 ½ grandes drachmes attiques, 8 ¾ drach. éphésiennes, 10 petites drachmes attiques, 30 scrupules.	......	..	8	54
16. Mine Syrienne, ou Ptolémaïque.	Pesoit 3 ⅓ de la précédente, 4 ⅙ onces romaines, 6 ¼ onces asiatiques mineures, 12 ½ sicles, 25 grandes drac. attiques, 33 ⅓ petites drac. attiques, 100 scrupules.	.....	3	5	12

(*a*) Voyez Fannius, Saint-Epiphane, Priscien, Scribonius Largus, Pline et Galien.

NOMS DES POIDS.	RAPPORT QU'ILS ONT ENTRE EUX.	POIDS DE FRANCE.			
		Livres.	onc.	gros	grains.
17. Litre ou petite Livre Asiatique de M. Paucton.	Pesoit 6 $\frac{2}{5}$ onces asiatiques majeures , 8 onces romaines , 12 onces asiatiques mineures , 16 statères grecs , 24 statères asiatiques, 48 grandes drachmes attiques, 50 drachmes attiques moyennes , 56 drachmes éphésiennes , 64 petites drachmes attiques, 192 scrupules........	....	7	..	...
18. Mine Egyptienne ou Rhodienne ; c'est la Mine Talmudique ou grand Argyre de M. Paucton.	Pesoit 2 mines syriennes , 8 $\frac{1}{3}$ onces romaines, 12 $\frac{1}{2}$ onces asiatiques mineures , 25 sicles , 50 grandes drachmes attiques , 58 $\frac{1}{3}$ drachmes éphésiennes , 66 $\frac{2}{3}$ petites drachmes attiques , 200 scrupules.............. *N. B.* C'est la 96e. partie d'un Métrète de 6400 petites drachmes attiques, la Mine Syracusaine de Priscien , composée de 50 drachmes attiques , paroît être la même.	....	7	2	24
19. La Livre Romaine ,	(qu'il ne faut pas confondre avec les mines attiques) contenoit 1 $\frac{11}{25}$ mines égyptiennes , 1 $\frac{1}{2}$ litres asiatiques, 2 $\frac{22}{25}$ mines syriennes, 9 $\frac{3}{5}$ onces asiatiques majeures, 12 onces romaines , 18 onces asiatiques mineures , 24 statères grecs , 36 statères asiatiques , 72 grandes drachmes attiques , 75 drachmes attiques moyennes , 84 drachmes éphésiennes , 96 petites drachmes attiques , 288 scrupules.......	....	10	4	...
20. Petite Mine Attique. *» Porro Mina ipsa , ut » apud Athenienses centenas » habebat drachmas , sic apud » alios quoque totidem suas*	Contenoit 1 $\frac{1}{2\,2}$ livres romaines, 1 $\frac{1}{2}$ mines égyptiennes, 1 $\frac{9}{16}$ litres asiatiques, 3 mines syriennes ou ptolémaïques , 10 onces asiatiques majeures , 12 $\frac{1}{2}$ onces				

NOMS DES POIDS.	RAPPORT QU'ILS ONT ENTRE EUX.	POIDS DE FRANCE.			
		Livres.	onc.	gros	grains.
» cujusque generis, quæ pro *» ratione cujusque Talenti plus* *» minus valerent augmento vel* *» decremento.* « Jul. Pollux « Onomast. Lib IX.	romaines, 18 ¾ onces asiatiques mineures , 25 statères grecs , 37 ½ statères asiatiques , 75 grandes drachmes attiques , 100 petites , et 300 scrupules.....		10	7	36
	N. B. Les 75 drachmes, que Fannius et Priscien donnent à la mine attique, sont de grandes drachmes attiques. Le dernier s'exprime ainsi : « *Libra* « *vel Mina attica dráchmæ septua-* « *ginta quinque.* » Prisc. ; mais les cent drachmes que Cléopâtre et Pline donnent à la mine attique, sont de petites drachmes attiques : « *Mna attica habet uncias duode-* « *cim et semis , drachmas centum.* » Cléopátr. » *Mna , quam nostri* « *Minam vocant , pendet drachmas* « *atticas centum.* » Plin. lib. 21 , cap. 34.				
21. Mine Babylonienne.	Contenoit 1 ⅙ petites mines attiques, 1 ¾ mines égyptiennes , 3 ½ mines syriennes, 43 ¾ sicles, 87 ½ grandes drachmes attiques, 116 ⅔ petites drachmes attiques, 350 scrupules............		12	6	6
22. Grande Mine Attique.	Contenoit 1 ⅐ mines babyloniennes, 1 ⁷⁄₁₈ livres romaines , 1 ⅓ petites mines attiques, 2 mines égyptiennes ou rhodiennes, 2 ¹⁄₁₂ litres asiatiques, 4 mines syriennes ou ptolémaïques, 13 ⅓ onces asiatiques majeures, 16 ⅔ onces romaines, 25 onces asiatiques mineures, 33 ⅓ statères grecs, 50 statères asiatiques, 100 grandes drachmes attiques, 116 ⅔ drachmes éphésiennes, 133 ⅓ petites drachmes attiques, 400 scrupules............		14	4	48

NOMS DES POIDS.	RAPPORT QU'ILS ONT ENTRE EUX.	POIDS DE FRANCE.			
		Livres.	onc.	gros	grains.
23. La Mine Italique ou Romaine, qu'il ne faut pas confondre avec la Livre Romaine, ni avec la Mine d'Alexandrie, ainsi que l'a fait M. Paucton.	Contenoit $1 \frac{1}{5}$ grandes mines attiques, $1 \frac{3}{5}$ petites mines attiques, $1 \frac{2}{3}$ livres romaines, $2 \frac{2}{8}$ mines égyptiennes, $2 \frac{1}{2}$ litres asiatiques, $4 \frac{4}{5}$ mines syriennes, 16 onces asiatiques majeures, 20 onces romaines (a), 30 onces asiatiques mineures, 40 statères grecs, 60 statères asiatiques, 120 grandes drachmes attiques, 125 drachmes attico-siciliennes, 140 drachmes éphésiennes, 160 petites drachmes attiques et 480 scrupules..................	1	1	4	
24. Mine de Rhégium. *Voyez le* Tableau des différentes Drachmes, ci-après n°. XII.	Contenoit $1 \frac{1}{2}\frac{1}{4}$ mines italiques, $1 \frac{1}{4}$ grandes mines attiques, $1 \frac{6}{7}\frac{0}{5}$ petites mines attiques, $1 \frac{5}{7}\frac{3}{2}$ livres romaines, $2 \frac{1}{2}$ mines égyptiennes, 5 mines syriennes, $16 \frac{2}{3}$ onces asiatiques majeures, $20 \frac{5}{6}$ onces romaines, $31 \frac{1}{4}$ onces asiatiques mineures, $62 \frac{1}{3}$ sicles, 125 grandes drachmes attiques, $166 \frac{2}{3}$ petites drachmes attiques, 500 scrupules.	1	2	3	60
25. Mine d'Alexandrie.	Contenoit $1 \frac{1}{5}$ mines de Rhégium, $1 \frac{1}{4}$ mines italiques, $1 \frac{1}{2}$ grandes mines attiques, $1 \frac{6}{7}$ mines babyloniennes, 2 petites mines attiques, $2 \frac{1}{12}$ livres romaines, 3 mines égyptiennes ou rhodiennes, 6 mines syriennes ou ptolémaïques, 20 onces asiatiques majeures, 25 onces romaines, $37 \frac{1}{2}$ onces asiatiques mineures, 50 statères grecs, 75 statères				

(a) *N. B.* C'est à tort que M. Paucton rejette le témoignage très-précis de Saint-Epiphane, d'Avicenne, etc. sur cette *Mine Italique* ou *Romaine*, ainsi nommée de ce que 60 de ces Mines faisoient juste 100 livres Romaines ou le *Talent Italique.* « *Mna vero Italica* « *XL Stateres habet, id est uncias XX, quod fit libra* « *una et duæ tertia libræ unius.* St. Epiph.

NOMS DES POIDS.	RAPPORT QU'ILS ONT ENTRE EUX.	Livres.	onc.	gros	grains.
	asiatiques , 150 grandes drac. attiques, 200 petites et 600 scrupules......................	1	5	7	
26. Grande Mine ou Mine d'Egine.	Contenoit $1\frac{1}{9}$ mines d'Alexandrie, $1\frac{1}{3}$ mines de Rhégium , $1\frac{7}{18}$ mines italiques , $1\frac{2}{3}$ grandes mines attiques , $2\frac{10}{45}$ petites mines attiques, $2\frac{17}{54}$ livres rom. $3\frac{1}{3}$ mines égyptiennes, $6\frac{2}{3}$ mines syriennes , $166\frac{2}{3}$ grandes drac. attiques , $222\frac{2}{9}$ petites drachmes attiques, $666\frac{2}{3}$ scrupules......	1	8	2	25
27. Talent Syrien ou Ptolémaïque.	Contenoit 9 mines d'Egine, 10 mines d'Alexandrie, 12 mines de Rhégium, $12\frac{1}{2}$ mines italiques, 15 grandes mines attiques, $17\frac{1}{7}$ mines babyloniennes, 20 petites mines attiques, $20\frac{5}{6}$ livres rom. 30 mines égyptiennes, $31\frac{1}{4}$ litres asiatiques, 60 mines syriennes ou ptolémaïques, 200 onces asiatiques majeures, 250 onces rom. 375 onces asiatiques mineures, 500 statères grecs, 750 statères asiatiques, 1500 grandes drac. attiques (a), $1555\frac{5}{9}$ drachmes attico-siciliennes, 1750 drach. éphésiennes, 2000 petites drac. attiques.......................	13	10	6	
28. Talent Egyptien ou Rhodien (b).	Contenoit 2 talens syriens ou ptolémaïques, 18 mines d'Egine, 20 mines d'Alexandrie , 24 de Rhégium , 25 mines italiques , 30 grandes mines attiques, 40 petites , $41\frac{2}{3}$ livres romaines ,				

(a) Les 1500 drachmes que Pollux donnne au talent syrien , sont de grandes drachmes attiques qui reviennent à 2000 petites drachmes attiques que d'autres donnent au talent Ptolémaïque.

(b) « *Talentum Ægyptium quod taxatur sestertiis* « *XVI* , dit Priscien. *Talentum Rhodium , quod est IV* « *millium denarior.* » *Idem.* Ces deux talens paroissent donc être le même sous deux noms différens.

NOMS DES POIDS.	RAPPORT QU'ILS ONT ENTRE EUX.	POIDS DE FRANCE.		
		Livres.	ouc.	gros grains.
	60 mines égyptiennes ou rhodiennes, $62\frac{1}{2}$ litres asiatiques, 120 mines syriennes ou ptolémaïques, 400 onces asiatiques majeures, 500 onces romaines, 750 onces asiatiques mineures, 1000 statères grecs, 1500 statères asiatiques, 3000 grandes drachmes attiques, $3111\frac{1}{9}$ drac. attico-siciliennes, 3500 drach. éphésiennes, 4000 petites drac. attiques....................	27	5	4
	N. B. Ce talent étoit la moitié du grand talent attique, et les $\frac{2}{3}$ du petit.			
29. Petit Talent Attique, ou Talent commun. « *Talentum Atheniense* « *parvum, minœ LX,* » dit Priscien. « *Talentum Atticum* « *denariis VI millibus taxat* « *Marcus Varro,* » dit Pline, lib. 35, §. 40. » *Talentum Neapolitanum* « *VI millibus denariorum.* Prisc. (Voyez la Drach. du n°. II).	Contenoit $1\frac{1}{2}$ talens égyptiens, 3 talens syriens, 27 mines d'Egine, 30 d'Alexandrie, 36 de Rhégium, $37\frac{1}{2}$ mines italiques, 45 grandes mines attiques, 60 petites, $62\frac{1}{2}$ livres romaines, 90 mines égyptiennes, $93\frac{3}{4}$ litres asiatiques, 180 mines syriennes, 600 onces asiatiques majeures, 750 onces romaines, 1125 onces asiatiques mineures, 1500 statères grecs, 2250 statères asiatiques, 4500 grandes drachmes attiques, $4666\frac{2}{3}$ drachmes attico-siciliennes, 5250 drachmes éphésiennes, et 6000 (*a*) petites drac. attiques....................	41	..	2
30. Talent Babylonien.	Contenoit $1\frac{1}{6}$ petits talens attiques, $1\frac{3}{4}$ talens égyptiens,			

(*a*) « *Talentum Atticum*, dit Pollux, *apud Athe-* « *nienses Atticas Drachmas capit numero sex millia,* « *apud alios eumdem numerum sed suarum cujusque* « *loci Drachmarum.* »

NOMS DES POIDS.	RAPPORT QU'ILS ONT ENTRE EUX.	POIDS DE FRANCE.			
		Livres.	onc.	gros	grains.
31. Grand Talent Attique ou Corinthien. (Voyez la Drachme du n°. IX.) (b) » *Talentum magnum libræ* » *LXXXIII et unciæ IV.* Priscien *de ponderib.* (c).	3 $\frac{1}{2}$ talens syriens, 35 mines d'Alexandrie, 42 mines de Rhégium, 52 $\frac{1}{2}$ grandes mines attiques, 60 mines babyloniennes, 70 petites mines attiques, 72 $\frac{11}{12}$ livres romaines, 5250 grandes drachmes attiques, 5444 $\frac{4}{9}$ drac. attico - siciliennes, 6125 drac. éphésiennes, et 7000 petites drachmes attiques (a).........	47	13	5	
	Contenoit 1 $\frac{1}{7}$ talens babyloniens, 1 $\frac{1}{3}$ petits talens attiques, 2 talens égyptiens, 4 talens syriens, 36 mines d'Égine, 40 mines d'Alexandrie, 48 mines de Rhégium, 50 mines italiques, 60 grandes mines attiques, 80 petites, 83 $\frac{1}{3}$ livres romaines (b), 120 mines égyptiennes ou rhodiennes, 125 litres asiatiques, 240 mines syriennes, 800 onces asiatiques majeures, 1000 onces romaines, 1500 onces asiatiques mineures, 2000 statères grecs, 3000 statères asiatiques, 6000 grandes drachmes attiques, 6222 $\frac{2}{9}$ drac. attico-siciliennes, 7000 drac. éphésiennes, et 8000 petites drachmes attiques............	54	11		
32. Talent Italique ou *Centum -pondium* des Romains. *N. B.* Ce n'est que par analogie avec les talens de la Grèce,	Contenoit 1 $\frac{1}{5}$ grands talens attiques, 1 $\frac{13}{35}$ talens babyloniens, 1 $\frac{3}{5}$ petits talens attiques, 2 $\frac{2}{5}$ talens égyptiens, 4 $\frac{4}{5}$ talens				

(a) » *Atticum Talentum*, dit Pollux, *Atticas*
» *Drachmas valebat numero VI millia, Babylonicum*
» *VII millia.*

(c) Sur ce passage de Tite-Live (lib. 38) où, à
l'occasion du traité des Romains avec Antiochus III,
l'Auteur s'exprime ainsi : » *Talentum ne minus Pondo*
» *LXXX Romanis ponderibus pendat* « ; Priscien
ajoute : » *vel sic decrevit Senatus, ut non plus quam*
» *ternæ libræ et quaternæ unciæ singulis talentis*
» *desint.* «

NOMS DES POIDS.	RAPPORT QU'ILS ONT ENTRE EUX.	POIDS DE FRANCE.			
		Livres.	onc.	gros	grains.
qui pesoient cent *mines* ou liv. grecques, que le poids de cent livres romaines, est nommé dans quelques Auteurs, *Talent italique.*	syriens, 60 mines italiques, 72 grandes mines attiques, 75 mines attiques moyennes , 96 petites mines attiques, 100 livres romaines, 150 litres asiatiques , 1200 onces romaines, 1800 onces asiatiques mineures, 2400 statères grecs, 3600 statères asiatiques, 7200 grandes drachmes attiques, 7500 moyennes, 8400 drachmes éphésiennes , 9600 petites drachmes attiques.....	65	10	..	
	N. B. M. Paucton a donné ce talent pour celui d'Alexandrie.				
33. Talent de Rhégium ou la Myriade. (Voyez ci-après la Drac. du n° XII.)	Contenoit $1\frac{5}{12}$ talens italiques, $1\frac{1}{4}$ grands talens attiques, $1\frac{3}{7}$ talens babyloniens, $1\frac{2}{3}$ petits talens attiques , $2\frac{1}{2}$ talens égyptiens , 5 talens syriens , 60 mines de Rhégium, $62\frac{1}{2}$ mines italiques, 75 grandes mines attiques, 100 petites mines attiques, $104\frac{1}{6}$ livres romaines , 7500 grandes drachmes attiques, 8750 drachmes éphésiennes, et 10000 petites drachmes attiques.	68	5	6	
	N. B. On lit dans Festus , que le talent de Rhégium étoit de la valeur d'un Victoriat : *Rheginum Victoriati ;* mais ce passage est manifestement altéré ; car le Victoriat est un demi-denier Romain : il y a lieu de croire que ce mot a pris la place du mot *Myriadis* (10 Milles Drachmes).				
34. Talent d'Alexandrie.	Contenoit $1\frac{1}{5}$ myriades, $1\frac{1}{4}$ talens italiques, $1\frac{1}{2}$ grands ta-				

NOMS DES POIDS.	RAPPORT QU'ILS ONT ENTRE EUX.	POIDS DE FRANCE.			
		Livres.	onc.	gros	grains.
» *Talentum Alexandrinum est* XII (*millium*) *Denariûm.* Festus.	lens attiques, 1 $\frac{5}{7}$ talens babyloniens, 2 petits talens attiques, 3 talens égyptiens, 6 talens syriens, 60 mines d'Alexandrie, 75 mines italiques, 90 grandes mines attiques, 120 petites, 125 livres romaines (*a*), 180 mines égyptiennes, 360 mines syriennes, 1200 onces asiatiques majeures; 1500 onces romaines, 2250 onces asiatiques mineures, 3000 statères grecs (*b*), 4500 statères asiatiques, 9000 grandes drachmes attiques, 10500 drac. éphésiennes, 12000 petites drac. attiques......................	82	..	4	
35. Talent d'Egine ou la grande Myriade. (Voyez ci-après la Drachme du n° XIV.)	Contenoit 1 $\frac{1}{9}$ talens d'Alexandrie, 1 $\frac{1}{3}$ talens de Rhégium, 1 $\frac{7}{18}$ talens italiques, 1 $\frac{2}{3}$ grands talens attiques, 1 $\frac{12}{21}$ talens babyloniens, 2 $\frac{2}{9}$ petits talens attiques, 3 $\frac{1}{3}$ talens égyptiens, 6 $\frac{2}{3}$ talens syriens, 60 mines d'Egine, 100 grandes mines attiques, 138 $\frac{8}{9}$ livres romaines, 10000 grandes drac. attiques, 11666 $\frac{2}{3}$ drachmes éphésiennes, 13333 $\frac{1}{3}$ petites drachmes attiques......................	91	2	2	48
	N. B. M. Paucton, fait le talent d'Egine de 10000 drachmes attiques moyennes, et par conséquent de 9600 grandes drachmes attiques,				

(*a*) » *Talentum super ommia pondera quibus alia* » *appenduntur excellit; existit vero CXXV librarum* ». S. Epiph.

(*b*) Voyez Suidas, Hésychius, Festus, Denys d'Halicarnasse, Varron, etc.

NOMS DES POIDS.	RAPPORT QU'ILS ONT ENTRE EUX.	POIDS DE FRANCE.		
		Livres.	onc.	gros grains.
	de 12800 petites, et de 133 $\frac{1}{7}$ livres romaines, ou..................	87	8	
	Quelques-uns l'ont nommé talent *Hecatontade*, par la raison sans doute, qu'il contenoit cent grandes mines attiques, qui répondent à dix milles des mêmes drachmes; si l'on ne le faisoit que de 10000 petites drachmes attiques, ce seroit alors le même que celui de Rhégium, dont on a parlé plus haut (*a*).			

(*a*) Je n'ai donné, d'après Pollux, au Talent babylonien (n°. 30), que 7000 Drachmes attiques, qui font 70 petites mines attiques, mais je dois observer que d'autres Auteurs l'ont évalué à 72 et même à 75 des mêmes mines. On a vu, par la Table VII° ci-dessus, que le premier de ces poids répondoit à 75 livres romaines, et le second à 78 liv. 1 once 4 drachmes.

Selon le même Pollux, (lib. IX , cap. VI) le *Talent d'or* valoit trois Chrysos ou Auréus attiques , tandis que celui d'argent valoit 60 mines attiques. Si cette évaluation du talent d'or n'est point fautive, elle ne doit avoir existé que dans les premiers âges de la Grèce. En effet Homère (Iliad. lib. XXIII), donnant la description des jeux funèbres qui furent ordonnés par Achille en l'honneur de Patrocle, nous fait l'énumération des prix qui furent proposés. Le premier prix, pour la course des chariots, fut une femme captive avec un trépied ; le second fut une cavalle pleine ; le troisième une chaudière d'airain ; et le quatrième *deux talens d'or*. Il est évident qu'il ne s'agit point ici du talent d'or ordinaire ou de compte, qui, en ne l'évaluant qu'au plus bas, eût fait, pour les deux talens, une somme de 84 à 100 mille liv. de notre monnoie. Ces deux talens d'or d'Homère n'étoient donc qu'une somme fort modique, puisqu'elle devoit être inférieure à celle du vase de cuivre , qui faisoit le troisième des prix proposés.

QUATRIÈME PARTIE.

MONNOIES DES ANCIENS.

TABLE IX.

TABLEAU COMPARÉ DES DIFFÉRENTES DRACHMES et de leurs Talens, évalués en Livres Romaine et de France, avec le prix de chaque Talent en argent de France.

N. B. Les Types de ces monnoies ne sont ici présentés que très-sommairement; ceux qui désireroient plus de détails, peuvent consulter le Catalogue du Cabinet du Docteur Hunter, et celui de M. d'Ennery, d'où ces Médailles sont tirées. La lettre H désigne le premier de ces Cabinets, et la lettre D le second.

Nᵒ. I.

DRACHME D'ÆGIUM OU DU PÉLOPONÈSE.

	Grains.		Grains.		Gros.	Grains.
Obole	10.	¼ de Drachme	15.	Didrachme	1.	48.
Diobole	20.	Tétrobole	40.	Tridrachme	2.	36.
Triobole	30.	Drachme	60.	Tétradrachme	3.	24.

Cette Drachme, qui est la plus petite, pèse 60 grains, et vaut 13 sous 4 deniers. Son Talent contient 5714 petites Drachmes Attiques et $\frac{18}{63}$ ou $\frac{2}{7}$ de Drachme. Il pèse, poids Romain, 59 liv. 6 onces, 2 $\frac{2}{7}$ Drachmes, et vaut, argent de France, 4000 liv. Elle donne toutes les divisions de la Drachme et tous ses multiples. Son Tridrachme est égal au Didrachme du nᵒ. X, et son Tétradrachme peut passer pour un Tridrachme du nᵒ. VIII.

NOMS DES VILLES.	NOMS DES PAYS.	TYPES DES MÉDAILLES.	Modules	Poids en gr. Angl.	POIDS de France.		CABINETS.
					Gr.	Gra.	
Abdère	Thrace	Griffon ailé.... ℞. Tête d'Apollon	Drac.		..	52	D nᵒ. 55.
Id	Id	Même type.... Même tête	Id	37¼	..	46	H. 4 et 5.
Achéens (les).	Achaïe	AX. dans une couronne de laurier.... ℞. Tête de Jupiter	Id	39½	..	48	Id. nᵒ. 20.
Id	Id	Même type, ou monograme de l'Achaïe.... ℞. même tête	Id		..	45	D. nᵒ. 57.
Ægium	Achaïe	Une Tortue.... ℞. le carré creux à 5 partitions	4 Drac.	194	3	21	H. nᵒ. 6.

NOMS DES VILLES.	NOMS DES PAYS.	TYPES DES MÉDAILLES.	Modules	poids en Gr. Angl.	POIDS de France Gr.	POIDS de France Gra.	CABINETS.
Ægium......	Achaïe......	Une Tortue.... ℞. le carré creux à 5 partitions..	4 Drac.	....	3	20	D. nᵃ. 62.
Id..........	Id..........	Même type...... ℞. idem....	Id....	....	3	11	Id. n°. 61.
Id..........	Id..........	Même type...... ℞. idem........	Id....	181¾	3	6	H. nᵘ. 9.
Id..........	Id..........	Même type..... ℞. même carré creux........	2 Drac.	90	1	38	Id. n°. 10.
Id..........	Id..........	AX. dans une couronne de laurier...... ℞. Tête de Jupiter.........	4 Ob..	32½	..	40	Id. n°. 13.
Id..........	Id..........	La Tortue..... ℞. carré creux à 5 partitions...	2 Ob...	15¼	..	19	Id. n°. 11.
Id..........	Id..........	Même type. .... ℞. idem.......	¼ Drac.	....	..	14	D. n°. 63.
Id..........	Id..........	Même type.... ℞. même carré creux........	2 Ob...	13	..	16	H. n°. 3.
Id..........	Id..........	Même type..... ℞. idem........	Obole.	8	..	10	Id. n°. 12.
Id..........	Id..........	Même type..... ℞. idem........	Id...	....	..	9	D. n°. 64.
Id..........	Id..........	AX. dans une couronne de laurier...... ℞. Tête de Jupiter.........	Drac..	....	..	45	Id. n°. 60.
Albe........	Italie........	Un Griffon éployé....... ℞. Tête de Mercure.........	2 Ob...	15¾	..	19½	H. n°. 1.
Amphilochia.	Acarnanie...	Pégase........ ℞. Tête de Minerve........	3 Ob...	23½	..	28½	Id. n°. 2.
Arcadia.....	Crète........	Jupiter assis... ℞. Tête de femme dans un carré creux........	Drac..	45½	..	56	Id. n° 1, 2.
Arcadiens.... (les)	Arcadie......	Pan assis sur un rocher....... ℞. Tête de Jupiter.........	4 Drac.	184½	3	9	Id. n°. 1.
Arcadie......	Crète........	Jupiter assis.... ℞. Tête de femme dans un carré creux........	Drac..	....	..	55	D. n°. 71.
Arcadiens....	Arcadie......	Pan assis sur un rocher....... ℞. Tête de Jupiter.........	Id....	43	..	53	H. n° 2, 4.
Id..........	Id..........	Même type...... ℞. idem........	Id....	38¾	..	47	Id. n°. 6.
Id..........	Id..........	Même type...... ℞. idem........	Id....	....	..	44	D. n°. 72.
Id..........	Id..........	La Flûte de Pan.. ℞. Tête jeune...	¼ Drac.	12½	..	15	H. n°. 9.
Argos.......	Argolide.....	Un Loup à mi-corps........ ℞. A. dans un carré creux....	Drac..	46¼	..	57	Id. n°. 1.
Id..........	Id..........	Même type..... ℞. même monog. sans carré cr...	Id....	....	..	48	D. n°. 73.
Id..........	Id..........	Même type..... ℞. idem........	¼ Drac.	12¼	..	14	H. n°. 14.
Id..........	Id..........	Tête de Lion, et la massue dans un carré creux. ℞. Tête d'Hercule jeune.....	Obole.	5¼	..	7	Id. n°. 5.
Béotiens (les)	Béotie.......	Le Bouclier Béotien.......... ℞. Vase à deux anses.........	4 Drac.	193½	3	20	Id. n°. 1.
Id..........	Id..........	Même Bouclier.. ℞. idem........	Id....	187	3	12	Id. n°. 13.
Id..........	Id..........	Même Bouclier. ℞. idem dans un carré creux....	Drac..	42¾	..	52½	Id. n°. 6.
Id..........	Id..........	Une Buire..... ℞. Vase à deux anses........	2 Ob...	15¾	..	19½	Id. n°. 7.
Id..........	Id..........	Un Vase à deux anses........ ℞. idem........	Obole.	8	..	10	Id. n°. 8.

NOMS DES VILLES.	NOMS DES PAYS.	TYPES DES MÉDAILLES.	Modules.	Poids en Gr. Angl.	POIDS de France Gr.	POIDS de France Gra.	CABINETS.
Caleno (cales)	Italie	Victoire dans un bige......... ℞. Tête de Minerve	2 Drac.	....	1	41	D. n°. 84.
Corcyre.....	Isle..	Une grande Étoile........ ℞. Un Vase....	Drac..	41 ¼	..	50	H. n°. 5.
Id..........	Id..........	Un Dieu marin, et un Trident. ℞. idem	¼ Drac.	12	..	13 ½	Id. n°. 6.
Corinthe.....	Achaïe......	Pégase........ ℞. Tête de Proserpine dans un carré creux...	Drac..	44	..	54	Id. n°. 47.
Id..........	Id..........	Même type.... ℞. idem sans carré creux...	Id....	....	..	52	D. n°. 100.
Id..........	Id.........	Même type à mi-corps........ ℞. idem.......	3 Ob..	20	..	24 ½	H. n°. 63.
Id..........	Id..........	Pégase volant.. ℞. Pégase marchant........	2 Ob..	14	..	17 ½	Id. n°. 64.
Id..........	Id..........	Même type.... ℞. idem avec des ailes recourbées	Id	..	..	17	D. n°. 101.
Entella......	Sicile.......	Pégase volant.. ℞. Tête de Proserpine.......	Obole.	7	..	8 ½	H. n°. 1.
Eresus	Lesbos......	EP. en monog. dans une couronne d'épis... ℞. idem........	Drac..	44	..	54	Id. n°. 1.
Id..........	Id.........	Même type..... ℞. idem.......	Id....	....	..	54	D. n°. 118.
Himera......	Sicile......	Un Coq........ ℞. Une Poule...	2 Drac.	91 ½	1	39 ½	H. n°. 5.
Lampsaque..	Mysie......	Un Hermathènes. ℞. Tête de Pallas	Drac..	37 ½	..	46	Id. n°. 5.
Id..........	Id..........	Même double-Tête........ ℞. idem........	3 Ob..	21 ¼	..	26	Id. n°. 6.
Id..........	Id..........	Même type..... ℞. idem.......	Id....	....	..	26	D. n°. 133.
Id	Id..........	Pégase à mi-corps........ ℞. le carré creux.	Id....	19 ½	..	24	H. n°. 3.
Larisse......	Thessalie....	Homme domptant un Taureau........ ℞. Cheval au galop, dans un carré creux...	2 Drac.	93 ½	1	42	Id. n°. 1.
Id..........	Id..........	Même type.... ℞. id. sans carré creux........	Id....	....	1	42	D. n°. 134.
Id..........	Id..........	Cheval au galop. ℞. Tête de Femme vue de face.	Id....	....	1	41	Id. n°. 135.
Id..........	Id..........	Même type..... ℞. idem.......	Id....	94	1	42 ⅓	H. n°. 8.
Id..........	Id..........	Taureau à mi-corps, dompté par un homme. ℞. Cheval à mi-corps dans un carré creux...	Drac..	44 ¼	..	54	Id. n°. 3.
Id..........	Id..........	Un Homme à cheval....... ℞. Tête de Femme vue de face.	3 Ob..	21 ¼	..	26	Id. n°. 10.
Lesbos......	Isle de Mysie.	Homme avec une Femme debout ℞. le carré creux.	3 Drac.	....	2	36	D. n°. 139.
Id..........	Id..........	Homme tenant une Femme sur ses genoux.... ℞. idem......	id....	147 ¼	2	35 ½	H. n°. 4.
Id..........	Id..........	Centaure agenouillé....... ℞. idem.......	Id....	146	2	34	Id. n°. 11.
Id..........	Id..........	Centaure embrassant une femme....... ℞. idem.......	Id....	138 ½	2	24 ½	Id. n°. 9.

NOMS DES VILLES.	NOMS DES PAYS.	TYPES DES MÉDAILLES.		Modules.	Poids en Gr. Augl.	POIDS de France.		CABINETS.
						Gr.	Gra.	
Lesbos......	Isle de Mysie.	Homme embras-sant une femme	℞. le carré creux.	3 Drac.	$127\frac{1}{4}$	2	11	H. n°. 1.
Id..........	Id..........	Même type....	℞. le carré creux à 4 partitions..	Id.....	....	2	14	D. n°. 137.
Id..........	Id..........	Autre type peu différent......	℞. idem......	2 Ob..	....	..	20	Id. n°. 138.
Id..........	Id..........	Satyre agenouillé.	℞. idem......	3 Ob..	19	..	$23\frac{1}{2}$	H. n°. 6.
Id..........	Id..........	Même type.....	℞. idem........	2 Ob..	$15\frac{1}{2}$	..	19	Id. n°. 7.
Leucade.....	Acarnanie...	Proue de Navire.	℞. Figure pan-thée dans une couronne.....	3 Drac.	....	2	11	D. n°. 140.
Id..........	Id..........	Même type.....	℞. idem........	Id.....	$126\frac{1}{4}$	2	10	H. n°. 1.
Id..........	Id..........	Pégase à mi-corps........	℞. Tête de Fem-me..........	2 Ob..	$15\frac{1}{4}$	..	$18\frac{1}{2}$	Id. n°. 20.
Id..........	Id..........	Pégase volant..	℞. Pégase en re-pos..........	$\frac{1}{4}$ Drac.	12	..	$13\frac{1}{2}$	Id. n°. 21.
Locris......	Locride.....	Guerrier nud de-bout........	℞. Tête de Pro-serpine.......	Drac.	42	..	51	Id. n°. 4.
Lyttus......	Crète.......	Aigle volant...	℞. Tête de San-glier dans un carré creux...	3 Drac.	$134\frac{1}{2}$	2	$19\frac{1}{2}$	Id. n°. 3.
Maronée....	Thrace......	Cheval à mi-corps........	℞. Grappe de raisin avec son cep..........	Drac.	43	..	$52\frac{1}{2}$	Id. n°. 22.
Id..........	Id..........	Cheval passant..	℞. le carré creux.	2 Ob..	$14\frac{1}{4}$	..	$17\frac{1}{2}$	Id. n°. 19.
Marseille....	Gaule......	Un Lion passant.	℞. Tête de Diane	Drac.	48	..	$58\frac{1}{2}$	Id. n°. 2.
Id..........	Id..........	Même type.....	℞. idem........	Id.....	....	..	53	D. n°. 148.
Id..........	Id..........	MA. entre les rayons d'une roue........	℞. Tête jeune..	Ob...	$6\frac{1}{4}$	..	$7\frac{1}{2}$	H. n°. 51.
Megalopolis..	Arcadie.....	Pan assis sur un rocher........	℞. Tête de Ju-piter........	Drac.	37	..	$45\frac{1}{4}$	Id. n°. 1.
Mytilène....	Lesbos......	Lyre dans un carré creux....	℞. Tête d'Apol-lon..........	Drac.	42	..	51	Id. n°. 2.
Nuceria.....	Italie.......	Figure nue de-bout, près d'un cheval........	℞. Tête jeune avec une corne de Bélier.....	2 Drac.	$87\frac{1}{2}$	1	$34\frac{1}{2}$	Id. n°. 1.
Olympus....	Lycie.......	Lyre avec un foudre dans un carré creux....	℞. Tête d'Apol-lon..........	Drac.	37	..	$45\frac{1}{4}$	Id. n°. 1.
Opontiens...	Italie.......	Homme nud avec l'épée, le casque et le bouclier......	℞. Tête de Pro-serpine.......	4 Drac.	$187\frac{1}{4}$	3	12	Id. n°. 2.
Id..........	Id..........	Même type.....	℞. idem......	Drac.	$42\frac{1}{2}$	..	52	Id. n°. 11.
Id..........	Id..........	Même type.....	℞. idem......	Id.. ..	....	..	51	D. n°. 163.
Id..........	Id..........	Vase d'où pen-dent deux grap-pes de raisin...	℞. Étoile à beau-coup de rayons.	$\frac{1}{4}$ Drac.	$11\frac{1}{4}$	..	13	H. n°. 13.
Œtéens.....	Thessalie....	Mufile de Lion.	℞. Hercule de-bout, tenant sa massue.......	Drac.	....	..	44	D. n°. 162.
Pales.......	Céphalonie..	r. d'où pend une olive........	℞. Tête casquée.	$\frac{1}{2}$ Ob...	$3\frac{1}{2}$	..	$4\frac{1}{2}$	H. n°. 1.

NOMS DES VILLES.	NOMS DES PAYS.	TYPES DES MÉDAILLES.		Modules.	Poids en Gr. Angl.	POIDS de France		CABINETS.
						Gr.	Gra.	
Patara......	Lycie.......	Lyre dans un carré creux....	℞. Tête d'Apollon..........	Drac..	$41\frac{3}{4}$	..	51	H. n°...2.
Patras	Achaïe......	Cavalier perçant de sa lance un Soldat terrassé.	℞. idem.......	4 Drac.	$192\frac{3}{4}$	3	19	Id. n°...1.
Id..........	Id..........	ΠΑΤ. en monogr. dans une couronne.......	℞. Tête de Jupiter.........	Drac..	....	..	43	D. n°. 166.
Peiræ.......	Id..........	Chouette éployée vue de face.	℞. Tête de femme mitrée....	2 Drac.	$87\frac{3}{4}$	1	35	H. n°...3.
Id........ ...	Id..........	Même type.....	℞. idem.......	Id.....	....	1	32	D. n°. 167.
Id..........	Id..........	Même type.....	℞. idem......	Drac..	49	..	60	H. n°....4.
Pelinna.....	Thessalie....	Cavalier courant........	℞. Soldat dans un carré creux.	2 Drac.	$92\frac{1}{4}$	1	$40\frac{1}{2}$	Id. n°...1.
Pharsale.....	Id..........	Tête de Cheval.	℞. Tête de Minerve........	Drac..	$49\frac{1}{2}$	..	60	Id. n°...3.
Id..........	Id..........	Même type.....	℞. idem.......	Id.....	$44\frac{3}{4}$	..	$54\frac{1}{2}$	Id. n°...2.
Id..........	Id..........	Même type dans un carré creux.	℞. Une Tête de Bœuf........	2 Ob...	$13\frac{1}{4}$	..	16	Id. n°...4.
Phocidiens...	Phocide.....	Tête de Bœuf vue de face....	℞. Tête d'Apollon dans un carré creux...	Drac..	$46\frac{3}{4}$	..	57	Id. n°...4.
Id..........	Id..........	Même type....	℞. id. sans carré creux........	Id.....	....	..	54	D. n°. 172.
Id..........	Id..........	Même type.....	℞. idem.......	Id.....	$42\frac{1}{4}$	..	$51\frac{1}{2}$	H. n°...1.
Id..........	Id..........	Même type.....	℞. idem.......	Id.....	$43\frac{1}{4}$	..	53	Id. n°...2.
Id..........	Id..........	Même type....	℞. avant-corps de Sanglier dans un carré creux.	2 Ob...	$13\frac{3}{4}$	..	17	Id. n°...5.
Seriphus.....	Isle........	Lion passant, avec un Bouc à mi-corps......	℞. Oiseau volant dans un carré creux........	4 Drac.	$189\frac{1}{2}$	3	15	Id. n°...1.
Id..........	Id..........	Même type.....	℞. idem.......	Id.....	....	3	13	D. n°. 191.
Id..........	Id..........	Même type.....	℞. idem.......	2 Drac.	....	1.	37	Id. n°. 192.
Id..........	Id..........	Même type.....	℞. idem.......	Drac..	42	..	$51\frac{1}{2}$	H. n°...6.
Siphnus.....	Isle........	Oiseau éployé, dans un carré creux........	℞. Tête de Femme..........	4 Drac.	$18\frac{7}{}$	3	12	Id. n°...1.
Id..........	Id..........	Le même Oiseau sans carré creux	℞. le type de Sériphus.......	Drac..	44	..	$53\frac{1}{4}$	Id. n°...5.
Id..........	Id..........	Lion passant, &c. comme dans Sériphus.....	℞. Oiseau volant	2 Ob...	$13\frac{1}{4}$	..	16	Id. n°..10.
Tarente (a)..	Italie.......	Cavalier couronnant son cheval	℞. Jeune homme nu, sur un Dauphin......	2 Drac.	93	1	$41\frac{1}{2}$	Id. n°..25.
Id..........	Id..........	Chouette sur un chapiteau de colonne......	℞. Tête de Pallas	Drac..	$46\frac{1}{4}$	..	$56\frac{1}{2}$	Id. n°..97.
Id..........	Id..........	Un Pétoncle....	℞. Un Dauphin.	$\frac{1}{4}$ Drac.	12	..	$13\frac{1}{2}$	Id. n°. 113.

(a) Ces Médailles de Tarente peuvent appartenir à la petite Drachme Attique ci-après N°. II.

O

NOMS DES VILLES.	NOMS DES PAYS.	TYPES DES MÉDAILLES.	Modules.	Poids en Gr. Angl.	Poids de France. Gr.	Poids de France. Gra.	CABINETS.
Téos........	Ionie.......	Un Griffon éployé........ ℞. le carré creux.	4 Drac.	183½	3	7½	H. n°....6.
Id..........	Id........	Même type.... ℞. idem.......	Drac..	41¼	..	50¼	Id. n°...7.
Id..........	Id........	Même type.... ℞. id. à 4 partitions........	3 Ob..	....	..	26	D. n°. 218.
Id..........	Id........	Même type.... ℞. idem.......	Id.....	19	..	23½	H. n°....8.
Id..........	Id........	Même type.... ℞. idem.......	2 Ob..	13½	..	16½	Id. n°..10.
Thèbes......	Béotie......	Le Bouclier Béotien...... ℞. Vase à 2 anses, une massue et une grappe de raisin........	4 Drac.	....	3	13	D. n°. 224.
Id..........	Id..........	Même type.... ℞. idem.......	Id.....	....	3	9	D. ibid...
Id..........	Id..........	Même type.... ℞. Tête barbue couronnée de lierre........	Id.....	185½	3	10	H. n°....5.
Id..........	Id..........	Même type.... ℞. Vase à 2 anses dans un carré creux........	Id.....	183	3	7	Id. n°...2.
Id..........	Id..........	Même type sur un flaon de forme oblongue.. ℞. un Cheval et un épi........	Id.....	....	3	7	D. n°. 225.
Id..........	Id..........	Le Bouclier Béotien...... ℞. Vase à 2 anses dans un carré creux........	Drac..	35	..	42½	Pemb. 11.
Id..........	Id..........	Même type.... ℞. Tête d'Hercule..........	2 Ob..	12¾	..	15½	H. n°...6.
Id..........	Id..........	Même type.... ℞. Cheval à mi-corps........	Id.....	....	..	16	D. n°. 227.
Id..........	Id..........	Même type.... ℞. un Foudre...	¼ Drac.	....	..	15	Id. n°. 226.
Thessaliens..	Thessalie....	Minerve debout élevant sa lance ℞. Tête de Jupiter........	2 Drac.	....	1	42	Id. n°. 228.
Id.........	Id.........	Même type.... ℞. idem.......	Id.....	97½	1	47	H. n°....6.
Id.........	Id.........	Même type.... ℞. idem.......	Id.....	92¼	1	41	Id. n°...2.
Id.........	Id.........	Même type.... ℞. idem.......	Id.....	86¼	1	33	Id. n°...3.
Tricca......	Id..........	Homme arrêtant un Taureau... ℞. Cheval à mi-corps dans un carré creux...	Drac..	....	..	55	D. n°. 233.
Id..........	Id..........	Même type..... ℞. idem.......	Id.....	44¼	..	54	H. n°....2.

(Médailles de Rois en argent, qui appartiennent à cette Drachme).

NOMS DES VILLES.	NOMS DES PAYS.	TYPES DES MÉDAILLES.	Modules.	Poids en Gr. Angl.	Poids de France. Gr.	Poids de France. Gra.	CABINETS.
Amyntas III.	Macédoine...	Cheval dans un carré creux... ℞. Tête d'Hercule..........	Tridr..	....	2	28	D. n°...81.
Audoléon....	Péonie......	Cheval passant. ℞. Tête avec casque et panache.	tétrad.	....	3	16	Id. n°. 140.
Ptolémée Soter........	Egypte......	Aigle sur un foudre........ ℞. Têtes de Sérapis et d'Isis accolées........	Id.....	....	3	24	Id. n°. 141.
Id..........	Id..........	Même type..... ℞. Tête de Ptolémée Soter...	Id.....	....	3	20	Id. n°. 144.
Ptol. Philadelphe.....	Id..........	Le Fruit du Perséa........ ℞. Tête de Philadelphe.	Id.....	....	3	22	Id. n°. 146.
Ptol. Philométor......	Id..........	Aigle sur un foudre....... ℞. Tête de Philométor...	Id.....	....	3	22	Id. n°. 152.
Incertaine des Arsacides...		Tête avec la mitre Parthique. ℞. comme dans Vologèse.....	Id.....	....	3	21	Id. n°. 222.

N°. II.

DRACHME DE SAMOS, OU PETITE DRACHME ATTIQUE.

	Grains.		Grains.		Gros.	Grains.
Obole.............	10 ½	¼ de Drachme.......	15 ¾	Didrachme.....	1.	... 54.
Diobole...........	21.	Tétrobole...........	42.	Tridrachme....	2.	... 45.
Triobole...........	31 ½	Drachme...........	63.	Tétradrachme .	3.	... 36.

Cette petite Drachme Attique pèse 63 grains, et vaut 14 sous. Son Talent, qui est le Talent Attique commun, contient 6000 Drachmes; il pèse, poids romain, 62 liv. 6 onces, et vaut, argent de France, 4200 liv. Elle donne toutes les divisions de la Drachme et tous ses multiples. Son Tétradrachme est un Tridrachme de la grande Drachme Attique du n°. IX.

NOMS DES VILLES.	NOMS DES PAYS.	TYPES DES MÉDAILLES.	Modules.	Poids en Gr. Angl.	POIDS de France. Gr.	POIDS de France. Gra.	CABINETS.
Athènes.....	Attique.....	un Hermathènes ℞. Tête de Minerve dans un carré creux....	Drac..	48	..	58 ½	H. n°. 151.
Id..........	Id..........	Trois Croissans. ℞. id. sans carré creux........	Obole.	8	..	10	Id. n°. 141.
Barcé.......	Cyrénaïque..	Le Sylphium... ℞. Tête de Jupiter Ammon..	4 Drac.	201 ¾	3	30	Id. n°. ...1.
Id..........	Id.......	Même type.... ℞. idem dans un carré creux...	Drac..	52	..	63	Id. n°. ...2.
Id..........	Id..........	Même type..... ℞. idem.......	3 Ob..	24 ½	..	30	Id. n°. ...3.
Camarine....	Sicile.......	Un Cygne...... ℞. le carré creux.	2 Ob..	15	..	18 ½	Id. n°. ...4.
Carthage	Afrique.....	Cheval debout, et un insecte rond........ ℞. Tête de Cérès.	Drac..	....	..	58	D. n°..85.
Céphalonie ..	Isle.........	Tête de Bélier dans un carré creux........ ℞. Tête jeune..	2 Ob..	17	..	21	H. n°....1.
Cnide.......	Carie.......	Tête de Lion de profil........ ℞. Tête de Femme..........	Drac..	51 ¼	..	62 ¼	Id. n°....1.
Cos.........	Isle........	Le Crabe et la Massue....... ℞. Tête d'Hercule jeune....	2 Drac.	103	1	53 ½	Id. n°....5.
Id..........	Id..........	Même type.... ℞. idem........	Id.....	97 ½	1	46 ½	Id. n°....6.
Id..........	Id..........	Massue dans un carré creux... ℞. idem.......	Drac..	....	..	57	D. n°.102.
Id..........	Id..........	Même type.... ℞. idem........	2 Drac.	....	1	53	Id. ibid...
Cranium	Céphalonie.	Un Bélier...... ℞. D. dans un carré creux...	Drac..	45 ¼	..	55	H. n°....1.
Id..........	Id..........	Tête de Bélier... ℞. idem.......	2 Ob..	13 ¼	..	16 ½	Id. n°....2.
Id..........	Id..........	Même type..... ℞. un pied de Bélier.........	Id.....	16 ½	..	20	Id. n°....3.
Cyrène......	Cyrénaïque..	Le Sylphium.. ℞. Tête de Jupiter Ammon.	4 Drac.	199 ½	3	27	Id. n°..21.
Id..........	Id..........	Même type.... ℞. idem.......	3 Drac.	134	2	19	Id. n°..33.
Id..........	Id..........	Même type.... ℞. idem.......	3 Ob..	25	..	30 ½	Id. n°..34.
Id..........	Id..........	Tête tourelée.. ℞. Tête d'Apollon..........	2 Drac.	98 ½	1	48	Id. n°..36.

NOMS DES VILLES.	NOMS DES PAYS.	TYPES DES MÉDAILLES.	Modules.	Poids en Gr. Angl.	POIDS de France.		CABINETS.
					Gr.	Gra.	
Id..........	Id..........	Même type.... ℞. Tête de Minerve.......	Drac..	49	..	60	Id. n°..39.
Marseille....	Gaule.......	Un Aigle éployé. ℞. Tête de Minerve.......	¼ Drac.	12¾	..	15½	Id. n°..46.
Id..........	Id..........	MA entre les rayons d'une roue........ ℞. Tête jeune...	Id.....	12	..	14½	Id. n°..48.
Id..........	Id..........	Même type.... ℞. idem.......	Id.....	....	..	14	D. n°.149.
Megarsus....	Sicile.......	Trois Croissans formant la triquetre........ ℞. Tête d'Apollon..........	3 Ob..	23	..	28¼	H. n°...1.
Nîmes.......	Gaule.......	NEM. COL. dans une couronne. ℞. Tête de Mars.	Obole.	7	..	8¼	Pemb..10.
Id..........	Id..........	Même type.... ℞. idem.......	Id.....	....	..	9	D. n°.611.
Paros.......	Isle.........	ΠΑΡΙ dans une couronne de lierre........ ℞. Tête de Cérès.	Drac..	50¼	..	61½	H. n°...2.
Phaselis.....	Lycie.......	Proue de Navire. ℞. sa Poupe....	3 Drac.	153¾	2	43½	Id. n°...4.
Id..........	Id..........	Chouette sur une proue de navire. ℞. Pallas debout........	2 Drac.	88¼	1	35½	Id. n°...6.
Rhodes......	Isle.........	Une Fleur de grenade...... ℞. Tête d'Apollon, de profil..	Id....	....	1	52	D. n°.182.
Id..........	Id..........	Même type.... ℞. Tête d'Apollon radiée, vue des deux tiers.	Id....	....	1	33	Id. n°.179.
Id..........	Id..........	Même type.... ℞. id. non radiée, vue de même..	Id....	....	1	34	Id. n°.180.
Id..........	Id..........	Même type..... ℞. idem.......	Drac..	....	..	54	Id. ibid...
Id..........	Id..........	Même type.... ℞. Id. radiée vue de profil.....	2 Ob..	....	..	16	Id. n°.183.
Id..........	Id..........	Fleur dans un carré creux... ℞. Même tête..	3 Ob..	....	..	29	Id. n°.185.
Rome.......	Italie.......	Cheval au galop.......... ℞. Tête d'Apollon..........	2 Drac.	102¼	1	52½	H. n°....4.
Id..........	Id..........	Victoire debout. ℞. Tête de Rome casquée..	Id....	103	1	54	Id. n°. 9.
Id..........	Id..........	Tête de Janus : ROMA en creux. ℞. Jupiter dans un quadrige...	Id....	..●	1	48	D. n°.387.
Id..........	Id..	Même type : ROMA de relief... ℞. Idem.......	Id....	....	1	39	Id. n°.388.
Den. Romain marqué X..	Id..........	Castor et Pollux à cheval...... ℞. Tête de Rome casquée......	Drac..	*Même poids sous Néron et ses Successeurs.*	..	60	Id. n°.390.
Id..........	Id..........	Janus à double tête.......... ℞. Jupiter dans un quadrige...	Id....		..	63	Id. n°.389.
Id. marqué X.	Id..........	Tête de Rome casquée...... ℞. Jupiter dans un bige......	Id....		..	63	Id. n°.392.
Id. même X.	Id..........	Rome assise sur des boucliers.. ℞. Tête couronnée de lauriers.	Id....		..	63	Id. n°.394.
Rhythymna..	Crète	Trident entre deux Dauphins. ℞. Tête de Pallas...........	2 Drac.	97	1	46½	H. n°. 1.
Denier Samaritain......	Palestine....	Caractères Samarit. dans une couronne..... ℞. Une buire et une palme....	Drac..	....	..	61	D. n°.319.

NOMS DES VILLES.	NOMS DES PAYS.	TYPES DES MÉDAILLES.	Modules.	Poids en Gr. Angl.	POIDS de France.		CABINETS.
					Gr.	Gra.	
Denier Samaritain (1)...	Palestine....	Une grappe de raisin........ ℞. Lyre à trois cordes........	Drac.	....	..	60	D. n°. 329.
Id..........	Id..........	Même type..... ℞. Une Palme..	Id.. ..	....	..	59	Id. n°. 330.
Samos.......	Isle...	Un Muffle de Lion........ ℞. Taureau à mi-corps........	4 Drac.	202½	3	30½	H. 2 et 3.
Id..........	Id..........	Même type..... ℞. idem........	2 Drac.	100	1	50	Id. n°...5.
Id..........	Id..........	Même type.... ℞. idem........	Drac.	51	..	62	Id. n°...6.
Siciliens (2).	Sicile.......	Femme dans un quadrige...... ℞. tête de Cybele voilée........	2 Drac.	....	1	54	D. n°. 193.
Sinope......	Lydie.......	Aigle sur un Dauphin..... ℞. Tête de Femme........	Id.....	93¼	1	41½	H. n°...2.
Soli........	Chypre......	Une grappe de raisin...... . ℞. Tête de Pallas..........	3 Drac.	151	2	40	Id. n°...5.
Syracuse....	Sicile.......	Un Foudre ailé. ℞. Tête de Pallas..........	2 Drac.	101	1	51	Id. n°..60.
Id..........	Id..........	Une Seche ou Polype de mer. ℞. Tête de Femme..........	¼ Drac.	12¾	..	15½	Id. n°..81.
Id..........	Id..........	ΣΥΡΑ entre les rayons d'une roue........ ℞. idem.......	Obole.	6¼	..	7½	Id. n°..83.
Tenos.......	Isle........	Neptune debout, tenant un Dauphin........ ℞. Tête jeune avec une corne de Bélier.....	2 Drac.	101¼	1	51½	Id. n°...1.
Id..........	Id..........	T. dans un carré creux........ ℞. Tête jeune...	¼ Drac.	12¾	..	15½	Id. n°...2.
Thurium....	Italie.......	Taureau furieux ℞. Tête de Minerve........	2 Drac.	101¼	1	51½	Id. n°..62.
Vria........	Id..........	Un Dauphin... Oiseau volant dans une couronne........	2 Ob..	15⅘	1	19	Id. n°...1.

(Médailles de Rois en argent, qui appartiennent à cette Drachme).

NOMS DES VILLES.	NOMS DES PAYS.	TYPES DES MÉDAILLES.	Modules.	Poids en Gr. Angl.	Gr.	Gra.	CABINETS.
Ptol. V. Epiphanes.....	Egypte.......	Aigle sur un foudre......... ℞. Tête de Ptol. Epiphanes....	4 Drac.	....	3	33	D. n°. 150.
Id..........	Id....	Même type..... Même tête.....	Didr...	....	1	51	Id. n°. 151.
Ptol. III Evergetes......	Id..........	Même type..... ℞. Tête d'Evergetes........	Tridr..		2	45	Id. n°. 149.
Arsace xxviii.	Parthes.....	Figure assise, et une autre debout........ ℞. Tête d'Ars. XXVIII......	4 Drac.	....	3	33	Id. n°. 217.
Incertaine des Arsacides...	Id..........	Tête vue de face avec un diadême........ Revers barbare.	Drac.	....	..	63	Id. n°. 223.

(1) Voyez le Sicle ou Tétradrachme Samaritain dans la Drachme de Tyr, ci-après n° IV.

(2) (Fabrique Romaine). Quoique M. Pellerin (*Médailles de Villes, pl. CVIII.*) ait suspecté cette Médaille, sa fabrique et son poids démontrent qu'elle est indubitable.

P

NOMS DES VILLES.	NOMS DES PAYS.	TYPES DES MÉDAILLES.	Modules.	Poids en Gr. Angl.	POIDS de France.		CABINETS.
					Gr.	Gra.	
Mithridate...	Pont.........	Cerf paissant, dans une couronne........ ℞. Tête de Mithridate......	Tridr..	....	2	39	D. n°. 249.
Tête inconnue	....	Tête barbue avec bonnet et diad. ℞. Autre Tête barbue........	Id....	....	2	41	Id. n°. 254.

N. B. Avant Solon, on appeloit *Talent Attique* ou *Sicilien*, l'*Hexadrachme* de
cette petite Drachme attique. Ce talent numismatique ancien étoit l'once de
l'ancienne *Mine attique* : car la mine attique avant Solon, pesoit 12 ½ de ces
Onces ou *Talens numismatiques*, ce qui faisoit 75 petites drachmes attiques,
de même qu'après Solon, la nouvelle Mine, composée de 100 petites drachmes
attiques pesoit 12 ½ hexadrachmes du n° IX : c'est-à-dire 75 grandes drachmes
attiques ; le *Talent d'or numismatique*, évalué par Pollux à trois chrysos, et
dont j'ai parlé ci-dessus, p. 48, étoit également un hexadrachme d'or, car
chaque chrysos ou statère d'or pesoit un didrachme d'argent. Voyez deux
hexadrachmes d'argent appartenans à la drachme du n° VI, et un autre à la
drachme d'Egine ci-après n° XIV.

N°. III.

DRACHME DE CHALCIS OU D'EUBÉE.

	Grains.		Grains.		Gros.	Grains.
Obole	11.	$\frac{1}{4}$ de Drachme	$16\frac{1}{2}$	Didrachme	1.	60.
Diobole	22.	Tétrobole	44.	Tridrachme	2.	54.
Triobole	33.	Drachme	66.	Tétradrachme	3.	48.

La Drachme de Chalcis ou d'Eubée pèse 66 grains, et vaut 14 sous 8 den. Son Talent, qui est le *Talent Euboïque*, contient 6285 petites Drachmes Attiques, et $\frac{45}{63}$; il pèse, poids romain, 65 liv. 5 onces $5\frac{5}{7}$ Drachmes, et vaut, argent de France, 4400 liv. Elle donne toutes les divisions de la Drachme et tous ses multiples.

NOMS DES VILLES.	NOMS DES PAYS.	TYPES DES MÉDAILLES.	Modules	Poids en Gr. Angl.	POIDS de France.		CABINETS.
					Gr.	Gra.	
Abdère	Thrace	Un Griffon en repos. ℞. Téte d'Apollon	3 Drac.	$157\frac{1}{4}$	2	48	H. n°...2.
Id	Id	Même type..... ℞. Même tête...	Id	....	2	47	D. n°..54.
Abyde	Troade	Masque hérissé de Serpens.... ℞. Une Ancre..	Drac..	$50\frac{1}{4}$	..	61	H. n°...3.
Ætoliens	Ætolie	Jeune homme assis sur un trophée. ℞. Téte d'Hercule jeune....	3 Drac.	$158\frac{1}{4}$	2	49	Id. n°...3.
Apollonie	Illyrie	Vache allaitant son veau. ℞. Jardins d'Alcinoüs.	Drac..	51	..	63	Id. n°...7.
Arpi	Italie	Cheval au galop. ℞. Téte de Proserpine.	2 Drac.	108	1	60	Id. n°....1.
Byzance	Thrace	Neptune assis... ℞. Téte de Cérès.	4 Drac.	$214\frac{1}{2}$	3	46	Id. n°...1.
Capoue	Italie	Victoire dans un bige. ℞. Téte d'Apollon	2 Drac.	$107\frac{1}{2}$	1	59	Id. n°....1.
Chalcis.	Eubée	Aigle avec un Serpent dans ses serres. ℞. Téte de Femme	Id	....	1	32	D. n°..94.
Id	Id	Même type..... ℞. idem.	Id	$83\frac{1}{2}$	1	30	H. n°...1.
Id	Id	Même type..... ℞. idem.	Drac..	....	..	64	D. n°..95.
Id	Id	Même type..... ℞. idem.	3 Ob..	$24\frac{1}{2}$	..	30	H. n°..10.
Id	Id	Proue de Navire. ℞. Téte de Femme vue de face.	Drac..	44	..	54	Id. n°..11.
Chio	Isle	Le Sphinx et la *Diota*. ℞. Croix formée par le carré cr..	4 Drac.	$210\frac{1}{2}$	3	$40\frac{1}{2}$	Id. n°....4.
Cragus	Lycie	Lyre dans un carré creux.... ℞. Téte d'Apollon	3 Ob..	$27\frac{1}{4}$	..	33	Id. n°....1.
Id	Id	Même type..... ℞. idem.	2 Ob..	$16\frac{1}{2}$	..	20	Id. n°....2.
Créte	Isle	Cheval à mi-corps. ℞. Jupiter assis.	3 Drac.	$161\frac{1}{4}$	2	$52\frac{1}{2}$	Id. n°....1.
Cromna	Paphlagonie.	Téte de Femme. ℞. Téte de Jupiter.	Drac.	54	..	66	Id. n°....1.
Crotone	Italie	Aigle sur un chapiteau de colonne. ℞. Le Trépied..	2 Drac.	108	1	60	Id. n°..11.

NOMS DES VILLES.	NOMS DES PAYS.	TYPES DES MÉDAILLES.	Modules	poids en Gr. Angl	POIDS le France.		CABINETS.
					Gr.	Gra.	
Crotone.....	Italie........	Un Trépied.... ℞. Incuse......	2 Drac.	107¾	1	59½	H. n°...2.
Id..........	Id..........	Même type..... ℞. idem......	Id.....	96	1	45	Id. n°...1.
Id..........	Id..........	Même type.... ℞. Aigle tournant la tête en arrière	Id.....	101¼	1	51	Id. n°...9.
Id..........	Id..........	Même type.... ℞. Pégase volant	2 Ob...	17½	..	21	Id. n°..18.
Cydna.......	Lycie......	Lyre dans un carré creux... ℞. Tête d'Apollon.........	3 Ob...	26	..	32	Id. n°...1.
Cyrène......	Afrique.....	Tête de Femme.. ℞. Tête de Diane	3 Drac.	107¾	1	59½	Id. n°..37.
Dyrrhachium.	Illyrie......	Vache allaitant son veau... ℞. Jardins d'Alcinoüs........	Drac..	....	..	64	D. n°.109.
Erétria......	Eubée......	Taureau accroupi.......... ℞. Tête de Diane	2 Drac.	86½	1	33½	H. n°...2.
Id..........	Id..........	Deux grappes de raisin........ ℞. Tête de Femme.........	Drac..	45	..	54¾	Id. n°...3.
Eubée......	Isle........	Un Taureau à mi-corps..... ℞. idem........	4 Drac.	181	3	4½	Id. n°...1.
Id..........	Id..........	Tête de Bœuf vue de face... ℞. Tête jeune	2 Drac.	85¾	1	32½	Id. n°...5.
Id..........	Id..........	Même type.... ℞. Tête de Femme.........	Drac..	52¾	..	64	Id. n°...3.
Id..........	Id..........	Même type..... ℞. idem........	Id.....	43	..	52½	Id. n°...6.
Falisques(les)	Italie	Aigle dans une couronne..... ℞. idem........	4 Drac.	187¼	3	13	Id. n°...8.
Id..........	Id..........	Un Foudre..... ℞. Aigle avec un lièvre dans ses serres........	Id.....	184½	3	9	Id. n°...2.
Id..........	Id..........	Foudre dans une couronne..... ℞. Tête de femme..........	3 Drac.	....	2	47	D. n°.121.
Id..........	Id..........	Un Foudre ailé. ℞. Aigle déchirant un lièvre.	2 Drac.	92½	1	40½	H. n°...3.
Id..........	Id..........	Foudre dans un carré creux.... ℞. idem.......	Drac..	....	..	52	D. n°.120.
Id..........	Id..........	Foudre dans une couronne..... ℞. Tête de Jupiter.........	4 Ob..	32½	..	40	H. n°..11.
Gortyne.....	Créte.......	Femme assise sur un rocher..... ℞. Tête barbue.	Drac..	48¼	..	59	Id. n°..13.
Héraclée.....	Acarnanie...	Figure assise tenant un vase.. ℞. Tête d'Hercule jeune.....	3 Drac.	148¼	2	37	Id. n°...1.
Id..........	Id..........	Pégase volant.. ℞. Tête de femme..........	3 Ob..	26½	..	32	Id. n°...2.
Héraclée.....	Italie	Hercule appuié sur sa massue.. ℞. Tête de Pallas	2 Drac.	100¾	1	50½	Id. n°...3.
Id..........	Id..........	Hercule étouffant un Lion.. ℞. idem........	Id.....	....	1	48	D. n°.128.
Id..........	Id..........	Hercule debout. ℞. idem........	Id.....	....	1	41	Id. n°.130.
Id..........	Id..........	Chouette et fleur de grenade.... ℞. idem........	Drac..	48½	.	59	H. n°..22.
Id..........	Id..........	Hercule et le lion. ℞. idem......	2 Ob...	18½	..	22	Id. n°...7.
Ilium......	Troade.....	Victoire passant. ℞. idem........	3 Drac.	156	2	46	Id. n°...1.
Istrus......	Mœsie......	Aigle sur un Dauphin...... ℞. 2 Têtes dont une renversée..	2 Drac.	105½	1	57	Id. n°...4.
Lappa.......	Créte.......	Apollon debout tenant sa lyre.. ℞. Tête d'Apollon..........	Drac..	53½	..	65	Id. n°...1.

NOMS DES VILLES.	NOMS DES PAYS.	TYPES DES MÉDAILLES.	Modules.	Poids en Gr. Angl.	POIDS de France. Gr.	Gra.	CABINETS.
Macédoniens.	Macédoine...	Un Cheval..... ℞.Tête de Diane.	3 Drac.	162¼	2	54	H. n°...8.
Id.........	Id........	Le Bouclier Macédonien. ℞. Proue de Navire.	3 Ob..	27	..	33	Id. n°..11.
Mallus......	Cilicie......	Hercule jeune, domptant un Lion. ℞. Figure barbue avec l'arc et la fleche.	3 Drac.	160½	2	51½	Id. n°...1.
Massycites...	Lycie......	Lyre dans un carré creux. ℞. Tête d'Apollon.	Drac..	45¼	..	55	Id. n°...1.
Id.........	Id........	Même type. ℞. idem.	3 Ob..	25½	..	31	Id. n°...2.
Métaponte...	Italie......	Un Épi d'orge... ℞. Tête de Céres	3 Drac.	155½	2	45½	Id. n°...7.
Id.........	Id.........	Même type. ℞. Figure nue debout; dans une couronne..	Drac..	52¾	..	64	Id. n°..38.
Id..	Id.........	Même type. ℞.Tête de Pallas	id....	....	..	54	D n°. 155.
Nagidus.....	Cilicie	Figure debout, tenant une grappe de raisin... ℞. Figure assise	3 Drac.	159¼	2	51	H. n°...1.
Patras......	Achaïe......	Sanglier à mi-corps. ℞. Tête jeune...	Drac..	52	..	63½	Id. n°...2.
Id.........	Id.........	ПА en monog. dans une couronne. ℞. Tête de Jupiter.	4 Ob..	35¾	..	43½	Id. n° 3, 4.
Rhodes......	Isle........	Fleur de grenade ou du Ciste... ℞. Tête d'Apollon radiée, vue de face.	2 Drac.	....	1	52	D. n°. 179.
Id.........	Id.........	Même type. ℞. Même tête radiée.	id...	104¼	1	55	H. n°. .10.
Id.........	Id.........	La même Fleur dans un carré creux. ℞. Même tête non radiée....	Id.....	102¼	1	52½	Id. n°...3.
Id.........	Id.........	La même sans carré creux. ℞. Même tête idem.	Drac..	49¼	..	60	Id. n°..26.
Id.........	Id.........	Rose épanouie. ℞. Même tête radiée.	Id.....	53¼	..	65	Id. n°..69.
Id.........	Id.........	Même type. ℞. idem.	Id.....	....	..	65	D. n°. 186.
Id.........	Id.........	La Fleur de grenade. ℞. Même tête non radiée....	4 Ob..	35¾	..	43½	H.n°.21,22
Id.........	Id.........	Même Fleur dans un carré creux. ℞. Même tête radiée.	3 Ob...	....	..	29	D. n°. 185.
Id.	Id.........	Même Fleur sans le carré creux.. ℞. idem.	4 Drac.	210½	3	40¼	H. n°. ..5.
Tarente.....	Italie......	Cavalier tenant une couronne.. ℞. Tête de Femme.	2 Drac.	105¼	1	60	Id. n°. 16.
Id.........	Id.........	Figure nue sur un Dauphin... ℞. Cavalier qui se couronne...	Id.....	101¼	1	51½	Id. n°..31.
Id.........	Id.........	chouette éployée sur un foudre.. ℞. Tête de Pallas.	Drac..	51	..	62	Id. n°.106.
Id.........	Id.........	Un Dauphin.... ℞. Un Pétoncle.	⅓ Ob...	4¼	..	5½	Id. n°.117.
Teanum....	Italie......	Victoire dans un bige. ℞. Tête d'Hercule jeune.	2 Drac.	106¾	1	53	Id. n°...1.
Teos........	Ionie........	Un Griffon.... ℞. un Vase à deux anses.	3 Ob..	26¼	..	32	Id. n°..12.

Q

NOMS DES VILLES.	NOMS DES PAYS.	TYPES DES MÉDAILLES.	Modules.	Poids en Gr. Angl.	Poids de France. Gr.	Gra.	CABINETS.
Téos........	Ionie.......	Un Griffon.... ℞. le Carré creux à 4 partitions.	3 Ob..	....	..	26	D. n°. 218.
Id..........	Id..........	Même type..... ℞. Une Lyre...	2 Ob..	$16\frac{1}{4}$	..	$19\frac{1}{2}$	H. n°. 13.
Tirida......	Thrace......	T, et deux grappes de raisin... ℞. Tête d'Hercule.........	Id.....	$17\frac{1}{4}$	..	21	Id. n°...1.
Tyr........	Phénicie....	Aigle sur un gouvernail...... ℞. idem.......	4 Drac.	....	3	42	D. n°. 234.
Id..........	Id..........	Même type, et une palme.... ℞. idem........	Id.....	$211\frac{1}{4}$	3	$41\frac{1}{2}$	H. n°....1.
Id........ ..	Id..........	Même type et une massue... ℞. idem.......	2 Drac.	$103\frac{1}{2}$	1	54	Id. n°..11.
Id........(1).	Id..........	Même type. ....℞. idem........	Id.....	....	1	54	D. n°. 234.
Zacynthe....	Isle........	Trépied dans une couronne.. ℞. Tête jeune..	Drac..	....	..	64	Id. n°.237.
Id..........	Id.........	Une Lyre...... ℞. Vase à deux anses........	Obole.	$5\frac{1}{2}$	..	7	H. n°....5.
Id.......(2).	Id..........	Urne à 2 anses. ℞. Tête jeune..	Id.....	$7\frac{1}{4}$	..	$8\frac{1}{2}$	Id. n°...6.

(Médaille d'or, qui appartient à cette Drachme).

NOMS DES VILLES.	NOMS DES PAYS.	TYPES DES MÉDAILLES.	Modules.	Poids en Gr. Angl.	Poids de France. Gr.	Gra.	CABINETS.
Chalcis......	Eubée.......	Lyre à six cordes ℞. Tête d'Apollon	Drac..	....	..	57	D. n°. ..6.

(Médailles d'or de Rois, qui appartiennent à cette Drachme).

NOMS DES VILLES.	NOMS DES PAYS.	TYPES DES MÉDAILLES.	Modules.	Poids en Gr. Angl.	Poids de France. Gr.	Gra.	CABINETS.
Ptolémée Soter........	Egypte......	Aigle tenant un foudre dans ses serres........ ℞. Tête de Soter.	Triob. (3).	..		33	D. n°. .65.
Id. et Philadelphe	Id..........	Têtes accolées de Soter et de Bérénice..... ℞. id. de Philadelphe avec Arsinoé.........	8 Drac.	....	7	19	Id. n°. .66.
Id..........	Id..........	Mêmes têtes accolées........ ℞. Mêmes têtes accolées......	4 Drac.	....	3	44	Id. n°..67.
Arsinoé I....	Id..........	Deux Cornes d'abondance.. ℞. Tête d'Arsinoé.........	8 Drac.	....	7	12	Id. n°..68.
Id..........	Id..........	Même type.... ℞. idem......	Id....	....	7	15	Id. n°..69.
Id.	Id..........	Même type.... ℞. idem.......	Id....	....	7	18	Id. n°..70.
Arsinoé II...	Id..........	Une Corne d'abondance.... ℞. Tête d'Arsinoé.........	Id....	....	7	18	Id. n°..71.
Bérénice.....	Id..........	Même type.... ℞. Tête de Bérénice.........	Id....	....	7	16	Id. n°..72.
Id..........	Id....	Même type....℞. idem.......	Diob..	....	..	19	Id. n°..73.

(1) Ces cinq Médailles de Tyr et de Tirida paroissent appartenir à la Drachme suivante, n°. IV.

(2) Ces trois de Zacynthe paroissent être aussi un affoiblissement de celles du n°. suivant.

(3) Les quatre de ce n°. pèsent tous exactement chacun 33 grains.

(Médailles de Rois en argent, qui appartiennent à cette Drachme).

NOMS DES ROIS.	NOMS DES PAYS.	TYPES DES MÉDAILLES.	Modules.	Poids en Gr. Angl.	POIDS de France		CABINETS.
					Gr.	Gra.	
Archelaüs....	Macédoine...	Cheval dans un carré creux... ℞. Tête jeune...	Tridr.	....	2	54	D. n°. .80.
Alexandre fils de Pyrrhus..	Épire.......	Pallas debout et armée....... ℞. Tête de Cérès.	Drac..	....	..	64	Id. n°.132.
Ptolémée Soter........	Égypte.....	Aigle sur un foudre........ ℞. Tête de Ptolémée Soter...	Tétrad	....	3	46	Id. n°.142.
Id..........	Id..........	Même type...... ℞. idem........	Id....	....	3	48	Id. n°.143.
Ptol. II. Philadelphe....	Id..........	Même type..... ℞. Tête de Philadelphe.	Id....	....	3	46	Id. n°.145.
Id..........	Id..........	Même type...... ℞. idem........	Id....	....	3	44	Id. n°.146.
Antiochus vii.	Syrie........	Aigle sur un gouvernail.... ℞. Tête d'Antiochus VII.....	Id....	....	3	42	Id. n°.179.
Arsace xiii...	Parthes......	Figure assise tenant une flèche ℞. Tête d'Arsace XIII.........	Drac..	....	..	66	Id. n°.214.
Id..........	Id..........	Même type..... ℞. idem.......	Id....	....	..	63	Id. n°.216.
Arsace xxviii.	Id..........	Figure assise et une autre debout ℞. Tête d'Arsace XXVIII.....	Tétrad	....	3	42	Id. n°. 221.
Id..........	Id..........	Même type..... ℞. idem.......	Id....	....	3	41	Id. n°.219.
Id........	Id..........	Même type..... ℞. idem.......	Id....	....	3	38	Id. n°. 218.

N. B. Quoique j'aie fait, avec Priscien, le *Talent Egyptien* ou *Rhodien* de 4000 petites Drachmes attiques, le grand nombre de Monnoies d'Egypte et de Rhodes qui viennent se ranger, par leur poids, sous la *Drachme Euboïque*, semblent indiquer que le Talent Egyptien ou Rhodien, étoit le même que le *Talent Euboique*. Festus évalue ce dernier Talent, de même que celui de Rhodes, en *Cistophores*, qu'Eisenschmid croit être la monnoie de Rhodes; ainsi nommée, dit-il, parce qu'au revers de la Tête du Soleil, on y voit une fleur en rose, qui n'est point celle du grenadier, comme Vossius et Spanheim l'ont pensé, mais celle du Ciste (κιϛτος Dioscorid.) arbrisseau sur lequel on récolte cette résine si connue sous le nom de *Ladanum*.

N°. I V.

DRACHME DE TYR OU DE PHÉNICIE.

	Grains.		Grains.		Gros.	Grains.
Obole	11 ½	¼ de Drachme	17 ¼	Didrachme	1.	66.
Diobole	23.	Tétrobole	46.	Tridrachme	2.	63.
Triobole	34 ½	Drachme	69.	Tétradrachme	3.	60.

La Drachme Tyrienne ou Phénicienne, pèse 69 grains, et vaut 15 sous 4 den. Son Talent contient 6571 petites Drachmes Attiques plus $\frac{27}{63}$ ou $\frac{3}{7}$; il pèse, poids Romain 68 livres 5 onces 3 $\frac{3}{7}$ drac. et vaut, argent de France, 4600 liv. Elle donne toutes les divisions de la Drachme et tous ses multiples.

NOMS DES VILLES.	NOMS DES PAYS.	TYPES DES MÉDAILLES.	Modules.	Poids en Gr. Angl.	POIDS de France.		CABINETS.
					Gr.	Gra.	
Aspendus....	Cilicie.......	Guerrier nu debout......... ℞. la Triquètre dans un carre creux........	3 Drac.	169	2	62	H. n°...2.
Id..........	Id..........	Deux Lutteurs. ℞. Jeune homme nud, faisant mouvoir une fronde........	Id.....	169 ½	2	63	Id. n°.. 13.
Id..........	Id.........	Même type.... ℞. idem.......	Id....	....	2	59	D. n°..74.
Athènes.....	Attique	un Hermathènes ℞. Tête de Minerve dans un carré creux....	Drac..	56 ¼	..	68 ½	H. n°. 150.
Cales	Italie	Victoire dans un Bige......... ℞. Tête de Minerve........	2 Drac.	112 ½	1	65	Id. n°...4.
Id..........	Id..........	Même type.... ℞. idem.......	Id.....	....	1	63	D. n°..84.
Carthage	Afrique	Cheval pres d'un palmier...... ℞. Tête de Cérès.	3 Drac.	167	2	59	H. n°..10.
Id..........	Id..........	Même type...... ℞. Tête jeune nue	2 Drac.	113	1	56	Id. n°..11.
Celenderis...	Cilicie.......	Jeune homme nu sur un cheval........ ℞. Bouc accroupi, tournant la tête.........	3 Drac.	167 ¼	2	60	Id. n°...1.
Id..........	Id..........	Même type.... ℞. idem dans un carré creux...	Id.....	....	2	57	D. n°. 241.
Chalcis......	Eubée.......	Une Lyre à sept cordes........ ℞. Tête d'Apollon..........	4 Drac.	....	3	55	Id. n°..92.
Id..........	Id..........	Même Lyre dans un carré....... ℞. idem.......	4 Ob..	....	..	45	Id. n°..93.
Chio........	Isle.........	Un Sphinx et la *Diota*......... ℞. Croix formée par le carré creux........	4 Drac.	218 ½	3	50	H. n°...3.
Id..........	Id..........	Même type.... ℞. le carré creux.	Drac..	56	..	68	Id. n°...2.
Id..........	Id..........	Le Sphinx assis. ℞. la *Diota* dans une couronne..	Id.....	57	..	69	Id. n°...8.
Id..........	Id..........	Même type.... ℞. la *Diota*.....	Id.....	48	..	58 ½	Id. n°...9.
Cibyre	Phrygie.....	Un Cavalier courant..... ℞. Tête de Minerve........	Id.....	47	.	57 ½	Id. n°...1.

NOMS DES VILLES.	NOMS DES PAYS.	TYPES DES MÉDAILLES.	Modules.	Poids en Gr. Angl.	Poids de France Gr.	Poids de France Gra.	CABINETS.
Colophon....	Ionie........	Une Lyre...... ℞. Téte de Femme........	Drac..	56	..	68	H. n°. 1, 2.
Corinthe.....	Achaïe......	Pégase volant.. ℞. Téte de Minerve........	2 Drac.	111	1	63½	Id. n°. .46.
Cos........	Isle........	Un Crabe, un Arc et un Carquois........ ℞. Téte d'Hercule jeune....	4 Drac.	226½	3	60	Id. n°. ...3.
Id..........	Id..........	Méme type..... ℞. idem........	Id....	....	3	55	D. n°. 102.
Id..........	Id..........	Le Crabe et la Massue....... ℞. Méme téte barbue.......	Drac..	52½	..	64	H. n°. ...7.
Cydon......	Crète........	Femme avec un Chien........ ℞. Téte de Diane	4 Drac.	222¾	3	56	Id. n°. ...2.
Id..........	Id..........	Louve allaitant un enfant..... ℞. Téte couronnée de pampres.	3 Drac.	168¾	2	61	Id. n°. ...6.
Cyrène......	Afrique ...	Téte de Femme tourelée...... ℞. Téte de Minerve........	2 Drac.	113¼	1	66	Id. n°. ..35.
Erythres.....	Ionie........	Une Chouette, une Massue et un Arc dans un Carquois...... ℞. Téte d'Hercule.........	Drac..	56½	..	69	Id. n°. 2, 3.
Id..........	Id..........	Une Massue, un Carquois et un Vase...... ℞. Méme téte..	Id....	....	..	68	D. n°. 119.
Gela........	Sicile......	Le Minotaure à mi-corps...... ℞. Homme dans un bige.......	4 Drac.	....	3	57	Id. n°. 122.
Héraclée.....	Bithynie	Téte de Femme avec une Tiare. ℞. Téte d'Hercule.........	3 Drac.	....	2	63	Id. n°. 126.
Itanus	Crète	Aigle dans un carré creux... ℞. Téte de Minerve........	Id....	64¾	2	57	H. n°. ...2.
Laodicée...	Syrie........	Jupiter assis.... ℞. Téte de femme tourelée...	4 Drac.	222	3	55	Id. n°. ...1.
Lesbos......	Isle........	Homme embrassant une Femme.......... ℞. le carré creux	3 Drac.	169	2	62	Id. n°. ...2.
Id..........	Id..........	Méme type..... ℞. Idem.......	Id....	155½	2	45	Id. n°. ...5.
Id..........	Id..........	Centaure avec une Femme... ℞. idem.......	Id....	149¼	2	38	Id. n°. ...8.
Locriens.....	Italie.......	Femme assise, couronnée par une femme debout......... ℞. Téte de Jupiter........	2 Drac.	....	1	62	D. n°. 141.
Megare......	Attique	Proue de Navire ℞. Téte d'Apollon..........	4 Ob..	36¼	..	44½	H. n°. ...1.
Mélos......	Isle........	Une Courge ou Coloquinte.... ℞. une Croix...	4 Drac.	222	3	55	H. n°. ...3.
Milet.......	Ionie........	Lion tournant la téte vers un astre......... ℞. Téte d'Apollon..........	Drac..	....	..	68	D. n°. 245.
Id..........	Id..........	Méme type..... ℞. idem.......	Id....	56	..	68½	H. n°. 4, 8.
Id..........	Id..........	Méme type..... ℞. idem.......	2 Drac.	97	1	46½	Id. n°. ...2.
Morgantium .	Sicile.......	Figure assise sur une proue de navire........ ℞. Téte de Pallas vue de face	2 Ob..	15½	..	19	Id. n°. ...1.

R

NOMS DES VILLES.	NOMS DES PAYS.	TYPES DES MÉDAILLES.	Modules	poids en Gr. Angl.	Gr.	Gra.	CABINETS.
Myrina......	Eolie.......	Figure debout, dans une couronne........ ℞. Tête d'Apollon..........	4 Drac.	220½	3	53	H. n°...7.
Id..........	Id..........	Femme tenant un rameau.... ℞. idem.......	Id.....	....	3	28	D. n°. 156.
Nola.......	Italie.......	Le Minotaure.. ℞. Tête de Pallas.	2 Drac.	....	1	63	Id. n°. 161.
Id..........	Id..........	Même type..... ℞. idem.......	Id.....	107½	1	59	H. n°...1.
Panticapée...	Chersonèse...	Tête de Bœuf... ℞. Tête de Pan	Drac..	54¾	..	67	Id. n°...1.
Præsus.....	Crète........	Taureau furieux ℞. Tête de Proserpine.......	3 Drac.	168½	2	61½	Id. n°...1.
Id..........	Id..........	Une Abeille.... ℞. idem.......	Drac..	42½	..	52	Id. n°...2.
Proconnesus.	Isle........	Cerf à mi-corps tournant la tête ℞. Tête d'Apollon..........	Id.....	54¾	..	67	Id. n°...1.
Rhodes......	Id..........	Hercule enfant, étouffant deux Serpens....... ℞. la Fleur de Grenade......	3 Drac.	167¾	2	60½	Id. n°...1.
Sicle Samaritain.......	Palestine....	une coupe à deux anses .... ℞. une Tige fleurie...........	4 Drac	....	3	54	D. n°. 318.
Id..........	Id..........	Même type..... ℞. idem.......	Id.....	....	3	50	Id. n°. 322.
Id..........	Id..........	Edifice à quatre colonnes...... ℞. Un bouquet de Myrte......	Id.....	....	3	49	Id. n°. 320.
Selge........	Pisidie......	Deux Lutteurs. ℞. Hercule debout........	3 Drac.	160¼	2	51½	H. n°...1.
Side	Pamphylie...	Grenade sur un Dauphin...... ℞. Tête de Pallas dans un carré creux...	Id.....	....	2	62	D. n°. 194.
Id..........	Id..........	Une Grenade... ℞. Un Dauphin dans un carré creux........	Id.....	....	2	60	Id. n°. 195.
Soli........	Chypre......	Figure un genou en terre, tendant un arc... ℞. Grappe de raisin dans un carré creux...	Id....	169½	2	62½	H. n°...1.
Suesane	Italie.......	Deux Chevaux.. ℞. Tête d'Apollon..........	2 Drac.	108¼	1	60	Id. n°...2.
Syracuse	Sicile.... ..	Un Trépied.... ℞. Tête d'Apollon..........	Drac..	54½	..	66½	Id. n° 67,68
Téos........	Ionie........	Griffon éployé.. ℞. Vase dans un carré creux...	4 Drac.	224¼	3	57	Id. n°..11.
Tyr........	Phénicie.....	Aigle sur un gouvernail et une massue........ ℞. Tête d'Hercule	Id.....	222½	3	55	Id. n°...2.
Id..........	Id..........	Même type..... ℞. idem.......	2 Drac.	109½	1	61½	Id. n°..13.
Zacynthe....	Isle........	Un Trépied.... ℞. Tête d'Apollon..........	3 Drac.	169¾	2	63	H. n°...1.
Id..........	Id..........	Même type..... ℞. idem.......	Drac..	56¼	..	69	Id. n°...2.
Id..........	Id..........	Même type dans un carre creux. ℞. Vase à deux anses........	3 Ob..	27	..	33	Id. n°...3.
Id..........	Id..........	Un Trépied.... ℞. Tête d'Apollon..........	Obole.	8½	..	10	Id. n°...7.

(Médailles d'or qui appartiennent à cette Drachme).

NOMS DES VILLES.	NOMS DES PAYS.	TYPES DES MÉDAILLES.	Modules.	Poids en Gr. Angl.	POIDS de France.		CABINETS.
					Gr.	Gra.	
Carthage....	Afrique.....	Cheval debout.. ℞. Tête de Cérès ou de Proserpine	3 Drac.	167½	2	60	H. n°... 1.
Id.........	Id.........	Même type et 3 points ⁝ .... ℞. idem........	Id....	146½	2	34¼	Id. n°...2.
Id...ç......	Id.........	Même type.... ℞. idem........	Id....	....	2	33	D. n°...2.
Id.........	Id.........	Même type et 2 points .. .... ℞. idem.......	2 Drac.	114¼	1	66	H. n°...4.
Id.........	Id.........	Cheval regardant devant lui ℞. Tête d'Apollon.........	Drac..	....	..	61	D. n°...5.
Id.........	Id..ÿ......	Cheval tournant la tête....... ℞. Tête de Cérès.	3 Ob...	24½	..	29½	H. n°...6.
Id.........	Id.........	Même type.... ℞. idem....	2 Ob..	....	..	23	D. n°...3.
Id.........	Id.........	Tête de Cheval. ℞. un Palmier..	¼ Drac.	....	..	16½	Id. n°...4.
Id.........	Id.........	Même type.... ℞. Cheval près d'un Palmier..	Id....	13	..	16	H. n°...8.
Lipari.......	Isle.........	Un Trident.... ℞. Tête d'Apollon.........	4 Drac.	226	3	59½	Id. n°....1.
Panormus...	Sicile.......	La Chouette... ℞. Tête de Pallas..........	Obole.	8½	..	10	Id. n°...1.
Syracuse....	Id.........	Tête de Diane et une Lyre..... ℞. Tête d'Apollon et une Lyre	2 Drac.	100½	1	50½	H. n°....1.
Id.........	Id.........	Un Trépied.... ℞. Tête d'Apollon.........	Drac..	55¼	..	67½	Id. n°..10.
Id.........	Id.........	Même type.... ℞. idem......	Id....	....	..	66½	D. n°..22.
Id.........	Id.........	Une Lyre à cinq cordes....... ℞. idem.......	3 Ob..	28¼	..	34½	H. n°...11.
Id.........	Id.........	Même type.... ℞. idem......	Id....	....	..	34	D. n°..23.
Id.........	Id.........	Tête de Femme dans un carré creux....... ℞. Tête d'Hercule jeune.....	2 Ob..	....	..	22	Id. n°..24.
Tauromenium	Id.........	Un Trépied.... ℞. Tête d'Apollon.........	Id....	16¼	..	19½	H. n°...1.

(Médailles de Rois en argent, qui appartiennent à cette Drachme).

NOMS DES VILLES.	NOMS DES PAYS.	TYPES DES MÉDAILLES.	Modules.	Poids en Gr. Angl.	POIDS de France.		CABINETS.
					Gr.	Gra.	
Philippe II...	Macédoine...	Un Homme à Cheval....... ℞. Tête de Jupiter.........	Tétrad	....	3	55	D. n°..82.
Id.........	Id.........	Même type.... ℞. idem........	Id....	....	3	56	Id. n°..83.
Ptolémée So-ter........	Egypte......	Aigle sur un foudre......... ℞. Tête de Ptol. Soter.........	Id....	....	3	49	Id. n°. 143.
Arsinoé I....	Id.........	Deux Cornes d'abondance.. ℞. tête d'Arsinoé voilée.........	Drac.	....	..	69	Ib. n°. 147.
Ptolémée IX.	Id.........	Aigle sur un foudre......... ℞. Tête de Ptol. IX...........	Tétrad	....	3	50	Ib. n°. 154.
Ptolé. XIII..	Id.........	Même type..... ℞. Tête de Ptol. XIII.........	Id....	....	3	51	Ib. n°. 156.
Alexandre I..	Syrie.......	Aigle sur un gouvernail....... ℞. Tête d'Alexandre I.......	Id....	....	3	54	Ib. n°. 173.

NOMS DES ROIS.	NOMS DES PAYS.	TYPES DES MÉDAILLES.	Modules.	Poids en Gr. Angl.	POIDS de France.		CABINETS.
					Gr.	Gra.	
Antiochus VII.	Syrie........	Aigle sur un gouvernail........ ℞. Tête d'Antiochus VII.....	Tétrad	....	3	5o	D. n°. 179.
Id..........	Id..........	Même type...... ℞. Même tête..	Id....	....	3	49	Ibid......
Arsace XIII.	Parthes......	Figure assise, et une autre debout........ ℞. Tête d'Arsace XIII.........	Id....	....	3	56	Id.206,207
Id..........	Id..........	Même type..... ℞. Même tête..	Id....	....	3	5i	Id. n°.204.
Id........ ...	Id..........	Figure assise tenant une fleche ℞. Même tête..	Drac..	....	..	67	Id.213,216
Id..........	Id..........	Même type..... ℞. Même tête..	Id....	....	..	68	Id. n°.215.
Ars. XXVIII.	Id..........	Figure assise, et une autre debout........ ℞. Tête d'Ars. XXVIII......	Tétrad	....	3	53	Id. n°. 220.
Incertaine des Arsacides...	Id..........	Tête de profil avec la tiare.. Revers barbare.	Drac..	....	..	69	Id. n°.224.

N. B. Carthage, la plus célèbre et l'une des plus anciennes colonies de Tyr, avoit, comme on le voit, adopté dans ses monnoies, le poids de la Drachme Tyrienne. Les points ou globules que l'on observe sur quelques-unes de ces monnoies Carthaginoises, semblent destinés, de même que ceux des monnoies de cuivre de la république romaine, à en indiquer le poids. En effet, on voit ici que le Didrachme ou statère d'or est marqué de deux points, tandis qu'il y en a trois sur le Tridrachme. On voit aussi que c'est avec raison que l'historien Joseph, dit, que le Sicle hébraïque ou samaritain avoit le poids du *Nummus Tyrius* ou Tétradrachme de Tyr. Quant aux monnoies de Syracuse, on peut remarquer que toutes celles qui portent, au revers de la tête d'Apollon, le symbole de la Lyre ou du Trépied, viennent se ranger sous cette Drachme, avec celles du même type qui appartiennent à *Tauromenium*, Zacynthe, Chalcis et Colophon.

N°. V.

DRACHME D'ÉPHÈSE OU D'IONIE.

	Grains.		Grains.		Gros.
Obole	12.	¼ de Drachme	18.	Didrachme	2.
Diobole	24.	Tétrobole	48.	Tridrachme	3.
Triobole	36.	Drachme	72.	Tétradrachme	4.

La Drachme Éphésienne pèse 1 gros ou 72 grains, et vaut 16 sous. Son Talent contient 6857 petites Drachmes Attiques, plus $\frac{9}{63}$ ou $\frac{1}{7}$ de Drachme ; il pèse, poids romain, 71 liv. 5 onces 1 $\frac{1}{7}$ drachmes, et vaut, argent de France, 4800 liv. Elle donne toutes les divisions de la Drachme et tous ses multiples.

N. B. Ce Talent étoit égal à 24000 Sesterces ou à 6000 deniers de 84 à la livre romaine, c'est-à-dire, du poids de 72 grains. *Talentum inquo XXIV Sestertia sunt*, dit Sénèque, *Lib. X. Controvers.*

NOMS DES VILLES.	NOMS DES PAYS.	TYPES DES MÉDAILLES.	Modules	Poids en Gr. Angl.	POIDS de France.		CABINETS.
					Gr.	Gra.	
Aradus	Isle	Victoire tenant une palme / ℞. Tête de femme tourelée	4 Drac.	233¼	3	68	H. n°..11.
Id	Id	Même type / ℞. idem	Id..	....	3	66	D. n°..70.
Id	Id	Une Abeille / ℞. Cerf près d'un palmier	Drac..	57¼	..	70	H. n°..14.
Id	Id	Une proue de Navire / ℞. Tête de femme tourelée	3 Ob..	29¼	..	36	Id. n°..18.
Carthage	Afrique	Cheval près d'un palmier / ℞. Tête de Cérès.	2 Drac.	115	1	68	Id. n°..13.
Id	Id	Cheval sans le palmier / ℞. idem	3 Ob..	28½	..	35	Id. n°..16.
Caryste	Eubée	Vache allaitant son veau / ℞. Un Coq	2 Drac.	116¾	1	70	Id. n°...1.
Cauloniens (les)	Italie	Deux Figures, dont une debout / ℞. Incuse	Id..	....	1	70	D. n°..88.
Id	Id	Figure nue debout / ℞. Un Daim devant une branche d'arbre	Id..	....	1	54	Id. n°..89.
Id	Id	Même type / ℞. idem	4 Ob..	....	..	45	Id. n°..90.
Chalcis	Enbée	Aigle tenant un Serpent / ℞. Tête de Femme	Drac..	58	..	71	H. n°...2.
Crotone	Italie	Un Trépied et divers symboles / ℞. Incuse	2 Drac.	....	1	70	D. n°. 103.
Id	Id	Hercule enfant, étouffant deux Serpens / ℞. Tête d'Apollon	Id..	....	1	67	Id. n°. 105.
Cumes	Id	Une Coquille de moule / ℞. Tête de Femme	Id..	118½	2	....	H. n°...5.
Cyzique	Mysie	Une tête de Lion . ℞. Tête de Diane	4 Drac.	230½	3	65	Id. n ...1.
Dornacus	Gaule	Cavalier courant . ℞. Tête casquée.	3 Ob..	29¾	..	36	Id. n°...1.
Dyrrhachium	Illyrie	Vache allaitant son veau / ℞. Jardins d'Alcinoüs	3 Drac.	171½	2	65	Id. n°...3.

NOMS DES VILLES.	NOMS DES PAYS.	TYPES DES MÉDAILLES.	Modules.	Poids en Gr. Angl.	POIDS de France.		CABINETS.
					Gr.	Gra.	
Dyrrhachium	Illyrie......	Vache allaitant son veau...... ℞. Jardins d'Alcinoüs........	Drac..	$54\frac{3}{4}$	..	67	H. n°...13.
Id..........	Id......	Même type..... ℞. idem.......	4 Ob..	$37\frac{1}{2}$	..	46	Id. n°..30.
Id..........	Id.........	Même type.... ℞. Un Bœuf à mi-corps......	2 Ob...	....	..	24	Id. n°.110.
Ephese......	Ionie.......	Une Abeille.... ℞. Hercule enfant, étouffant deux Serpens..	3 Drac.	$172\frac{3}{4}$	2	$66\frac{1}{2}$	H. n°....1.
Id.........	Id......	Même type.... ℞. Un Cerf près d'un Palmier..	Drac..	....	..	72	D. n°. 114.
Id.........	Id.........	Même type.... ℞. Cerf à mi-corps près d'un Palmier......	4 Drac.	$234\frac{1}{4}$	3	70	H. n°...6.
Id..........	Id......	ΔΡΑΓΜΗ ΕΦΕ... Un Trépied au revers de la tête de Néron.....	Drac..	....	..	63	D.n°. 1291
Épirotes (les)	Epire.......	Aigle tenant un foudre dans une couronne de chêne........ ℞. Tête de Jupiter.........	2 Drac.	....	2	...	Id. n°.117.
Isétie........	Eubée.......	Bœuf près d'un Cep de vigne.. ℞. Tête de Femme ornée de pampres......	Drac..	$54\frac{1}{4}$	..	66	H. n°...15.
Id..........	Id.........	Femme assise sur une proue de Navire.... ℞. Même tête..	4 Ob..	37	..	45	Id. n°...6.
Lacédémone..	Laconie....	Hercule se reposant......... ℞. Tête casquée.	4 Drac.	$229\frac{2}{4}$	3	64	Id. n°...1.
Id..........	Id.........	Vase à 2 anses entre les bonnets des Dioscures........ ℞. Tête d'Hercule.........	4 Ob..	38	..	$46\frac{1}{2}$	Id. n°...4.
Id..........	Id....	Même type...... ℞. idem.......	Id.....	....	..	44	D. n°. 132.
Leuca.......	Italie.......	Chouette sur une branche de laurier......... ℞. Tête de Femme.........	Drac..	57	..	$69\frac{1}{2}$	H. n°. ..1.
Lymira......	Lycie.......	Lyre dans un carré creux... ℞. Tête d'Apollon.........	4 Ob..	$36\frac{3}{4}$	..	45	Id. n°...1.
Locriens (les)	Italie.......	Un Aigle...... ℞. Tête de Jupiter.........	2 Drac.	114	1	67	Id. n°...2.
Locris......	Locride.....	Pégase volant.. ℞. Tête de Minerve.......	Id.....	114	1	67	Id. n°...2.
Maronée.....	Thrace......	Bacchus debout tenant une grappe de raisin........... ℞. Tête de Bacchus.........	4 Drac.	$235\frac{3}{4}$	3	$71\frac{1}{2}$	Id. n°...8.
Id..........	Id.........	Cheval au galop. ℞. Cep de vigne dans un carré creux......	3 Drac.	167	2	59	Id. n°..20.
Id..........	Id.........	Cheval à mi-corps........ ℞. Tête de Bélier dans un carré creux........	Drac..	$56\frac{1}{4}$	..	69	Id. n°..21.

NOMS DES VILLES.	NOMS DES PAYS.	TYPES DES MÉDAILLES.	Modules.	Poids en Gr. Angl.	POIDS de France. Gr.	POIDS de France. Gra.	CABINETS.
Marseille....	Gaule.......	Lion passant.... R. Tête de Dian[e]	Drac..	59	.	72	H. n°..34.
Id..........	Id..........	Même type..... R. idem.	4 Ob.	37¼	..	45½	Id. n°..43.
Id..........	Id..........	Même type.... R. id. de fabrique barbare.....	3 Ob...	27¼	..	33	Id. n°..44.
Myrina......	Æolie.......	Figure debout; dans une couronne....... R. Tête d'Apollon..........	4 Drac.	235¼	3	71	Id. n°...1.
Naples......	Italie.......	Minotaure couronné par la Victoire...... R. Tête de Femme..........	2 Drac.	116 2/4	1	70	Id. n°...2.
Id.........	Id.........	Même type.... R. idem.......	Id....	....	1	67	D. n°. 159.
Id..........	Id..........	Même type..... R. idem.......	Id....	51¾	..	63	H. n°..32.
Neapolis....	Macédoine...	Masque tirant la langue....... R. le carré creux.	Obole.	9½	..	11½	Id. n°...3.
Id.........	Id..........	Même type.... R. Tête Casquée.	¼ Drac.	14¾	..	18	Id. n°..10.
Id..........	Id..........	Même type.... R. Même tête dans un carré..	2 Ob..	19¾	..	24	Id. n°...9.
Id..........	Id..........	Même type.... R. Tête de Femme avec le diadème........	3 Ob..	29¾	..	36	Id. n°...7.
Id.........	Id.........	Même type..... R. idem...... ..	Id....	....	..	34	D. n°. 160.
Olus........	Crète.......	Jupiter assis.... R. Tête de Diane.	3 Drac.	173½	2	68	H. n°...1.
Paros.......	Isle.........	Femme assise sur un Ciste... R. Tête couronnée de lierre..	4 Drac.	233¼	3	69	Id. n°...1.
Phalasarne(1)	Crète.......	Un Trident.... R. Tête de Femme..........	3 Drac	170¾	2	64	Id. n°...1.
Id..........	Id..........	Même type..... R. idem.......	Drac. ½	85½	1	32	Id. n°...2.
Id.........	Id.	Même type.... R. idem.......	4 Ob..	39½	..	48	Id. n°...4.
Phaselis.....	Lycie.......	L'Avant-corps d'un Sanglier.. R. Navire dans un carré creux.	3 Drac.	170½	2	63½	Id. n°...2.
Id..........	Id..........	Lyre, dans un carré creux.... R. Tête d'Apollon..........	4 Ob..	39½	..	48	Id. n°...7.
Posidonie ou Pæstum....	Italie.......	Neptune agitant son trident.... R. Incuse.......	2 Drac.	116 2/4	1	70	Id. n°...2
Id..........	Id..........	Même type...... R. idem.......	Id....	....	1	69	D. n°. 173.
Id..........	Id..........	Même type..... R. idem.......	Drac.	45½	..	55½	H. n°...3.
Id..........	Id..........	Même type.... R. Un Taureau passant.	2 Ob...	19¼	..	23½	Id. n°...8.
Id..........	Id..........	Même type..... R. Le même que dans la partie opposée......	Obole.	9¼	..	11½	Id. n°...9.
Id..........	Id..........	Un Dauphin et un grain d'orge. R. Tête jeune, vue de face...	Id....	....	..	10	D. n°.174.
Rhodes......	Isle...	Fleur de grenade R. Tête d'Apollon non radiée.	2 Ob..	19¼	..	24	H. n°..24.
Id..........	Id..........	Idem, dans un carré creux.... R. Id. de profil.	3 Ob..	....	..	36	D. n°. 184.
Id..........	Id..........	Idem, sans carré creux........ R. idem.......	Id....	29¼	..	35½	H. n°..28.
Id..........	Id..........	Même type...... R. Id. radiée....	4 Ob.	36¼	..	44	Id. n°..46.

(1) Ces trois Médailles paroissent devoir appartenir à la Drachme de Rhegium, ci après n°. XII.

NOMS DES VILLES.	NOMS DES PAYS.	TYPES DES MÉDAILLES.	Modules.	Poids en Gr. Angl.	POIDS de France. Gr.	Gra.	CABINETS.
Rome.......	Italie.......	Tête de Cheval, et un épi d'orge ℞. Tête de Mars.	2 Drac.	110¼	1	63	H. n°. ...2.
Id..........	Id..........	Louve, Rémus et Romulus... ℞. Tête d'Hercule.........	Id...	113	1	66	Id. n°...6.
Denier Rom..	ROMA.....	Tête Casquée. X. ℞. Jupiter dans un quadrige...	Drac..		..	68	D. n°. 396.
Quinaire id..	Id..........	Tête de Rome casquée. V... ℞. Castor et Pollux à cheval...	½ Drac.		..	36	Id. n°.398.
Sesterce id...	Id........	Même tête. IIS.. ℞. idem.........	¼ Drac.		..	18	Id. n°.400.
Denier id....	Id..........	Même tête. X.. ℞. Victoire dans un bige......	Drac..		..	71	Id. n°.391.
Id..........	Fam^lle. *Cordia*.	Têtes de l'Honneur et de la Valeur...... (frappée sous Sylla.)......	Id....	(Dans la Suite des Consulaires.)	..	72	Id. n°.184.
Id..........	—— *Claudia*.	Un Croissant entre cinq étoiles. (— sous Jules-César)......	Id....		..	72	Id. n°.177.
Id..........	—— *Julia*....	Têtes de Jules-César et Marc-Antoine...... (Même époque)	Id....		..	72	Id. n°.219.
Id..........	—— *Servia*..	Tête nue...... ℞. Castor et Pollux debout (id.)	Id....		..	72	Id. n°.318.
Id..........	—— *Cassia*..	Tête de la Liberté........ ℞. Instrumens pontificaux(id.)	Id....		..	72	Id. n°.177.
Id..........	....	Cippe chargé d'une inscription........ (Sous Auguste)	Id....	(Impérial).	..	72	Id. n°1241. Id. n°1242.
Id.........	....	Figure assise, tenant une fleur et une haste... (Même époque)	Id....		..	72	Id. n°1251
Samos.......	Isle.........	Un Mufle de Lion........ ℞. Taureau à mi-corps.....	3 Drac.	230	3	64	H. n°...1.
Santones	Gaule.......	Cheval au galop.. ℞. Tête casquée.	3 Ob...	29¼	..	35½	Id. n°...3.
Séleucie.....	Syrie........	Foudre sur un Autel dans une couronne..... ℞. Tête tourelée.	4 Drac.	228¼	3	62½	Id. n°...5.
Id..........	Id..........	Même type...... ℞. Même tête..	Id....	...	3	62	D n°. 188.
'd..........	Id..........	Victoire passant. ℞. Même tête...	3 Ob...	27½	..	33½	H. n°...7.
Side	Pamphylie...	Une Pomme de grenade ...... ℞. Tête de Minerve ou d'Apollon, dans un carré creux.	3 Drac.	172¼	2	66	Id. n°...2.
Id..........	Id.	Même type.... ℞. le seul carré creux........	½ Ob...	4¾	..	6	Id. n°...5.
Id..........	Id.........	Victoire passant et une grenade. ℞. Tête de Minerve........	4 Drac.	233	3	68	Id. n°..14.
Id..........	Id.........	Même type..... ℞. Même tête...	Drac..	52¼	..	63½	Id. n°..29.
Siphnus.....	Isle.........	Oiseau éployé, dans un carré creux........ ℞. Tête de femme	Id....	58	..	71	Id. n°...2.
Tenedos.....	Isle.........	La double hache ℞. Double Tête, l'une barbue et l'autre jeune..	4 Drac.	228½	3	62¾	Id. n°...1.

NOMS DES VILLES.	NOMS DES PAYS.	TYPES DES MÉDAILLES.	Modules.	Poids en Gr. Angl.	POIDS de France.		CABINETS.
					Gr.	Gra.	
Tenedos....	Isle.........	Double Hache, dans une cou-ronne de laurier ℞. Double Téte, l'une barbue, l'autre jeune ou Hermathènes..	Drac..	$51\frac{1}{4}$	..	$62\frac{1}{2}$	H. n°. ...?.
Teos........	Ionie	Griffon éployé.. ℞. le carré creux.	4 Drac.	$234\frac{1}{2}$	3	$69\frac{1}{2}$	Id. n°. ...3.
Id.........	Id.........	Même type..... ℞. idem.......	Drac..	$53\frac{1}{2}$	..	65	Id. n°...4.
Id.........	Id.........	Même type...... ℞. idem.......	2 Ob..	19	..	$23\frac{1}{2}$	Id. n°. ..8.
Id.........	Id.........	Même type..... ℞. idem.......	Obole.	$8\frac{1}{4}$	..	10	Id. n°. ..9.
Thasus......	Isle.........	Hercule un ge-nou en terre et tendant son arc ℞. Téte de Bac-chus barbue...	4 Drac.	....	3	66	D. n°. 220.
Id.........	Id.........	Même type dans un carré creux ℞. idem........	Drac..	....	..	69	Id. n°. 221.
Id.........	Id.........	Même type sans le carré creux.. ℞. idem.......	Id.....	$57\frac{1}{4}$	..	$69\frac{1}{2}$	H. n°. .15.
Vria........	Italie.......	Le Minotaure.. ℞. Téte de Fem-me vue de face.	2 Drac.	$113\frac{3}{4}$	1	$66\frac{1}{2}$	Id. n°...1.
Id.........	Id.........	Même type..... ℞. idem.... ...	Id.....	$116\frac{1}{4}$	1	$69\frac{1}{2}$	Id. n°..15.
Incertaine, avec des carac-teres inconnus...........		Téte de Bélier.. ℞. Bélier se re-posant........	3 Drac.	....	2	65	D. n°. 238.
Autre crue d'*Aradus*.......		Téte de Femme à cheveux bou-clés, dans un carré creux... ℞. Téte de Mi-nerve.........	Id.....		2	62	Id. n°.240.
Méd. d'or, crue d'Annibal, avec légende inconnue....	Taureau bais-sant la téte....	℞. Téte barbue, ceinte d'un dia-déme, avec che-veux bouclés..	.. ....Didr		1	65	Médaille de Rois. D. n°. .79.

(Médailles de Rois en argent, qui appartiennent à cette Drachme).

NOMS DES VILLES.	NOMS DES PAYS.	TYPES DES MÉDAILLES.	Modules.	Poids en Gr. Angl.	POIDS de France.		CABINETS.
					Gr.	Gra.	
Arsinoé I....	Egypte.......	Deux Cornes d'abondance.. ℞. Téte d'Arsinoé voilée........	Drac..	....	..	71	D. n°. 148.
Ptolémée VIII.	Id..........	Aigle sur un fou-dre......... ℞. Téte de Ptolé-mée VIII.....	Tridr.	....	3	...	Id. n°.153.
Philippe.....	Syrie.......	Jupiter assis... ℞. Téte de Phi-lippe Epiphanes	Tétrad	....	3	66	Id. n°.188.
Tigranes	Arménie.....	Femme à tête tourelée...... ℞. Téte de Ti-granes........	Id.....	....	4	...	Id. n°.192.
Arsace VII...	Parthes......	Figure assise te-nant un arc.... ℞. Téte d'Arsace VII..........	Drac..	....	..	72	Id. n°.199.
Arsace IX....	Id..........	Même type.... ℞. Téte d'Arsace IX	Id.....	....	..	70	Id. n°.200.
Arsace XIII...	Id..........	Figure assise te-nant une flèche ℞. Téte d'Arsace XIII.........	Id.....	....	..	72	id.209, 210
Id.........	Id..........	Même type..... ℞. idem.......	Id.....	....	..	71	Id. n°. 212.
Mausole.....	Carie	Jupiter Labra-déen debout... ℞. Téte d'Apol-lon vue de face.	Id.....	....	..	68	Id. n°. 229.
Idrieus......	Id..........	Même type..... ℞. idem.......	Tridr.	....	2	68	Id. n°. 240.
Id.........	Id..........	Même type..... ℞. idem.......	Drac.	....	..	68	Id. n°. 241.

T

NOMS DES ROIS.	NOMS DES PAYS.	TYPES DES MÉDAILLES.	Modules.	Poids en Gr. Angl.	POIDS de France.		CABINETS.
					Gr	Gra.	
Pixodare	Carie	Jupiter Labra-déen debout .. ℞. Tête d'Apollon, vue de face.	Didra.	....	1	57	D. n°. 242.
Id............	Id..........	Même type..... ℞. idem........	Drac..	....	..	71	Id. n° 243.
Mithridate vi.	Pont........	Cerf paissant, dans une couronne........ ℞. Tête de Mithridate......	Tétrad	....	3	63	Id. n°. 248.

N. B. On peut regarder comme appartenantes à cette Drachme, les monnoies de Colophon, de Téos, d'Erythres et de Milet, que la foiblesse de leur poids m'a fait rapporter à la Drachme du n°. IV qui précède. Il y a lieu de croire que si les médailles de ces quatre villes d'Ionie, de même que quelques unes de celles des Locriens, placées sous la Drachme de Tyr, eussent été mieux conservées, elles auroient présenté le poids de la *Drachme Ephésienne*, qui est aussi celui du *Denier romain*, sous les premiers Empereurs. Cette Drachme d'Ionie répond au *gros* de notre poids de marc, et tient, pour ainsi dire, le milieu entre les petites Drachmes du Péloponnèse et les grandes Drachmes Attiques; aussi son Talent étoit-il regardé par les Romains, comme équivalent à une somme de 24 mille Sesterces, ou de 240 *auréus*, quoiqu'ils n'ignorassent pas que cette évaluation ne pouvoit convenir aux Talens composés de Drachmes plus fortes ou plus foibles que celle dont nous parlons.

N°. V I.

DRACHME DE CRÉTE OU DE CHIO.

	Grains.		Gros. Grains.		Gros. Grains.
Obole.............	12 ½	¼ de Drachme.......	18 ¾	Didrachme..... 2. ...	6.
Diobole...........	25.	Tétrobole...........	50.	Tridrachme.... 3. ...	9.
Triobole..........	37 ½	Drachme....... 1..	3.	Tétradrachme . 4. ...	12.

La Drachme Crétoise pèse 1 gros 3 grains, et vaut 16 sous 8 den. Son Talent contient 7142 petites Drachmes Attiques plus $\frac{54}{63}$ ou $\frac{6}{7}$; il pèse, poids Romain, 74 liv. 4 onces 6 $\frac{6}{7}$ drac. et vaut, argent de France, 5000 liv. Elle donne toutes les divisions de la Drachme et tous ses multiples.

NOMS DES VIILLES	NOMS DES PAYS.	TYPES DES MÉDAILLES.		Modules.	Poids en Gr. Angl.	POIDS de France.		CABINETS.
						Gr.	Gra.	
Aenos........	Thrace.......	Un Bouc......	℞. Tête de Mercure.........	4 Drac.	243 ½	4	9	H. u°....1.
Id...........	Id...........	Même type.....	℞. idem.......	Drac.	59	1	...	Id. n°....5.
Apollonie...	Illyrie.......	Trois Femmes dansant autour d'un feu......	℞. Tête d'Apollon..........	6 Drac.	366 ½	6	15	Id. n°....1.
Id...........	Id...........	Même type.....	℞. idem.......	Drac.	58	..	71	Id. n°.. 2.
Id...........	Id...........	Même type......	℞. idem.......	Id....	54 ¾	..	57	Id. n°...3.
Id...........	Id...........	Même type......	℞. idem........	Id....	....	..	58	D. n°. .70.
Apollonie....	Créte........	Un Trépied....	℞. Tête d'Apollon..........	3 Drac.	177 ½	3	...	H. n°....1.
Aptère......	Créte........	Un Guerrier debout........	℞. Tête de Femme..........	Id.....	177 ½	3	...	Id. n°....1.
Id...........	Id...........	Même type......	℞. idem.......	4 Ob..	41 ½	..	51	Id. n°. ...3.
Athènes.....	Attique.....	Chouette sur la *Diota*, daus une couronne.....	℞. Tête de Minerve........	4 Drac.	....	4	12	D. n°. .81.
Id...........	Id...........	Même type....	℞. idem.......	Id.....	....	4	7	Id. ibid...
Id...........	Id...........	Même type.....	℞. idem........	Id.....	242 ¾	4	8	H. n°. 105.
Id...........	Id...........	Chouette dans un carré creux.	℞. idem.......	Drac..	59 ½	..	72 ½	Id. n°. 121.
Id...........	Id...........	Quatre Croissants........	℞. idem.......	Obole.	9 ½	..	12	Id. n°. 140.
Bisaltia.....	Macédoine...	Guerrier nu, debout, pres d'un cheval.......	℞. le carré creux.	Drac..	58 ¼	..	71 ½	Id. n°....2.
Cauloniens.. (les)	Italie.......	Figure nue, debout........	℞. Incuse......	2 Drac.	122 ¾	2	5	Id. 1, et 2.
Cephalœdium	Créte........	Figure nue, assise.........	℞. Tête de Femme.........	Drac..	....	..	70	D. n°. .91.
Id...........	Id...........	Même type.....	℞. idem.......	3 Ob..	29	..	35 ⅔	Ii. n°...2.
Chersonesus..	Id...........	Apollon assis, tenant sa lyre..	℞. Tête de Femme.........	2 Drac	174 ½	1	50	Id. n°. .1.
Chio........	Isle.........	Le Sphinx et la *Diota*........	℞. le carré creux.	2 Drac.	120 ½	2	3	Id. n°. .1.

NOMS DES VILLES.	NOMS DES PAYS.	TYPES DES MÉDAILLES.	Modules.	Poids en Gr. Angl.	POIDS de France. Gr.	Gra.	CABINETS.
Chio........	Isle.........	Le Sphinx....} R. la *Diota*, dans une couronne..	Drac..	....	1	1	D. n°. .97.
Cnossus.....	Crète.......	Le Labyrinthe.} R. Tête de Femme.........	3 Drac	$175\frac14$	2	$69\frac12$	H. n°...2.
Id........	Id........	Même type.....R. idem.......	Drac.	$59\frac12$	..	$72\frac12$	Id. n°...7.
Corinthe.....	Achaïe......	Pégase volant..} R. Tête de Minerve........	2 Drac.	$121\frac12$	2	4	Id. n°...21.
Cos........	Isle........	Le Crabe et la Massue......} R. Tête d'Hercule.........	4 Ob.	$40\frac12$	..	49	Id. n°..11.
Cydon......	Crète	Chouette sur la *Diota*, dans une couronne...} R. Tête de Minerve........	4 Drac	$237\frac14$	4	2	Id. n°...1.
Id........	Id........	Figure nue, tendant un arc...} R. Tête de Femme.........	3 Drac.	.76	2	$70\frac12$	Id. n°...5.
Cyrène......	Cyrénaïque..	Le *Sylphium*....} R. Tête de Jupiter Ammon..	2 Drac.	$121\frac14$	2	4	Id. n°..26.
Id.........	Id.........	Même type avec un Serpent....} R. Même tête..	Id....	....	2	2	D. n°. 108.
Id.........	Id........	Tête ornée du diadême......} R. Tête tourelée.	4 Ob..	40	..	$48\frac12$	H. n°...38.
Eleutherne...	Crète.......	Figure nue, debout, tenant un arc.......} R. Tête de Femme.........	3 Drac.	$173\frac14$	2	68	Id. n°.. 1.
Gortyne.....	Crète.......	Femme nue, assise sur un arbre} R. Un Taureau.	Id........	....	3	5	D. n°.123.
Id.........	Id........	Même Femme, avec un Aigle éployé.......} R. idem.......	Id....	....	3	4	Id. n°. 125.
Id.........	Id...	La même sans l'Aigle......} R. idem (fabriq. très-ancienne).	Id....	....	3	2	Id. n°. 124.
Id.........	Id........	Même type.....R. Idem.......	Id....	$179\frac14$	3	$2\frac12$	H. n°...8.
Héraclée.....	Bithynie....	Tête de Femme avec la tiare..} R. Tête d'Hercule jeune.....	Id....	171	2	64	Id. n°...1.
Id.........	Id.........	La Massue et grappe de raisin} R. idem........	$\frac14$ Drac.	15	..	$18\frac12$	Id. n°...3.
Héraclée.....	Italie.......	Hercule et le Lion........} R. Tête de Minerve........	2 Drac.	$121\frac34$	2	$4\frac12$	Id. n°...4.
Id.........	Id.........	Même type.....R. idem........	Id.....	....	2	4	D. n°. 128.
Id.........	Id.........	Hercule debout.} R. Tête de Pallas vue de face	Id	....	1	71	Id. n°. 129.
Id.........	Id........	Hercule étouffant le Lion...} R. Tête de Minerve........	2 Ob..	$20\frac14$	..	25	H. n°..16.
Id. et Métaponte.....	Id.........	Un Epi d'orge..} R. Tête de femme.........	2 Drac.	$119\frac12$	2	2	Id. n°...1.
Héraclée.....	Macédoine...	Massue dans une couronne.....} R. Tête de Pallas...........	4 Drac.	246	4	12	Id. n°...1.
Hierapytna ..	Crète........	Un Palmier et une Chouette..} R. Tête tourelée.	2 Drac.	$116\frac34$	1	70	H. n°...2.
Istiée	Eubée.......	Femme assise sur une proue de navire........} R. Tête de Femme, ornée de pampres.......	6 Drac.	$365\frac34$	6	$13\frac12$	Id. n°...1.
Itanus	Crète.......	Aigle dans un carré creux....} R. Tête casquée.	3 Drac.	$180\frac14$	3	$3\frac12$	Id. n°...1.

NOMS DES VILLES.	NOMS DES PAYS.	TYPES DES MÉDAILLES.		Modules	poids en Gr. Angl.	POIDS de France.		CABINETS.
						Gr.	Gra.	
Lamia......	Thessalie....	Vase à anse....	℞. Tête couronnée de lierre	4 Ob..	$40\frac{3}{4}$	..	$49\frac{1}{2}$	H. n°...1.
Lyttus......	Crète........	Tête de Sanglier dans un carré creux.......	℞.Aigle volant..	3 Drac.	$181\frac{1}{4}$	3	$5\frac{1}{2}$	Id. n°...6.
Id..........	Id..........	Même type et le même carré creux.......	℞. idem........	Id.....	$175\frac{1}{4}$	2	70	Id. n°...1.
Osca.......	Espagne....	Les Vases pontificaux.......	℞. Tête barbue.	Drac..	$61\frac{1}{4}$	1	$2\frac{1}{2}$	Id. n°...1.
Pergame.....	Mysie.......	Serpent sortant d'un Ciste.... (*Cistophore*).	℞. Deux Serpens dans une couronne de lierre.	3 Drac.	173	2	67	Id. n°...6.
Id..........	Id..........	Tête de Bœuf, vue de face....	℞. Tête barbue.	Id....	$179\frac{1}{2}$	3	$2\frac{1}{2}$	Id. n°..13.
Id.........	Id..........	Therme de Minerve........	℞. Tête d'Hercule jeune....	2 Ob..	$20\frac{1}{2}$	..	25	Id. n°..12.
Phæstus.....	Crète........	Hercule qui combat l'Hydre de Lerne........	℞. Taureau passant..........	3 Drac.	....	3	6	D. n°. 169.
Id..........	Id..........	Même type....	℞. Taureau furieux, dans une couronne.....	Id.....	$183\frac{3}{4}$	3	8	H. n°...5.
Id..........	Id..........	Europe assise sur un tronc d'arbre entre des roseaux.......	℞. idem........	Id.....	181	3	$4\frac{1}{2}$	Id. n°...1.
Id..........	Id..........	Figure ailée, nue et debout, qui étend les bras.........	℞. Taureau courant.........	Id.....	$174\frac{1}{4}$	2	68	Id. n°...9.
Id..........	Id..........	Hercule debout, près d'un arbre.	℞. Taureau passant..........	Id.....	....	3	4	D. n°. 170.
Polyrhenium.	Id..........	Tête de Bœuf ornée de perles.	℞. Tête de Jupiter.........	Id.....	173	2	67	H. n°...1.
Id..........	Id..........	Figure nue debout........	℞.Tête de Diane.	3 Ob...	$30\frac{1}{2}$	..	37	Id. n°...4.
Posidonie....	Italie.......	Neptune agitant son trident....	℞. Taureau passant	2 Drac.	$120\frac{3}{4}$	2	3	Id. n°...6.
Id..........	Id..........	Un grain d'orge, une Coquille..	℞. Tête jeune, vue de face...	Obole.	$10\frac{1}{2}$	..	$12\frac{1}{2}$	Id. n°..10.
Rhodes......	Isle........	Fleur dans un carré creux....	℞. Tête d'Apollon radiée....	4 Drac.	$238\frac{1}{2}$	4	$2\frac{1}{2}$	Id. n°...2.
Id..........	Id..........	Même type sans le carré creux.	℞. Même tête non radiée....	4 Ob..	40	..	49	Id. n°..25.
Id..........	Id..........	Même type....	℞. Même tête, mais radiée...	2 Ob..	20	..	$24\frac{1}{2}$	Id. n°..55.
Rome.......	Italie.......	Tête casquée. X.	℞. Rome assise, prenant les Augures.........	Drac..	....	1	2	D. n°. 395.
Id..........	Id..........	Buste casqué. X.	℞.Figure accroupie, tenant un porc..........	Id.....	....	1	2	Id. n°. 402.

V

NOMS DES VILLES.	NOMS DES PAYS.	TYPES DES MÉDAILLES.	Modules.	Poids en Gr. Angl.	POIDS de France. Gr	ra	CABINETS.
Selge........	Pisidie......	Deux Lutteurs.. ℞. Jeune homme faisant mouvoir une fronde....	2 Drac.	122 1/4	2	5	H. n°...3.
Sybaris......	Italie........	Taureau tournant la tête... ℞. Le même, incuse au revers.	Id.....	123	2	6	Id. n°...2.
Id..........	Id..........	Même type...... ℞. idem........	Id.....	....	2	4	D. n°. 200.
Id..........	Id..........	Même type..... ℞. idem........	3 Ob..	29 2/4	..	36	H. n°...3.
Id..	Id..........	Même type.... ℞. idem........	2 Ob..	17 1/2	..	21	Id. n°...5.
Sybritium ...	Crète........	Bacchus sur une Panthere...... ℞. Mercure nu, se chaussant..	3 Drac.	174 1/4	2	59	Id. n°...1.
Syracuse	Sicile	Victoire dans un Quadrige..... ℞. Tête de Proserpine.......	Id.....	179 1/2	3	2 1/2	Id. n°..37.
Id..........	Id..........	Une Roue...... ℞. Tête de Femme..........	Obole.	9	..	11	Id. n°..84.
Tarente.....	Italie........	Fig. nue, portée par un Dauphin ℞. Enfant nu, à cheval........	2 Drac.	....	2	3	D. n°.213.
Id..........	Id..........	Même type.... ℞. Homme nu sur un cheval, conduit par la Victoire......	Id.....	....	2	3	Id. n°.214.
Id..........	Id..........	Même type... ℞. Un Cheval-marin........	Id.....	120	2	2	H. n°...5.
Id..........	Id..........	Même type. ... ℞. Cavalier tenant une Palme	Drac..	59 1/4	..	72	Id. n°..95.
Id..........	Id..........	Hercule étouffant un Lion.. ℞. Tête de Proserpine.......	2 Ob..	18 1/4	..	22	Id.108,109
Id..........	Id..........	Un Petoncle.... ℞. Tête jeune..	1/2 Ob..	5 1/4	..	6 1/2	Id. n°.121.
Id..........	Id..........	Même type..... ℞. la lettre T et 3 points. (ⲧ)..	1/4 Ob..	2 3/4	..	3 1/4	Id.122,123
Terina......	Italie	Victoire assise.. ℞. Tête de Femme..........	2 Drac.	121 1/2	2	4	Id. n°...1.
Id..........	Id..........	Même type..... ℞. idem........	Id. ...	....	1	71	D. n°.219.
Id..........	Id..........	Même type..... ℞. idem.......	2 Ob..	18 1/4	..	22	H. n°..10.
Id..........	Id..........	Même type..... ℞. idem........	4 Ob..	34 1/2	..	41 1/2	Id. n°..21.
Thasus......	Isle........	Hercule debout. ℞. Tête de Bacchus........	4 Drac.	239 1/2	4	4	Id. n°..10.
Thurium....	Italie	Taureau furieux ℞. Tête de Pallas..........	Id.....	243 1/4	4	8 1/2	Id. n°...1.
Id..........	Id..........	Même type..... ℞. idem.......	Id.. ..	245 1/2	4	11	Id. n°...8.
Id..........	Id..........	Même type..... ℞. idem.......	Id.....	....	4	1	D. n°. 230.
Id..........	Id..........	Même type..... ℞. idem.......	2 Drac	....	2	4	Id. n°. 231.
Id..........	Id..........	Même type..... ℞. idem.......	Id.....	121 1/4	2	4	H. n°..13.
Id..........	Id..........	Taureau furieux couronné par la Victoire...... ℞. idem.......	2 Ob..	20 1/4	..	24 1/2	Id. n°..71.
Id..........	Id...	Taureau furieux ℞. idem.......	1/4 Drac.	15	..	18 1/2	Id. n°. .63.
Valentia.....	Id..........	Corne d'abondance ℞. Tête de Femme..........	Drac..	60 1/2	1	1 1/2	Id. n°...1.
Velia	Id..........	Lion passant.... ℞. idem.......	2 Drac.	119 3/4	2	2	Id. n°...2.
Id..........	Id..........	Même type..... ℞. Tête de Pallas..........	Id.....	....	1	71	D. n°. 236.
Id..........	Id..........	Une Chouette... ℞. Même tête..	Drac..	61 1/4	1	2 1/2	H.n°.70,72

NOMS DES VILLES.	NOMS DES PAYS.	TYPES DES MÉDAILLES.	Modules.	Poids en Gr. Angl.	POIDS de France.		CABINETS.
					Gr.	Gra.	
Velia.......	Italie.......	chouette éployée ℞. Tête de Proserpine.......	¼ Drac.	16¼	.	19¾	H. n°..73.
Verulamium.	Grande-Bretagne......	VER..........Cavalier au galop..........	Id.....	16½	..	20	Id. n°...1.
Zacynthe....	Isle........	Trépied dans un carré creux.... ℞. Vase à deux anses........	Obole.	10	..	12½	Id. n°...4.

(Médailles d'or de Rois , qui appartiennent à cette Drachme).

NOMS DES VILLES.	NOMS DES PAYS.	TYPES DES MÉDAILLES.	Modules.	Poids en Gr. Angl.	POIDS de France.		CABINETS.
					Gr.	Gra.	
Eupator.....	Bosph. Cim..	Tête d'Eupator, au revers de celle d'Antonin Pie..............	Didr...	....	2	...	D. n°..62.
Sauromate III	Id..........	Tête de Sauromate........ ℞. Têtes de Septime Sévère et de Caracalla..	Id....	....	2	2	Id. n°..63.

(Médailles de Rois en argent, qui appartiennent à cette Drachme).

NOMS DES VILLES.	NOMS DES PAYS.	TYPES DES MÉDAILLES.	Modules.	Poids en Gr. Angl.	POIDS de France.		CABINETS.
					Gr.	Gra.	
Alexandre II.	Syrie........	Deux Cornes d'abondance.. ℞. Tête d'Alexandre II.....	Drac..	....	1	2	D. n°.181.
Antiochus VIII	Id..........	Apollon nu, assis, etc....... ℞. Tête d'Antiochus VIII....	Id.....	....	1	2	Id. n°.182.
Antiochus VIII et Cléopâtre.		Jupiter assis.... ℞. Têtes accolées d'Antiochus et de Cléopâtre..	Tétrad	....	4	10	Id. n°.185.
Philippe.....	Id..........	Même type.... ℞. Tête de Philippe Epiphanes	Id.....	....	4	4	Id.n°. 188.
Tigrane.....	Arménie.....	Femme à tête tourelée...... ℞. Tête de Tigrane.........	Id.....	....	4	7	Id. n°.192.
Arsace II....	Parthes......	Figure assise tenant un arc... ℞. Tête d'Arsace II..........	Drac..	....	1	3	Id. n°.197.
Arsace VI...	Id..........	Même type..... ℞. Tête d'Arsace VI..........	Id.....	....	1	3	Id. n°.198.
Arsace IX...	Id..........	Même type..... ℞. Tête d'Arsace IX..........	Id.....	....	1	1	Id. n°.201.
Arsace XI...	Id..........	Même type.... ℞. Tête d'Arsace XI..........	Id.....	....	1	1	Id. n°.202.
Arsace XIII.	Id..........	Figure assise, et une autre debout......... ℞. Tête d'Arsace XIII........	Tétrad	....	4	5	Id. n°.208.
Id..........	Id..........	Figure assise tenant une flèche ℞. Même tête...	Drac..	....	1	3	Id. n°.211.
Id..........	Id..........	Même type...... ℞. Même tête...	Id.....	....	1	1	Id. n°.214

N. B. Les monnoies d'Athènes qui appartiennent à cette Drachme sont toutes antérieures au beau siècle de Périclès, ainsi que celles de la même ville, que l'on a vues sous les Drachmes des n°s. II et IV. Ces monnoies d'ancienne fabrique sont d'un travail plus grossier que la plupart des monnoies Attiques appartenantes aux trois Drachmes des numéros suivans. Dans celles-ci la tête de Minerve présente sur son casque, le griffon, le panache et les autres accessoires qui décoroient celui de la Minerve de Phidias (1). Cette même rudesse de travail qu'on observe sur les premières monnoies d'Athènes, se fait aussi remarquer sur les plus anciennes de l'île de Crète, entr'autres sur celles de Gortyne, dont le type est relatif à l'enlèvement d'Europe par *Taurus*, et selon la fable, par Jupiter, sous la forme d'un taureau. Europe arriva dans l'île par l'embouchure du fleuve Léthé qui passoit à Gortyne. Les Grecs voyant sur cette rivière des platanes toujours verds, publièrent que ce fut sous un de ces arbres que se passèrent les premières amours de Jupiter avec Europe. Aussi voit-on sur ces médailles, Europe, l'Aigle et le platane représentés avec plus ou moins de finesse et de correction dans le dessein, suivant l'époque plus récente ou plus reculée de la fabrication de la médaille.

(1) Cette Statue, placée dans la Citadelle d'Athènes, étoit de grandeur colossale, comme le Jupiter d'Olympie, la Junon d'Argos, l'Apollon d'Amycles, et la plupart des grandes Divinités de la Grèce. « *Audaciæ innumera sunt exempla*, dit Pline à ce sujet, *moles quippe excogitatas videmus statuarum, quas* « *Colosseas vocant, turribus pares.* » Lib. XXXIV, c. 7. Outre le Colosse de Rhodes, statue de bronze du Soleil de 70 coudées de hauteur, il cite en cet endroit l'Apollon du Capitole, haut de 30 coudées, et que Lucullus y avoit fait transporter d'Apollonie de Pont ; le Jupiter de Tarente, ouvrage de Lysippe, de 40 coudées de hauteur, &c. Quant aux 26 coudées ou 39 pieds géométriques que l'Histoire donne à la Minerve de Phidias, ils répondent à 33 pieds 4 pouces de notre pied de roi. Enfin, le Jupiter Olympien du même Phidias avoit, quoiqu'assis, 54 pieds grecs olympiques, qui font 51 pieds 3 pouces 7 lignes de France. M de Pauw, dans ses *Recherches philosophiques sur les Grecs* (Part. III, sect. VII, §. 5.) présente des réflexions très-judicieuses sur l'art avec lequel les Statuaires employoient l'or et l'ivoire à la décoration extérieure de ces Colosses.

N°. VII.

DRACHME ATTIQUE.

	Grains.		Gros. Grains.		Gros.	Graine.
Obole	13.	¼ de Drachme	19½	Didrachme	2.	12.
Diobole	26.	Tétrobole	52.	Tridrachme	3.	18.
Triobole	39.	Drachme	1 .. 6.	Tétradrachme	4.	24.

Cette moyenne Drachme Attique, pèse 1 gros 6 grains, et vaut 17 sous 4 den. Son Talent contient 7428 petites Drachmes Attiques plus $\frac{16}{63}$ ou $\frac{4}{7}$ de drachme; il pèse, poids romain, 77 liv. 4 onces 4 $\frac{4}{7}$ drac. et vaut, argent de France, 5200 liv. Elle donne toutes les divisions de la Drachme et tous ses multiples.

NOMS DES VILLES.	NOMS DES PAYS.	TYPES DES MÉDAILLES.	Modules	Poids. en Gr Angl.	POIDS de France.		CABINETS.
					Gr.	Gra.	
Abyde	Troade	Aigle éployé, dans une couronne {℞. Tête de Diane	4 Drac.	....	4	14	D. n°. .56.
Id	Id	Même type..... ℞. Même tête...	Id....	253½	4	21	H. n°. ..1.
Id	Id	Un Aigle sans la couronne {℞. Tête d'Apollon	4 Ob..	38¼	..	47	Id. n°...2.
Ætoliens (les)	Ætolie	Un Sanglier.... {℞. Tête de Mercure	Id....	38¼	..	47	Id. n°...5.
Alexandrie	Troade	Diane debout, tenant un arc.. {℞. Tête d'Apollon	4 Drac.	....	4	18	D. n°. .66.
Athènes	Attique	Chouette sur la *Diota*, dans une couronne {℞. Tête de Minerve	Id....	....	4	24	Id. n°..81.
Id	Id	Même type..... ℞. Même tête...	Id....	256¼	4	24	H. n°...31.
Id	Id	Même type..... ℞. Même tête...	Id....	254¼	4	22	Id. n°..19.
Id	Id	Chouette dans un carré creux. {℞. Même tête...	Drac..	....	1	4	D. n°. .76.
Id	Id	Deux Chouettes.. ℞. Même tête..	4 Ob..	41½	..	51	H. n°..126.
Id	Id	Tête avec diadême, dans un carré creux... {℞. Même tête...	3 Ob..	32	..	39	Id. n°.152.
Id	Id	Chouette vue de face, entourée d'une branche d'olivier... {℞. Même tête...	Id....	....	..	39	D. n°..78.
Id	Id	Chouette dans un carré creux. {℞. Même tête...	Obole.	....	..	13	Id. n°..79.
Id	Id	chouette éployée vue de face.... {℞. Même tête...	¼ Drac.	15	..	18	H. n°..134.
Carthage	Afrique	Cheval près d'un palmier {℞. Tête de Cérès	4 Drac.	253½	4	21	H. n°...9.
Chalcis	Eubée	Femme dans un quadrige, dans une couronne.. {℞. Tête de Femme, voilée....	Id....	....	4	22	D. n°. .96.

NOMS DES VILLES.	NOMS DES PAYS.	TYPES DES MÉDAILLES.	Modules.	Poids en Gr. Angl.	POIDS de France.		CABINETS.
					Gr	Gra.	
Clazomène...	Ionie...	Cygne éployé.. ℞. Tête jeune, vue de face....	2 Drac.	126¼	2	10	H. n°....1.
Id...	Id...	Même type.... ℞. Même tête..	3 Ob..	31½	..	38	Id. n°...2.
Crotone...	Italie...	Un Trépied.... ℞. Incuse......	2 Drac.	127¾	2	12	Id. n°...3.
Id...	Id...	Même type.... ℞. Idem......	Id....	....	2	7	D. n°. 103.
Id. et Vélie...	Id...	Lion déchirant un Cerf ℞. Tête d'Apollon	4 Drac.	251¾	4	18½	H. n°....1.
Cyme...	Æolie...	Cheval passant, et vase à une anse, dans une couronne ℞. Tête de Femme	Id....	....	4	20	D. n°. 107.
Id...	Id...	Même type.... ℞. Même tête...	Id....	249¼	4	16	H. n°. 1,3.
Dyrrhachium.	Illyrie...	Vache allaitant son veau ℞. Une Fleur radiée..........	2 Drac.	123¼	2	6½	Id. n°...1.
Gortyne...	Crète...	Femme assise sur un arbre... ℞. Un Taureau.	3 Drac.	187½	3	12½	Id. n°...4.
Hierapythna.	Id...	Chouette sur la *Diota*, dans une couronne ℞. Tête de Minerve........	4 Drac.	256	4	24	Id. n°...1.
Macédoniens. (les)	Macédoine...	Massue dans une couronne. ... ℞. Tête de Diane sur un bouclier macédonien...	Id....	....	4	24	D. n°. 142.
Id...	Id...	Même type.... ℞. Tête de Femme à cheveux épars..........	Id....	254¼	.	22	H. n°...9.
Magnésie...	Ionie...	Figure nue debout, dans une couronne.... ℞. Tête de Diane	Id....	251½	4	18½	Id. n°...2.
Id...	Id...	Taureau furieux sur un Méandre. ℞. Un Cavalier.	2 Ob..	21¼	..	25½	Id. n°...3.
Id...	Id...	Même type et un Epi.......... ℞. Cavalier tenant une haste.	3 Ob..	....	..	30	D. n°. 143.
Maronée...	Thrace...	Figure nue debout, tenant une grappe de raisin et un javelot........ ℞. Tête de Bacchus..........	4 Drac.	255½	4	23½	H. n°....4.
Id...	Id...	Même type.... ℞. Même tête...	Id....	....	4	15	D. n°. 144.
Métaponte...	Italie...	Un Epi d'orge... ℞. Tête de Mars.	2 Drac.	126½	2	10	H. n°..32.
Id...	Id...	Même type, de plus ancienne fabrique...... ℞. Incuse......	Id....	....	2	2	D. n°. 153.
Id...	Id...	Même type.... ℞. Tête de Minerve........	Drac..	62¼	1	4	H. n°..35.
Id...	Id...	Même type, de fabrique plus ancienne...... ℞. Incuse......	4 Ob..	39½	..	48	Id. n°...4.
Id...	Id...	Même type...... ℞. Tête de Taureau, incuse..	2 Ob..	19¼	..	23½	Id. n°...6.
Id...	Id...	Même type.... ℞. Tête jeune avec une corne.	¼ Drac.	12¼	..	15	Id. n°..39.
Messéniens, (les)	Messénie....	Un Trépied dans une couronne.. ℞. Tête de Neptune..........	4 Ob..	38¼	..	46½	Id. n°...1.

NOMS DES VILLES.	NOMS DES PAYS.	TYPES DES MÉDAILLES.	Modules.	Poids en Gr. Angl.	POIDS de France. Gr.	Gra.	CABINETS.
Messéniens... (les)	Messénie	Un Trépied dans une couronne. ℞. Tête de Neptune	3 Ob.	....	..	39	D. n°. 152.
Perinthe	Thrace	Serpent sortant d'un ciste, dans une couronne de lierre. ℞. Deux Serpens (Cistophore)	3 Drac.	....	3	7	Id. n°. 168.
Rhodes	Isle	Fleur épanouie en rose, ℞. Tête d'Apollon radiée	Drac.	64	1	6	H. n°..67.
Rome	Italie	Tête de Rome casquée. X. ℞. Castor et Pollux à cheval	Id.	....	1	4	D. n°. 390.
Id	Id	Tête de Diane avec le diadéme ℞. Sylla, Bocchus et Jugurtha	Id.		1	3	Id. n°.186.
Id	Id	Palissade attaquée et défendue. ℞. Tête de femme ailée	Id.	(Consulaires.)	1	4	Id. n°. 267.
Id	Id	Haste entre une couronne et une claie ℞. Tête de la Fortune	Id.		1	4	Id. n°.158.
Id	Id	Sylla dans un quadrige ℞. Tête de Rome casquée	Id.		1	5	Id. n° 186*.
Id	Id	Statue équestre d'Auguste ℞. Sa tête	Id.		1	5	Id. n°.193.
Samos	Isle	Un Muffle de Lion ℞. Tête jeune	4 Drac.	251¾	4	18½	H. n°...7.
Side	Pamphylie	Victoire passant ℞. Tête de Minerve	Id.	249	4	15½	Id. n°..15.
Id	Id	Même type ℞. idem	Drac.	61½	1	3	Id. n°..18.
Id	Id	Même type ℞. Même tête et une grenade incuse	4 Drac.	....	4	16	D. n°.196.
Sinope	Paphlagonie	Tête sur laquelle est une tête du Soleil en contre-marque ℞. Tête de Neptune	2 Drac.	....	2	11	Id. n°.198.
Smyrne	Ionie	Lion passant ℞. Tête de femme tourelée	4 Drac.	....	4	20	Id. n°.199
Tarente	Italie	Figure nue, sur un Dauphin ℞. Figure assise tenant un vase	2 Drac.	127	2	10¼	H. n°....8.
Id	Id	Même type ℞. Un Cheval-marin	Id.	....	2	8	D. n°. 210.
Thasus	Isle	Hercule debout. ℞. Tête de Bacchus	4 Drac.	249	4	15½	H. n°...7.
Thurium	Italie	Taureau furieux ℞. Tête de Pallas	2 Drac.	124	2	8	Id. n°..16.
Id	Id	Même type ℞. idem	Id.	126¼	2	10	Id. n°..25.

NOMS DES VILLES.	NOMS DES PAYS.	TYPES DES MÉDAILLES.	Modules.	Poids en Gr. Angl.	POIDS de France. Gr.	Gra.	CABINETS.
(Médailles d'or qui appartiennent à cette Drachme).							
Ætoliens....	Ætolie......	Mercure assis, tenant une haste, &c........ ℞. Tête d'Hercule jeune.....	Drac..	$59\frac{1}{4}$	1	1	H. n°...1.
Id..........	Id..........	Un Sanglier courant......... ℞. Tête de Mercure	Id.....	$61\frac{1}{4}$	1	$2\frac{1}{2}$	Id. n°...2.
Thèbes......	Béotie.......	Le Bouclier Béotien.......... ℞. Vase à deux anses, dans un carré creux...	Id.....	$59\frac{1}{4}$	1	1	Id. n° ...1.
(Médailles d'or de Rois, qui appartiennent à cette Drachme).							
Philippe II...	Macédoine...	Homme dans un bige.......... ℞. Tête d'Apollon...........	Didra.	....	2	10	D. n°..13.
Id..........	Id..........	Femme dans un bige.......... ℞. idem.......	Drac..	...	1	6	Id. n°..15.
Id..........	Id.........	Homme dans un char à un seul cheval....... ℞. idem........	Triob.	....	..	39	Id. n°..16.
Lysimaque...	Id..........	Pallas assise, tenant une Victoire........ ℞. Tête de Lysimaque........	Didra.	....	2	12	Id. n°..49.
Id..........	Id..........	Même type...... ℞. idem.......	Id.....	....	2	10	Id. n°..50.
Id..........	Id..........	Même type..... ℞. idem.......	Id.....	....	2	9	Id. n°54,55
Battus	Cyrénaïque..	Tête de Femme tourelée...... ℞. Tête jeune, avec un diad. et un collier..	Id...	....	2	12	Id. n°..75.
Pixodare	Carie	Jupiter Labradéen debout... ℞. Tête de Femme couronnée.	Obole.	....	..	13	Id. n°..77.
(Médailles de Rois en argent, qui appartiennent à cette Drachme).							
Philippe II...	Macédoine...	Jeune homme courant à cheval.......... ℞. Tête d'Apollon..........	Tétrob	....	..	48	D. n°..87.
Alexandre le Grand	Id..........	Jupiter assis... ℞. Tête d'Hercule..........	Tétrad	....	4	24	Id. n°..93.
Id..........	Id.....	Même type..... ℞. idem..... ..	Id........	....	4	18	Id. n°..90.
Id..	Id..........	Même type..... ℞. idem.......	Drac..	....	1	6	Id. n°.117.
Lysimaque...	Id..........	Pallas assise... ℞. Tête de Lysimaque avec une corne de bélier.	Tétrad	....	4	24	Id. n°.126.
Audoléon....	Péonie......	Cheval passant. ℞. Tête avec casque et panache..........	Tridr..	....	3	16	Id. n°.140.
Démétrius I..	Syrie........	Femme assise, tenant un javelot, &c....... ℞. Tête de Démétrius I........	Tétrad	....	4	24	Id. n°.169.
Id..........	Id..........	Même type..... ℞. idem.......	Id........	....	4	22	Id. n°.170.
Id..........	Id..........	Même type..... ℞. idem.......	Drac..	....	1	4	Id. n°.171.

NOMS DES ROIS.	NOMS. DES PAYS.	TYPES DES MÉDAILLES.		Modules.	Poids en Gr. Angl.	POIDS de France.		CABINETS.
						Gr.	Gra.	
Alexandre I..	Syrie........	Jupiter assis, tenant une victoire.........	℞. Téte d'Alexandre Bala...	Tétrad	....	4	21	D. n°. 172.
Id...........	Id..........	Apollon nu, assis, tenant l'arc et la flèche....	℞. idem.......	Drac..	....	1	5	Id. n°.174.
Démétrius II.	Id..........	Jupiter assis...	℞. Téte de Démétrius Nicator..	Tétrad	....	4	22	Id. n°.175.
Antiochus vii.	Id..........	Pallas armée, debout.......	℞. Téte d'Antiochus VII.......	Id....	....	4	21	Id. n°. 178.
Id..........	Id..........	Victoire debout, tenant une couronne........	℞. Méme téte..	Drac..	....	1	6	Id. n°.180.
Antiochus viii	Id..........	Jupiter debout.	℞. Téte d'Antiochus VIII....	Tétrad	....	4	22	Id. n°. 184.
Antiochus ix.	Id..........	Pallas armée, debout.......	℞. Téte d'Antiochus IX......	Id....	...	4	22	Id. n°. 186.
Séleucus vi..	Id..........	Méme type....	℞. Téte de Séleucus VI......	Id....	....	4	18	Id. n°. 187.
Antiochus xii.	Id..........	Apollon nu, assis...........	℞. Téte d'Antiochus XII.....	Drac..	....	1	6	Id. n°. 190.
Id..........	Id..........	Apollon debout.	℞. Méme téte...	½ Drac.	....	..	38	Id. n°.191.
Tigrane.....	Arménie.....	Femme à téte tourelée......	℞. Téte de Tigrane........	Térrad	....	4	14	Id. n°. 192.
Xerxès......	Id..........	Victoire debout, tenant une couronne........	℞. Téte de Xerxès..........	½ Drac.	....	..	38	Id. n°.193.
Arsace II....	Parthes......	Figure assise tenant un arc....	℞. Téte d'Arsace II.......	Drac..	....	1	4	Id. n°.197.
Prusias I....	Bithynie....	Jupiter debout.	℞. Téte de Prusias I........	Id....	...	4	22	Id. n°..246.
Nicomède III.	Id..........	Méme type....	℞. Téte de Nicomède III......	Id....	....	4	19	Id. n°.247.
Ariarathe v..	Cappadoce...	Pallas armée et debout.......	℞. Téte d'Ariarathe.........	Drac..	....	1	5	Id. n°.250.
Ariarathe viii.	Id..........	Méme type....	℞. Téte d'Ariarathe VIII....	Id....	....	1	4	Id. n°. 251.

N. B. Les Médailles des Rois de Perse, de la Dynastie des Sassanides, pèsent de 74 à 78 grains. D. ibid. n°ˢ. 225 à 235. La plus forte (n°. 236) est d'un gros 13 grains, et la plus foible (n°. 237) est une demi-drachme du poids de 35 grains.

N°. VIII.

DRACHME ATTICO-SICILIENNE.

	Grains.		Gros. Grains.		Gros. Grains.
Obole..............	13 ½	¼ de Drachme......	20 ¼	Didrachme..... 2. ...	18.
Diobole............	27.	Tétrobole...........	54.	Tridrachme.... 3. ...	27.
Triobole...........	40 ½	Drachme....... 1..	9.	Tétradrachme . 4. ...	36.

La Drachme Attico-Sicilienne pèse 1 gros 9 grains, et vaut 18 sous. Son Talent contient 7714 petites Drachmes Attiques plus $\frac{18}{43}$ ou $\frac{2}{7}$ de drachme ; il pèse, poids Romain, 80 liv. 4 onces 2 $\frac{2}{7}$ drac. et vaut, argent de France, 5400 liv. Elle donne toutes les divisions de la Drachme et tous ses multiples. *Talentum ne minus pondo LXXX Romanis ponderibus pendat.* Tit. Liv. lib. 38. C'est le Talent que les Romains exigèrent d'Antiochus III. *Talentum Ægyptium pondo LXXX patere Varro tradit.* Plin. Hist. lib. 33, § 15.

NOMS DES VILLES	NOMS DES PAYS.	TYPES DES MÉDAILLES.	Modules.	Poids en Gr. Angl.	Gr.	Gra.	CABINETS.
Acanthe.....	Macédoine...	Taureau dévoré par un Lion... R. le carré creux.	4 Drac.	262¾	4	32	H. n°. ...1.
Ætoliens (les)	Ætolie......	Jeune homme assis sur un trophée........ R. Tête d'Hercule jeune....	Id....	....	4	29	D. n°..65.
Alæse.......	Sicile.......	Une Syrène.... R. Tête de Vieillard couronnée	Obole.	10¼	..	13	H. n°. ...2.
Antioche....	Carie........	Pégase couché.. R. Tête d'Apollon..........	4 Drac.	257¼	4	25	Id. n°....1.
Apamée.....	Phrygie.....	Serpent sortant d'un Ciste.... Carquois entre deux Serpens..	3 Drac.	196	3	23	Id. n°...4.
Id..........	Id..........	Même type..... R. id. (*Cistoph.*).	Id....	....	3	21	D. n°..67..
Athènes.....	Attique.....	Chouette dans un carré creux. R. Tête de Minerve........	4 Drac.	....	4	36	Id. n°..75.
Id..........	Id..........	Chouette sur la *Diota*, dans une couronne..... R. idem........	Id....	....	4	31	Id. n°..81.
Id..........	Id..........	Même type..... R. idem........	Id....	265¾	4	36	H. n°...2.
Id..........	Id..........	Même type..... R. idem........	Id....	261	4	30	Id. n°..14.
Id..........	Id..........	Chouette dans un carré creux. R. idem........	2 Drac.	129¾	2	14	Id. n°. 113.
Id..........	Id..........	Même type..... R. idem........	Drac..	66¼	1	9	Id. n°.114.
Id..........	Id..........	Idem, sans carré creux........ R. idem........	Id....	....	1	7	D. n°. .77.
Id..........	Id..........	Chouette vue de face, entre les deux branches d'olivier...... R. idem........	3 Ob..	33	..	40	H. n°. 127.
Id..........	Id..........	Chouette à deux corps........ R. idem........	2 Ob..	21¾	..	26	Id. n°. 132.
Id..........	Id..........	Chouette dans un carré creux. R. idem........	Obole.	10¾	..	13½	Id.135,137
Id..........	Id..........	Même type..... R. idem........	½ Ob...	5½	..	7	Id.144,146

NOMS DES VILLES.	NOMS DES PAYS.	TYPES DES MÉDAILLES.	Modules.	Poids en Gr. Angl.	POIDS de France.		CABINETS.
					Gr.	Gra.	
Athènes.....	Attique.....	Un Croissant (a) R. Tête de Minerve.........	¼ Ob..	2¼	..	3½	H. n°.149.
Camarine....	Sicile.......	Quadrige, couronné par la Victoire...... R. Tête d'Hercule jeune....	4 Drac.	264¼	4	34	Id. n°.. 2.
Id..........	Id..........	Même type.... R. Tête d'Hercule barbue...	Id....	257¾	4	26	Id. n°....1.
Id..........	Id..........	Femme assise sur un Cygne. R. Tête de Faunesse, vue de face.........	2 Drac.	130½	2	15	Id. n°...3.
Catane......	Id..........	Femme dans un quadrige, couronnée par la Victoire...... R. Tête à cheveux bouclés..	4 Drac.	....	4	32	D. n°..86.
Id..........	Id..........	Même type..... R. Tête jeune, et autour des dauphins.........	Drac..	62½	1	4	H. n°...9.
Id..........	Id..........	Même type.... R. Même tête, et une Squille...	Id....	....	1	8	D. n°..87.
Cnossus...•...	Crète.......	Le Labyrinthe.. R. Tête barbue.	4 Drac.	258¼	4	26½	H. n°...1.
Cos.........	Isle........	Esculape debout R. Tête de Femme..........	Id....	256¼	4	24	Id. n°....1.
Id..........	Id..........	Le Crabe et la Massue...... R. Tête d'Hercule.........	2 Ob..	22½	..	27	Id. n°..10.
Cydonie.....	Crète.......	Louve allaitant un Enfant.... R. Tête de Pallas..........	Drac..	....	1	9	D. n°.106.
Id..........	Id..........	Même type..... R. Tête de Diane.	4 Ob..	43	..	53	H. n°...7.
Ephese......	Ionie.......	Une Abeille.... R. Un Cerf près d'un Palmier..	Drac..	65¾	1	7½	Id. n°..15.
Id....• ...	Id..........	Serpent sortant d'un Ciste.... R. deux Serpens. (Cistophore)....	3 Drac.	196¼	3	23½	Id. n°...1.
Id..........	Id..........	Même type..... R. idem.......	Id....	....	3	20	D. n°.115.
Gela....,...	Sicile.......	Le Minotaure à mi-corps...... R. Figure dans un bige.......	4 Drac.	252¾	4	20	H. n°...8.
Id....	Id..........	Même type..... R. Cavalier au galop	2 Drac.	131½	2	16	Id. n°..10.
Id..7.......	Id..........	Même type..... R. Un Cheval...	¼ Drac.	14½	..	18½	Id. n°..17.
Id..........	Id..........	Tête d'Hercule. R. Tête de Jupiter.........	Obole.	9½	..	11½	Id.n°18,20
Héraclée.....	Bithynie	Taureau furieux R. Tête d'Hercule	Drac..	65¼	1	7½	Id. n°...2.
Himera......	Sicile.......	Femme debout, devant un autel flamboyant.... R. Figure dans un bige.......	4 Drac.	264¼	4	34	Id. n°....1.
Id..........	Id..........	Figure nue, sur un bouc...... R. La Victoire..	3 Ob..	30¼	..	36¾	Id. n°..11.
Id..........	Id..........	Même type..... R. Une Chimère.	Obole.	11¼	..	13½	Id.n°12,14
Histiée.. ...	Eubée.......	Femme assise sur une barque... R. Tête de Femme, couronnée de pampres...	3 Ob..	....	..	40	D. n°.131.

(a) Ce sont ces quarts d'Obole qui par leur petitesse ressembloient tellement, dit Aristophane, à des écailles de poisson, qu'on s'y méprenoit souvent.

NOMS DES VILLES.	NOMS DES PAYS.	TYPES DES MÉDAILLES.		Modules.	Poids en Gr. Angl.	POIDS de Francee.		CABINETS.
						Gr.	Gra.	
Laodicée....	Phrygie.....	Ciste, d'où sort un Serpent, dans une couronne de lierre.	℞. Deux Serpens. &c...... (Cistophore).	3 Drac.	190 $\frac{1}{4}$	3	16	H. n°....1.
Léontins (les).	Sicile.......	Tête de Lion, entre 4 grains d'orge........	℞. Tête d'Apollon..........	4 Drac.	....	4	36	D. n°. 137.
Id..........	Id..........	Même type..... ℞. idem........		Id.....	....	4	30	Id. ibid...
Id....	Id..........	Trige couronné par la Victoire.	℞. Même tête, et un Lion passant	Id.....	251 $\frac{1}{4}$	4	18 $\frac{1}{2}$	H. n°,..3.
Id..........	Id..........	Tête de Lion entre 4 grains d'orge........	℞. Un Cavalier.	2 Drac.	131 $\frac{3}{4}$	2	16 $\frac{1}{2}$	Id. n°. .12.
Id..........	Id..........	Un Lion à mi-corps.........	℞. le carré creux.	Obole.	8 $\frac{1}{4}$	..	10	Id. n°...1.
Macédoniens. (les)	Macédoine...	Massue dans une couronne.....	℞. Tête de Diane, dans un bouclier macédonien.......	4 Drac.	264 $\frac{1}{2}$	4	34 $\frac{1}{2}$	Id. n°....7.
Messine.....	Sicile.......	Lièvre courant.	℞. Figure dans un char trainé par deux mules	Id....	....	4	34	D. n°. 150.
Id..........	Id..........	Même type....	℞. Id. avec une Victoire et 2 Dauphins.....	Id....	....	4	35	Id. n°.151.
Id..........	Id..........	Même type....	℞. id. dans 1 char à un seul cheval	Id....	264 $\frac{1}{2}$	4	34 $\frac{1}{2}$	H. n°....4.
Id..........	Id..........	Même type.....	℞. idem........	Drac..	64	1	6	Id. n°..14.
Id..........	Id....	Même type....	℞. ΜΕΣ. dans une couronne....	2 Ob.	12	..	14 $\frac{1}{2}$	Id. n°..15.
Id..........	Id..........	Même type.....	℞. idem........	Obole.	7 $\frac{1}{4}$	..	9	Id. n°..17.
Morgantium .	Id..........	Victoire assise sur une proue de navire.....	℞. Tête de Pallas, vue de face.	$\frac{1}{4}$ Drac.	15 $\frac{1}{2}$	..	19	Id. n°....1.
Motye.......	Id..........	Figure assise de côté, sur un cheval........	℞. Tête de Femme, et autour 3 Dauphins.....	2 Drac.	126 $\frac{1}{4}$	2	10	Id. n°....1.
Myrina,.....	Æolie.......	Figure debout, dans une couronne........	℞. Tête d'Apollon..........	4 Drac.	260 $\frac{1}{2}$	4	29 $\frac{1}{2}$	Id. n°...3.
Neapolis.....	Macédoine...	Masque tirant la langue.......	℞. le carré creux	2 Drac.	128 $\frac{3}{4}$	2	13	Id. n°...1.
Pergame.....	Mysie......	Ciste d'où sort un Serpent.... (Cistophore).	℞. Deux Serpens dans une couronne de lierre.	3 Drac.	194 $\frac{1}{4}$	3	21 $\frac{1}{2}$	Id. n°...9.
Populonium..	Italie.......	Une Massue...	℞. Tête d'Hercule.	2 Drac.	130 $\frac{1}{2}$	2	15	Id. n° ...1.
Id..........	Id..........	Masque tirant la langue.......	℞. Deux Caducées..........	Id.....	132 $\frac{3}{4}$	2	18	Id. n°...3.
Rhegium	Italie.......	Un Muffle de Lion.........	℞. Figure assise.	Drac..	64 $\frac{1}{2}$	1	6 $\frac{1}{2}$	Id. n°...2.
Id..........	Id..........	Même type....	℞. Tête d'Apollon..........	4 Drac.	265 $\frac{1}{2}$	4	35 $\frac{1}{2}$	Id. n°...5.

NOMS DES VILLES.	NOMS DES PAYS.	TYPES DES MÉDAILLES.	Modules.	Poids en Gr. Angl.	POIDS de France.		CABINETS
					Gr.	Gra.	
Rhegium....	Italie.......	Un Muffle de Lion........ R. Une Branche de Laurier....	3 Ob..	32½	..	39½	H. n°...7.
Id........	Id........	Même type.... R. idem........	Obole.	11½	..	13½	Id. n°...9.
Sardes......	Lydie......	Ciste d'où sort un Serpent.... (Cistophore) R. Deux Serpens dans une couronne de lierre.	3 Drac.	194½	3	21	Id. n°...1.
Ségeste.....	Sicile.......	Un Chien et la Coquille de la Pourpre...... R. Tête de Femme..........	2 Drac.	....	2	16	D. n°. 187.
Id........	Id..........	Même type.... R. Tête de Femme, ceinte d'un ruban........	Id....	131	2	16	H. n°....1.
Id........	Id..........	Même type..... R. Idem.......	Obole.	11	..	13	Id. n°..19.
Sélinunte....	Sicile.......	Feuille d'Ache ou de Persil... R. le carré creux.	2 Drac.	131½	2	16¼	Id. n°...1.
Id........	Id..........	Figure nue, debout, tenant une Patère.. R. Femme dans un bige.......	4 Drac.	257½	4	26	Id. n°...6.
Id........	Id..........	Même type (a). R. Hercule domptant un Taureau........	2 Drac.	129½	2	14	Id. n°...7.
Id........	Id..........	Figure dans un quadrige..... R. Tête jeune, vue de face....	3 Ob..	27	..	33	Id. n°...8.
Id........	Id..........	Le Minotaure.. R. Femme assise, tenant un Serpent........	Obole.	11	..	13½	Id. n°..10.
Side........	Pamphylie...	Victoire passant, et une grenade. R. Tête de Pallas..........	4 Drac.	262¾	4	32	Id. n°..12.
Id..........	Id..........	Même type.... R. idem.......	Id....	260¾	4	30½	Id. n°...9.
Smyrne......	Ionie.......	Lion passant, dans une couronne........ R. Tête de femme tourelée...	Id....	261	4	30½	Id. n°...4.
Syracuse....	Sicile.......	Figure dans un quadrige, couronnée par la Victoire...... R. Tête de Proserpine; autour on voit quatre Dauphins (b).	11 Dra.	669½	11	24	Id. n°..14.
Id..........	Id..........	Même type..... R. idem........	Id....	....	10	64	D. n°. 207.
Id..........	Id..........	Quadrige précédé par la Victoire........ R. idem.......	4 Drac.	....	4	36	Id.n° 202*.
Id..........	Id..........	Même type..... R. idem.......	Id....	265½	4	35½	H. n°..22.
Id..........	Id..........	Victoire dans un Quadrige.... R. idem.......	3 Drac.	191	3	17	Id. n°..38.
Id..........	Id..........	Guerrier debout. R. Tête de Pallas, et des Dauphins........	Drac..	65¾	1	8	Id. n°..65.
Id..........	Id..........	Bige couronné par la Victoire. R. idem.......	3 Ob..	32¼	..	39½	Id. n°..57.
Id..........	Id..........	Un Cavalier.... R. idem.......	Id....	30½	..	37	Id. n°..66.

(a) Toutes sont avec la Feuille de persil, qui est le type de Sélinunte.
(b) Ce Médaillon peut être regardé comme un Hexadrachme d'Egine, lequel doit peser 11 gros 48 grains.

Z

NOMS DES VILLES.	NOMS DES PAYS.	TYPES DES MÉDAILLES.	Modules.	Poids en Gr. Angl.	POIDS de France.		CABINETS.
					Gr.	Gra.	
Syracuse....	Sicile.......	Un Cavalier.... ℞. Un Crabe....	3 Ob...	$32\frac{1}{2}$	..	$39\frac{3}{4}$	H. n°..75.
Id.........	Id......	Une Roue..... ℞. Tête de Proserpine.......	Obole.	10	..	$12\frac{1}{2}$	Id. n°..87.
Id.........	Id.........	Une Seche ou Polype-marin. ℞. idem.......	Id.....	....	..	12	D. n°. 202.
Id.........	Id.........	Une Roue et six Globules..... ℞. Tête de femme.........	$\frac{1}{4}$ 'Ob..	$4\frac{3}{4}$	..	6	H. n°...86.
Tenedos.....	Isle........	La double Hache entre une Chouette et une Grappe de raisin, dans un carré........ ℞. Double tête, l'une barbue, et l'autre sans barbe, ou Hermathènes....	4 Drac.	259	4	$27\frac{3}{4}$	Id. n°....2.
Thasus......	Isle........	Hercule debout, appuyé sur sa massue....... ℞. Tête de Bacchus.........	Id.....	$262\frac{3}{4}$	4	$32\frac{1}{2}$	Id. n°....1.
Id.........	Id.........	Même type.... ℞. idem......	Id.....	....	4	30	D. n°.223.
Thermæ.....	Sicile......	Figure nue, sur un rocher.... ℞. Tête jeune, avec une tiare.	4 Ob..	$41\frac{1}{2}$	..	$50\frac{1}{2}$	H. n°. ...1.
Id.........	Id........	Même type.... ℞. idem......	Obole.	8	..	$9\frac{1}{2}$	Id. n°...2.
Thessaliens.. (les)	Thessalie....	Minerve élevant sa lance...... ℞. Tête d'Apollon..........	Drac..	$66\frac{1}{2}$	1	9	Id. n°..10.
Tralles......	Lydie.......	Ciste d'où sort un Serpent, dans une couronne de lierre. ℞. Deux Serpens, &c......... (Cistophore).	3 Drac.	$190\frac{1}{4}$	3	16	Id. n°. ...1.
Id.........	Id.........	Même type..... ℞. idem.......	Id.....	....	3	14	D. n°. 232.

(Médailles d'or qui appartiennent à cette Drachme).

NOMS DES VILLES.	NOMS DES PAYS.	TYPES DES MÉDAILLES.	Modules.	Poids en Gr. Angl.	POIDS de France.		CABINETS.
Acarnaniens. (les)	Acarnanie...	La Tête du Minotaure....... ℞. Apollon assis, tenant son arc.	Drac..	$65\frac{1}{2}$	1	8	H. n°...1.
Agrigente....	Sicile.......	Aigle déchirant un Serpent.... ℞. Un Crabe...	2 Ob...	$20\frac{1}{2}$	..	25	Id. n°...1.
Athènes.....	Attique (a)...	La Chouette.... ℞. Tête de Minerve........	2 Drac.	$132\frac{1}{4}$	2	18	Id. n°. ..1.
Bruttiens.... (les)	Italie........	Amphitrite, et la coquille de la Pourpre.... ℞. Tête de Neptune.........	Drac..	....	1	8	D. n°...1.
Cosa........	Italie.......	Aigle tenant une couronne et un Sceptre....... ℞. Trois Figures debout.....	2 Drac.	....	2	17	D. n°. ...7.
Id.........	Id.........	Même type.... ℞. idem.......	Id.....	....	2	15	Id. Ibid..
Cumes.....	Italie.......	Une Coquille de moule........ ℞. Tête de Femme,.........	2 Ob..	....	..	27	Id. n°....8.
Cyrène.....	Cyrénaïque..	Victoire dans un quadrige...... ℞. Jupiter assis.	2 Drac.	133	2	18	H. n°...1.

(a) La rareté des monnoies d'or d'Athènes a fait suspecter avec raison la plupart de celles qu'on a vues jusqu'apprésent dans différens Cabinets. Celle-ci paroît-être à l'abri de tout soupçon, tant par son poids, qui est exact, que par son module, son type, sa fabrique, &c.

NOMS DES VILLES.	NOMS DES PAYS.	TYPES DES MÉDAILLES.	Modules	Poids. en Gr Angl.	POIDS de France.		CABINETS.
					Gr.	Gra.	
Cyrène......	Cyrénaïque..	Victoire dans un quadrige...... R. Jupiter debout, devant un autel......	2 Drac.	133	2	18	H. n°...3.
Id.., ...	Id..........	Même type..... R. idem.......	Id....	....	2	18	D. n°..13.
Id..........	Id..........	Le Sylphium... R. Un Homme à cheval........	Drac..	....	1	9	Id. n°...9.
Id..........	Id..........	Même type..... R. idem.......	Id....	....	1	9	Id. n°..10.
Id..........	Id..........	Même type..... R. idem.......	Id....	62 1/4	1	4	H. n°...6.
Id..........	Id..	Trois Sylphium divergens..... R. Tête de Pallas...........	3 Ob..	33 1/4	..	40 1/2	Id. n°..10.
Id..........	Id..........	Même type..... R. idem.......	Id....	....	..	40	D. n°..12.
Id..........	Id..........	Le Sylphium... R. Un Homme à cheval........	4 Ob..	....	..	53	Id. n°..11.
Id..........	Id..........	Tête de Jupiter Ammon...... R. Tête de Femme...........	1/4 Drac.	13 3/4	..	16 1/2	H. n°...13.
Id.........	Id..........	Même type...... R. idem.......	Id....	....	..	16	D. n° 15,16.
Lampsaque..	Mysie.......	Pégase à mi-corps........ R. Tête jeune, couronnée de lierre........	2 Drac.	131	2	15 1/2	H. n°...2.
Syracuse.....	Sicile.......	Figure dans un bige......... R. Tête de Diane	Drac..	66 1/2	1	9	Id. n°...4.
Id..........	Id..........	Victoire dans un quadrige...... R. Tête d'Apollon..........	Id....	....	1	9	D. n°..25.
Id..........	Id..........	Cheval au galop. R. Tête jeune.	4 Ob..	44 1/4	..	54	H. n°...6.
Id..........	Id..........	Pégase volant.. R. Tête de Jupiter...........	3 Ob..	33	..	40	Id. n°...7.
Id........:...	Id..........	Même type...... R. idem.......	Id....	....	..	40	D. n°..26.
Id..........	Id..........	Un Bœuf...... R. Tête de Proserpine........	2 Ob..	22 1/2	..	27	H. n°...8.
Id..........	Id..........	Même type..... R. idem..... ..	Id... .	....	..	27	D. n°..27.
Id..........	Id..........	L'Egide de Minerve avec la tête de la Gorgone........ R. Tête de Minerve........	Obole.	10 1/2	..	13	H. n°..12.
Id..........	Id..........	Même type..... R. idem.......	Id....	....	..	12 1/2	D. n°..28.
Tarente.....	Italie........	Grappe de raisin avec ses pampres.......... R. Tête de Proserpine et trois Dauphins.....	2 Drac.	133	2	18	H. n°...1.
Id..........	Id..........	Victoire dans un bige.......... R. Tête d'Hercule jeune.....	Id....	....	2	18	D. n°..29.
Id..........	Id..........	Aigle éployé, portant la foudre.......... R. Tête de Jupiter.........	Id....	....	2	17	Id. n°..30.
Id..........	Id..........	Deux Figures à cheval........ R. Tête de Proserpine.......	Id....	....	2	17	Id. n°..32.
Id..........	Id..........	Jeune homme avec un trident sur un dauphin. R. idem.......	Drac..	....	1	8	Id. n°..33.
Id..........	Id..........	Même type, avec un Caducée et un Dauphin... R. idem........	Id....	....	1	8	Id. n°..31.
Id..........	Id..........	Hercule assommant le Lion de Némée..... R. Tête d'Apollon..........	2 Ob..	....	..	27	Id. n°..34.

NOMS DES ROIS.	NOMS DES ÉTATS.	TYPES DES MÉDAILLES.	Modules	poids en Gr. Augl.	POIDS de France. Gr.	Gra.	CABINETS.
(*Médailles d'or de Rois, qui appartiennent à cette Drachme*).							
Philippe II ..	Macédoine...	Figure dans un bige.......... ℞. Tête d'Apollon..........	Didra.	....	2	17	D'En.Rois n°...1.
Id..........	Id..........	Même type et le symbole d'une Victoire..... ℞. Même tête..	Id....	....	2	18	Id. n°...7.
Id..........	Id..........	Victoire debout, tenant une couronne .... ℞. Tête de Pallas..........	Id....	....	2	17	Id. n°...11,
Id..........	Id..........	Figure dans un bige.......... ℞. Tête d'Apollon..........	Drac.	....	1	7	Id. n°..14.
Id..........	Id..........	Figure dans un char à un seul cheval........ ℞. Même tête..	Triob.	....	..	39 ½	Id. n°..16.
Id..........	Id..........	Un Arc et une Massue........ ℞. Tête d'Hercule..........	Id....	....	..	40	Id. n°..17.
Alexandre le Grand	Id..........	Victoire debout, tenant une couronne, &c..... ℞. Tête de Pallas..........	Tétrad	....	4	36	Id. 18, 19.
Id..........	Id..........	Même type, avec divers Symboles.......... ℞. Même tête...	Didra.	....	2	18	Id. n°34,35
Id..........	Id..........	Même type...... ℞. Même tête...	Id....	....	2	17	Ib. 22,33,40.
Id..........	Id..........	Même type..... ℞. Même tête...	Drac..	....	1	7	Id. n°..41.
Lysimaque...	Id..........	Pallas assise, tenant une Victoire........ ℞. Tête de Lysimaque........	8 Drac.	....	9	9	Id. n°..42.
Id..........	Id..........	Même type..... ℞. Même tête...	8 Drac.	....	9	10	Id. n°..43.
Id..........	Id..........	Même type..... ℞. Même tête...	6 Drac.	....	6	9	Id. n°..44.
Id..........	Id..........	Même type..... ℞. Même tête...	Didra.	....	2	16	Id. n°..45.
Id..........	Id..........	Même type..... ℞. Même tête...	Id....	....	2	15	Id. n°47,52
Pyrrhus	Epire	Victoire tenant un trophée.... ℞. Tête de Diane	Drac..	....	1	8	Id. n°..57.
Hiéron	Sicile	Femme dans un bige.......... ℞. Tête de Cérès.	Id....	....	1	8	Id. n°..58.
Icétas.......	Id..........	Victoire dans un bige.......... ℞. Même tête...	Id....	....	1	8	Id. n°..60.
Id..........	Id..........	Même type...... ℞. Même tête...	Id....	....	1	9	Id. n°..61.
Mithridate...	Pont........	Cerf paissant, dans une couronne de lierre. ℞. Tête de Mithridate	Didra.	....	2	14	Id. n°..78.

(Médailles de Rois en argent, qui appartiennent à cette Drachme).

NOMS DES ROIS.	NOMS DES ÉTATS.	TYPES DES MÉDAILLES.	Modules	poids en Gr. Augl.	POIDS de France. Gr.	Gra.	CABINETS.
Philippe II ..	Macédoine...	Jupiter assis... ℞. Tête d'Hercule..........	Tétrad	....	4	35	D. n°. 84.
Id..........	Id..........	Même type..... ℞. Même tête...	Drac.	....	1	7	Id. n°..85.
Alexandre le Grand......	Id..........	Même type..... ℞. Même tête..	Tétrad	....	4	36	Id. n°.109.
Id..........	Id..........	Même type..... ℞. Même tête...	Id....	....	4	35	Id.108,110
Id..........	Id..........	Même type..... ℞. Même tête...	Drac.	....	1	9	Id. n°.117.

NOMS DES ROIS.	NOMS DES ÉTATS.	TYPES DES MÉDAILLES.		Modules.	Poids en Gr. Angl.	POIDS de France.		CABINETS.
						Gr.	Gra.	
Alexandre le Grand......	Macédoine...	Victoire debout, tenant une couronne	℞. Téte de Pallas.	Drac..	....	ı	9	D. n°. 120.
Id..........	Id..........	Pégase et un fer de lance......	℞. Téte d'Hercule jeune.....	3 Ob..	....	.	37	Id. n°.121.
Démétrius...	Id..........	Neptune debout.	℞. Téte avec une Corne sur le front.........	Tétrad	....	4	36	Id. n°.123.
Lysimaqúe...	Id..........	Pallas assise...	℞. Téte de Lysimaque avec une corne de bélier.	Id.....	....	4	30	Id. n°.125.
Id..........	Id.·........	Méme type.....	℞. Méme téte...	Drac..	....	ı	9	Id. n°.129.
Antigone.....	Id..........	Figure assise sur une portion de vaisseau......	℞. Téte d'Antigone	Tétrad	....	4	34	Id. n°.130.
Agathocle ...	Sicile.......	Victoire debout, près d'un trophée	℞. Téte de Cérès ou de Proserpine..........	Id.....	....	4	30	Id. n°. 136.
Hieronyme...	Id.........	Un Foudre ailé.	℞. Téte d'Hieronyme.........	Didr...	....	2	14	Id. n°.139.
Seleucus I...	Syrie.......	Jupiter assis, tenant un Aigle.	℞. Téte de Séleucus I......	Tétrad	....	4	30	Id. n°.158.
Id..........	Id..........	Méme type.....	℞. Méme téte...	Drac..	....	ı	6	Id. n°.161.
Antiochus I..	Id..........	Apollon nu, assis, tenant un arc et un javelot..........	℞. Téte d'Antiochus I........	Tétrad	....	4	34	Id. n°.162.
Id..........	Id..........	Méme type.....	℞. Méme téte...	Drac..	....	ı	6	Id. n°.164.
Séleucus II..	Id..........	Apollon nu, debout........	℞. Téte de Séleucus II......	Tétrad	....	4	33	Id. n°. 165.
Séleucus III..	Id..........	Apollon nu, assis..........	℞. Téte de Séleucus III.....	Id..	....	4	34	Id. n°. 166.
Antiochus IV.	Id..........	Jupiter assis....	℞. Téte d'Antiochus IV......	Id..	....	4	29	Id. n°. 167.
Antiochus V.	Id..........	Méme type....	℞. Téte d'Antiochus V......	Id..	....	4	25	Id. n°.168.
Démétrius II.	Id..........	Méme type.....	℞. Téte de Démétrius II....	Id..	....	4	25	Id. n°. 175.
Antiochus VI.	Id..........	Apollon nu, assis	℞. Téte d'Antiochus VI......	Id..	....	4	30	Id. n°. 177.
Antiochus vii.	Id..........	Pallas armée, et debout.....	℞. Téte d'Antiochus VII......	Id..	....	4	28	Id. n°.178.
Antiochus viii	Id..........	Jupiter debout.	℞. Téte d'Antiochus VIII....	Id..	....	4	25	Id. n°.184.
Antiochus xii.	Id...	Castor et Pollux à cheval......	℞. Téte d'Antiochus XII....	Id..	....	4	25	Id. n°.189.
Philétère (a).	Pergame	Pallas assise...	℞. Téte couronnée de laurier.	Id..	....	4	31	Id. n°.244.

(a) C'est du nom de ce prince, ami des Sciences et des Beaux-Arts, que les Mathématiciens se servirent pour désigner deux mesures grecques, connues sous les noms de *Stade* et de *pied Philéteriens*.

NOMS DES ROIS.	NOMS DES ÉTATS.	TYPES DES MÉDAILLES.	Modules.	Poids en Gr. Angl.	POIDS de France.		CABINETS.
					Gr.	Gra.	
Philétère....	Pergame.....	Pallas assise....} ℞. Tête couron-née de laurier.	Tétrad	....	4	24	D. n°. 245.
Ariarathe V..	Cappadoce...	Pallas armée et} ℞. Tête d'Aria-debout.......} rathe..........	Drac..	....	1	7	Id. n°.250.
Héliocles (a)..	(Inconnu)...	Jupiter debout.} ℞. Tête jeune, ceinte du dia-dême.........	Tétrad	....	4	29	Id. n°.253.

N. B. On peut d'autant mieux compter sur le poids des monnoies grecques d'or et d'argent de cette *Drachme Attico-Sicilienne,* que la plupart des Médailles qui l'ont fourni sont de la plus belle conservation et, comme l'on dit, *à fleur de coin.* Ainsi, quoique ces monnoies de Villes et de Rois aient aujourd'hui plus de deux mille ans d'antiquité, il n'en est pas moins vrai que plusieurs ont conservé leur poids légitime et primitif, et que beaucoup d'autres n'ont perdu qu'un ou deux grains de ce même poids. Cela se fait sur-tout remarquer dans l'Or, ce métal étant celui de tous qui résiste le mieux à l'action lente et corrosive du tems. Au surplus, cette belle Drachme Attique paroît avoir été celle des Villes les plus florissantes de la Sicile et de la Grande-Grèce; on voit même que son poids fut adopté, non seulement par la Cyrénaïque et plusieurs villes d'Ionie, de Crète et de l'Asie-mineure, mais encore par les Rois de Macédoine, d'Epire, de Syrie, de Pont, de Pergame, &c.

Le médaillon d'or de Ptolémée Soter, qui, par son poids de 4 gros 48 grains, appartient à la *Grande Drachme Attique* du n°. suivant, est peut-être le seul monument connu qui puisse justifier l'évaluation du *Talent Egyptien* à 80 livres romaines, évaluation rapportée par Pline, d'après Varron; mais on a lieu de croire que ce médaillon excède le poids ordinaire des Monnoies d'Egypte du tems des Ptolémées, car on a vu dans les Drachmes des n°s. I à IV, des monnoies d'or et d'argent du même Ptolémée Soter et de ses successeurs. On a vu de plus, que la majeure partie des Monnoies d'Egypte appartient à la *Drachme Euboïque* du n°. III; je suis donc autorisé à penser, contre le sentiment de Varron, que c'est à cette Drachme et non aux grandes Drachmes Attiques des n°s. VIII ou IX, qu'il faut rapporter le *Talent Egyptien,* lequel n'a dû peser par conséquent, que 65 liv. et un peu plus de 5 onces romaines. Voyez ci-dessus la Drachme du n°. III.

(a) La fabrique, le costume, le type du revers et le poids de la médaille semblent indiquer que cet Heliocles, inconnu jusqu'ici dans l'Histoire, étoit un Prince de Syrie. Ce Prince seroit donc absolument ignoré, si cette médaille, importante et rarissime, n'eut transmis ses traits et son nom à la postérité. Elle vient de passer du Cabinet de M. d'Ennery dans celui du Roi.

Nº. IX.

GRANDE DRACHME ATTIQUE OU CORINTHIENNE.

	Grains.			Gros. Grains.			Gros.	Grains	
{ Obole............	14.	}	¼ de Drachme.......	21.	{	Didrachme......	2.	... 24.	}
{ Diobole...........	28.	}	Tétrobole...........	56.	{	Tridrachme......	3.	... 36.	}
{ Triobole.........	42.	}	Drachme........ 1	.. 12.	(	Tétradrachme....	4.	... 48.	}

La grande Drachme Attique pèse 1 gros 12 grains, et vaut 18 sous 8 den. Son Talent contient 8000 petites Drachmes Attiques du n°. 11 ; il pèse, poids romain, 83 liv. 4 onces (*a*), et vaut, argent de France, 5600 liv. Elle donne toutes les divisions de la Drachme et tous ses multiples. Cette grande Drachme Attique est égale au denier de 84 grains ou de quatre scrupules et de 72 de taille à la liv. romaine.

NOMS DES VILLES	NOMS DES PAYS.	TYPES DES MÉDAILLES.	Modules.	Poids en Gr. Angl.	POIDS de France.		CABINETS.
					Gr.	Gra.	
Agrigente....	Sicile.......	Un Aigle....... ℞. Un Crabe...	4 Drac.	269½	4	40	H. n°...2.
Id..........	Id........	Même type...... ℞. idem.......	2 Drac.	137½	2	24	Id. 5, 10.
Id..........	Id........	Même type..... ℞. idem........	Id.....	....	2	20	D. n°. .58.
Id..........	Id........	Même type..... ℞. idem avec un Thon sous le Crabe........	3 Ob..	....	..	39	Id. n°..59.
Id..........	Id........	Aigle déchirant un lièvre...... ℞. idem........	Id.....	32½	..	40	H. n°.24,26
Id..........	Id........	Un Aigle éployé. ℞. Tête de Jupiter.........	4 Ob..	42¼	..	52	Id. n°..27.
Id..........	Id........	Même type..... ℞. Même tête...	2 Ob..	16	..	20	Id. n°..28.
Id..........	Id........	Un Aigle...... ℞. Un Crabe. .	Obole.	8½	..	10	Id. n°. .31.
Ambracie....	Épire.......	Pégase .... ℞. Tête de Minerve........	2 Drac.	133	2	18	Id. n°...2.
Amphilochia.	Acarnanie...	Même type..... ℞. Même tête...	Id.....	129¾	2	14	Id. n°....1.
Anactorium..	Acarnanie...	Même type...... ℞. Même tête...	Id.....	132½	2	17½	Id. n°....3.
Argos.......	Argolide.....	Pégase volant... ℞. Même tête...	Id.....	131½	2	16	Id. n°....4.
Atabyre......	Sicile.......	Cheval au galop. ℞. Monograme dans une couronne........	Obole.	11¾	..	14	Id. n°....1.
Athènes.....	Attique.....	Chouette sur la *Diota*, dans une couronne..... ℞. Tête de Minerve........	4 Drac.	267	4	37	Id. 62, 99.
Id.........	Id..........	Même type..... ℞. Même tête...	Id.....	271¾	4	43	Id. n°..66.
Bruttiens.... (les)	Italie.......	Neptune debout, Aigle portant une couronne. ℞.Tête de Junon	Drac..	....	1	12	D. n°. .83.
Id..........	Id..........	Figure nue, tenant une Haste. ℞. Tête de la Victoire.....	Id.....	....	1	12	Id. n°. .82.
Id..........	Id..........	Victoire debout... ℞. Même tête...	Id.....	68½	1	11½	H. n°. 5,6.

(*a*) Ce Talent valoit 6000 Deniers de 72 à la livre, c'est-à-dire, du poids de 84 grains.

NOMS DES VILLES.	NOMS DES PAYS.	TYPES DES MÉDAILLES.	Modules.	Poids en Gr. Angl.	POIDS de France. Gr.	Gra.	CABINETS.
Catane..	Sicile.......	Figure dans un Quadrige..... ℞. Tête à cheveux bouclés.......	4 Drac.	266¼	4	37	H. n°...2.
Cauloniens .. (les)	Italie.......	Figure nue, debout......... ℞. Incuse......	3 Ob..	34¼	..	42	Id. n°...3.
Cléone	Argolide....	Pégase volant... ℞. Tête de Minerve.........	2 Drac.	127½	2	11½	Id. n°...1.
Corcyre	Isle.........	Même type.... ℞. Même tête et un Vase......	Id.....	128½	2	13	Id. n°...8.
Corinthe.....	Achaïe.....	Pégase.......... ℞. le carré creux.	Id.....	128¾	2	13	Id. n°...1.
Id..........	Id....	Même type.... ℞. Tête de Minerve.........	Id.....	129	2	13¼	Id. n°...5.
Id..........	Id..........	Pégase volant... ℞. Même tête...	Id.....	134¼	2	20	Id. n°...8.
Id..........	Id	Même type..... ℞. Même tête...	Id.....	133	2	18	Id. n°..35.
Id..........	Id..........	Même type..... ℞. Même tête...	Id.....	....	2	16	D. n°. .98.
Cos.........	Isle...	Serpent dans un carré creux.... ℞. Tête d'Hercule.........	2 Ob..	22¾	..	28	H. n°..12.
Démétriade..	Thessalie....	Un Cheval..... ℞. Tête de femme, dans un carré creux...	Drac..	67¼	1	10	Id. n°..1.
Id..........	Id..........	Proue de Navire. ℞. Tête de Femme...........	3 Ob..	34	..	41½	Id. n°...2.
Emporiæ	Espagne.....	Pégase......... ℞. Tête de Proserpine, et au tour des Dauphins........	Drac..	....	1	11	D. n°. 111.
Epicnemediens.. (les)	Locride......	Pégase volant.. ℞. Tête de Minerve.........	2 Drac.	130	2	14½	H. n°...1.
Gela........	Sicile	Le Minotaure à mi-corps...... ℞. Figure dans un Bige......	4 Drac.	269¼	4	40	Id. n°...5
Gortyne.....	Créte.......	Un Taureau... ℞. Polype dans un carré creux.	Id.....	269¼	4	40	Id. n°...1.
Himera......	Sicile.......	Un Coq........ ℞. Une Poule..	2 Drac.	134½	2	20	Id. n°. .9
Léontins (les)	Sicile.......	Tête de Lion entre 4 grains d'orge........ ℞. Tête d'Apollon...........	4 Drac.	271½	4	43	Id. n°...5.
Leucade.....	Acarnanie ...	Pégase volant.. ℞. Tête de Minerve.........	Id.....	132¾	2	18	Id. n°...4.
Locris.	Locride	Même type..... ℞. Même tête...	Id.....	132¼	2	17½	Id. n°...4.
Lysimachie...	Ætolie......	Même type.... ℞. Même tête...	Id.....	130	2	14½	Id. n°...1.
Messine.....	Sicile.......	Lièvre courant. ℞. Bige couronné par la Victoire.	4 Drac.	266¼	4	36½	Id. n°...6.
Naupacte....	Ætolie......	Pégase volant.. ℞. Tête de Minerve........	2 Drac.	128	2	12	Id. n°...1.
Naxus.......	Sicile.......	Silène assis, tenant un vase à deux anses.... ℞. Tête couronnée de pampres.	4 Drac.	....	4	37	D. n°. 157.
Id..........	Id..........	Même type..... ℞. Même tête...	Drac..	....	1	5	Id. n°.158.
Id..........	Id..........	Même type.... ℞. Tête de Femme, couronnée de lierre......	2 Drac.	132	2	17	H. n°...1.
Id..........	Id..........	Même type..... ℞. Tête de Femme...........	3 Ob..	34½	..	38	Id. n°.2, 3.

NOMS DES VILLES.	NOMS DES PAYS.	TYPES DES MÉDAILLES.	Modules.	Poids en Gr. Angl.	POIDS de France. Gr.	POIDS de France. Gra.	CABINETS.
Naxus.	Sicile	Une Grappe avec ses pampres... ℞. Tête barbue, couronnée de pampres...	¼ Drac.	13¾	..	17	H. n°...4.
Opontiens (les)	Italie	Pégase volant.. ℞. Tête de Minerve...	2 Drac.	127¼	2	11	Id. n°...1.
Rhodes.	Isle	Une Fleur... ℞. Tête ailée, vue de face...	Drac.	68¼	1	11	Id. n°..11.
Id.	Id.	Même type... ℞. Tête d'Apollon radiée...	2 Ob.	22	..	27	Id. n°..62.
Rome.	Italie	Tête de Rome casquée. X... ℞. Castor et Pollux à cheval...	Drac.	....	1	9	D. n°.390.
Id.	Id.	Même Tête et la marque V... ℞. idem...	3 Ob.	....	..	42	Id. n°.398.
Id.	Id.	Même type... ℞. idem...	Id.	....	..	41	Id. Ibid.
Ségeste.	Sicile	Un Chien... ℞. Tête de Femme avec un ruban...	2 Drac.	134¼	2	19½	H. n°...8.
Id.	Id.	Même type... ℞. Tête de Femme, vue de face.	Obole.	11¾	..	14	Id. n°..18.
Sélinunte.	Sicile	Jeune homme nu debout, tenant une patère... ℞. Deux Figures dans un bige..	4 Drac.	270¾	4	42	Id. n°...5.
Id.	Id.	Même type... ℞. Femme dans un bige...	Id.	....	4	40	D. n°.190.
Id.	Id.	Même type, avec la Feuille de persil... ℞. idem...	Id.	....	4	28	Id. n°.189.
Syracuse	Sicile	Quadrige, couronné par la Victoire, qui vole au dessus. ℞. Tête de Proserpine, et 4 Dauphins...	Id.	268¾	4	39½	H. n°..24.
Id.	Id	Bige précédé par la Victoire... ℞. Même tête..	Id.	....	4	38	D. n°.201.
Id.	Id.	Même type... ℞. Même tête..	Id.	271½	4	43	H. n°..41.
Id.	Id.	Homme nu, à cheval... ℞. Tête de Pallas, avec deux Dauphins...	3 Ob.	....	..	38	D. n°.208.
Id.	Id.	Pégase volant.. ℞. Tête de Minerve...	2 Drac.	131½	2	16	H. n°..89.
Id.	Id.	Même type... ℞. Tête de Proserpine...	4 Ob.	39¼	..	47½	Id. n°..69.
Id.	Id.	Pégase à mi-corps... ℞. Même tête...	2 Ob.	19½	..	24	Id. n°..73.
Id.	Id.	Pégase passant. ℞. Pégase idem.	Obole.	11¾	..	14	Id. n°..70.
Thasus.	Isle	Femme assise, tenant un vase. ℞. Vase à deux anses...	Id.	...	..	14	D. n°.222.
Thurium.	Italie	Pégase volant.. ℞. Tête de Minerve...	2 Drac.	127	2	10½	H. n°...1.
Id.	Id.	Même type... ℞. Même tête..	Id.	128¼	2	12	Id. n°...2.
Volcæ.	Gaule	Cheval au galop. ℞. Tête d'Apollon...	3 Ob.	33¾	..	41	Id. n°...1.

NOMS DES ROIS.	NOMS DES PAYS.	TYPES DES MÉDAILLES.	Modules	poids en Gr. Angl.	POIDS de France.		CABINETS.
					Gr.	Gra.	

(Médailles d'or de Rois, qui appartiennent à cette Drachme).

NOMS DES ROIS.	NOMS DES PAYS.	TYPES DES MÉDAILLES.	Modules	poids en Gr. Angl.	Gr.	Gra.	CABINETS.
Ptolémée So-ter.........	Egypte......	Aigle tenant un foudre dans ses serres .... ℞. Tête de Soter.	Tétrad	....	4	48	D. n°..64.
Battus	Cyrénaïque..	Tête jeune avec un collier..... ℞. Tête de femme tourelée...	Drac..	....	1	10	Id. n°..74.

(Médailles de Rois en argent, qui appartiennent à cette Drachme).

NOMS DES ROIS.	NOMS DES PAYS.	TYPES DES MÉDAILLES.	Modules	poids en Gr. Angl.	Gr.	Gra.	CABINETS.
Alexandre le Grand......	Macédoine...	Jupiter assis... ℞. Tête d'Hercule..........	Tridr..	....	3	31	Id. n°..91.
Id...........	Id...........	Même type...... ℞. Même tête..	Drac..	....	1	10	Id. n°.119.
Philistis.....	Sicile	Victoire dans un Quadrige..... ℞. Tête de Philistis, voilée..	Tridr.	....	3	31	Id.133,134
Id...........	Id...........	Même type..... ℞. Même tête...	Drac..	....	1	12	Id. n°.135.

N. B. Cette Drachme, du poids de 4 scrupules, suffit pour constater l'existence du *Grand Talent Attique* de Priscien, et l'évaluation qu'il en a faite à 8000 petites drachmes attiques ou à 83 liv. 4 onces, poids romain. Plusieurs Savans, parmi les modernes, avoient cru devoir rejeter ce Talent comme une chimère de l'invention de Priscien ; mais on voit que ce Priscien, pseudonyme ou non, étoit mieux instruit que ses Critiques. Si j'ai de plus désigné cette Drachme par l'épithète de *Corinthienne*, c'est qu'on y voit, pour ainsi dire, réunis les Peuples et les Villes qui, par l'adoption du type du Cheval Pégase sur leurs monnoies, se faisoient honneur d'appartenir à Corinthe, ou d'en avoir reçu quelque Colonie. Tels sont Argos et Cléones dans l'Argolide ; Ambracie dans l'Epire ; Leucade, Anactorium, Amphiloque dans l'Acarnanie; les Epicnémédiens et les Opontiens dans la Locride ; Naupacte et Lysimachie dans l'Etolie ; Syracuse en Sicile ; Thurium en Italie, et enfin les Corcyréens, qui par la suite eurent des démêlés si vifs avec cette même Corinthe dont ils tiroient leur origine.

N°. X.

DRACHME D'ABACÈNE (1) OU D'ISTRUS (2).

	Grains.		Gros. Grains.		Gros. Grains.
Obole.............. 15.		$\frac{1}{4}$ de Drachme........ 22$\frac{1}{2}$		Didrachme..... 2. ... 36.	
Diobole............ 30.		Tétrobole............ 60.		Tridrachme.... 3. ... 54.	
Triobole............ 45.		Drachme........ 1... 18.		Tétradrachme . 5.	

Cette Drachme pèse 1 gros 18 grains, et vaut 1 liv. ou 20 sous de France. Son **Talent** contient 8571 petites Drachmes Attiques, plus $\frac{27}{63}$ ou $\frac{3}{7}$ de Drachme ; il pèse, poids romain, 89 liv. 3 onces 3 $\frac{3}{7}$ drach. et vaut, argent de France, 6000 liv. Elle donne toutes les divisions de la Drachme et tous ses multiples, à l'exception du Tétradrachme.

NOMS DES VILLES.	NOMS DES PAYS.	TYPES DES MÉDAILLES.	Modules.	Poids en Gr. Angl.	Poids de France. Gr.	Gra.	CABINETS.
Abacène.....	Sicile.......	Une Tête de Sanglier...... ℞. Tête barbue.	Obole.	12$\frac{1}{4}$	..	15	H. n°...7.
Id..........	Id..........	Même type..... ℞. Même tête..	Id.....	11	..	14	Id. n°...6,
Id..........	Id..........	Même type..... ℞. Même tête, couronnée de lierre.........	Id.....	11	..	14	Id. n°...5.
Id..........	Id..........	Même type..... ℞. Même tête...	Id.....	10	..	13	Id. n°...2.
Id..........	Id..........	Même type..... ℞. Même tête...	Id.....	9$\frac{1}{2}$	..	12	Id. n°. 1, 4.
Id..........	Id..........	Même type..... ℞. Tête sans barbe et sans couronne.....	Id.....	11$\frac{1}{2}$	..	14$\frac{1}{2}$	Id. n°...8.
Aptère......	Crète.......	Guerrier nu, debout.......... ℞. Tête d'Apollon..........	2 Drac.	139	2	26	Id. n°. $\frac{1}{7}$.2.
Camarine....	Sicile......	Même type.... ℞. Le Cygne et une Victoire..	Obole.	12	..	14$\frac{3}{4}$	Id. n°....6.
Celenderis...	Cilicie......	Bouc accroupi, tournant la tête. ℞. le carré creux.	2 Drac.	145	2	33	Id. n°. ...4.
Cerætonia....	Crète.......	Une Flèche et une Lance, dans une couronne....... ℞. Tête de Diane.	Drac..	71$\frac{1}{4}$	1	15	Id. n°...1.
Chalcédoine .	Bithynie....	Un Taureau.... ℞. le carré creux	3 Ob...	35$\frac{1}{4}$	..	34	Id. n°...1.
Dyrrhachium.	Illyrie.......	Pégase volant.. ℞. Tête d'Hercule.........	Id.....	34	.	41$\frac{1}{2}$	Id. n°. .3z.
Id..........	Id..........	Même type..... ℞. Même tête...	2 Ob..	24	..	29$\frac{1}{2}$	Id. n°..33.
Istrus.......	Mœsie......	Deux Têtes, dont une renversée........ ℞. Aigle sur un Dauphin......	Drac..	74$\frac{1}{4}$	1	18	H. n°...2.

(1) Province maritime de Sicile, dans la partie méridionale de cette île. Le territoire en fut cédé par Denys, Tyran de Syracuse, aux exilés de la Messénie, du Péloponnèse, de Zacynthe et de Naupacte, vers l'an 396 avant J. C. Voyez *Diodore de Sicile.*

(2) *Istros* ou *Istropolis*, Colonie de Milet, située à l'embouchure de l'Ister ou Danube sur le Pont-Euxin, à 300 Stades de Tomes, ù le poète Ovide fut exilé.

NOMS DES VILLES.	NOMS DES PAYS.	TYPES DES MÉDAILLES.	Modules	Poids. en Gr. Angl.	POIDS de France.		CABINETS.
					Gr.	Gra.	
Itanus.......	Crète........	Un Aigle...... ℞. Tête de Pallas...........	Drac..	73	1	$17\frac{1}{2}$	H. n°....5.
Lipari.......	Isle........	Un Dauphin et un autre poisson.......... ℞. Tête de Femme...........	Obole.	12	..	$14\frac{1}{2}$	Id. n°...2.
Macédoniens. (les)	Macédoine...	Proue de Navire. ℞. Tête de Femme, couronnée de pampres...	3 Ob..	$35\frac{3}{4}$	..	$43\frac{1}{2}$	Id. n°..10.
Panormus....	Sicile.......	Figure nue, portée par le Minotaure......... ℞. Figure nue assise, tenant un Trident...	Obole.	12	..	$14\frac{1}{2}$	Id. n°...2.
Parium......	Mysie.......	Masque hérissé de Serpens.... ℞. Victoire passant..........	3 Drac.	$209\frac{3}{4}$	3	$39\frac{1}{2}$	Id. n°...1.
Id..........	Id.........	Même type.... ℞. Bœuf tournant la tête...	3 Ob..	$35\frac{1}{2}$	..	43	Id. n°...2.
Id..........	Id.........	Même type...... ℞. idem.......	Id.....	....	..	37	D. n°. 164.
Paphos......	Isle........	Tête de Femme. ℞. Une autre tête de femme.....	Id.....	36	..	44	H. n°....1.
Peiræ.......	Achaïe......	Chouette éployée, vue de face. ℞. Tête de Femme avec une tiare........	Drac..	73	1	$17\frac{1}{2}$	Id. n°...2.
Priansus.....	Crète........	Palmier entre un Gouvernail et un Dauphin... ℞. Tête de Femme...........	Id.....	$71\frac{1}{2}$	1	15	Id. n°...1.
Raucos......	Crète........	Un Trident.... ℞. Neptune debout, près d'un cheval........	Id.....	73	1	$17\frac{1}{2}$	Id. n°...2.
Sinope......	Lydie.......	Proue de Navire. ℞. Tête de Femme tourelée...	3 Ob..	$35\frac{3}{4}$	..	$43\frac{1}{2}$	Id. n°...3.
Syracuse.....	Sicile.......	Une Roue..... ℞. Tête de Femme..........	$\frac{1}{2}$ Ob..	$6\frac{1}{4}$	..	$7\frac{1}{2}$	Id. 83, 85.
Thasus......	Isle........	Faune barbu, un genou en terre, et tenant un Vase...... ℞. Tête barbue, couronnée de lierre........	Obole	$12\frac{1}{4}$	..	15	Id. n°..16.
Id..........	Id.........	Même type.... ℞. Vase à deux anses dans un carré creux...	Id...	....	..	14	D. n°. 222.
Id..........	Id.........	Même type...... ℞. idem.......	Id.....	....	..	13	Id. ibid...

(*Médailles d'or qui appartiennent à cette Drachme*).

NOMS DES VILLES.	NOMS DES PAYS.	TYPES DES MÉDAILLES.	Modules	Poids. en Gr. Angl.	POIDS de France.		CABINETS.
Panticapée...	Cherson.Taur.	Chimère ailée, sur un épi d'orge.......... ℞. Tête de Pan, couronnée de lierre....... ..	2 Drac.	$141\frac{1}{4}$	2	28	H. n°...1.
Id..........	Id..........	Même type..... ℞. Même tête...	Id.....	....	2	28	D. n°. .21.

(*Médailles de Rois en argent, qui appartiennent à cette Drachme*).

NOMS DES VILLES.	NOMS DES PAYS.	TYPES DES MÉDAILLES.	Modules	Poids. en Gr. Angl.	POIDS de France.		CABINETS.
Arsace XIII..	Parthes......	Figure assise tenant une fleche. ℞. Tête d'Arsace XIII........ .	Drac..	....	1	18	D. n°. 214.
Id..........	Id..........	Même type...... ℞. Même tête...	Id.....	....	1	15	Id. n°. 111.

Nº. XI.

DRACHME DE PYLOS OU D'ÉLIDE (1).

	Grains.		Gros. Grains.		Gros.	Grains.
Obole	16.	¼ de Drachme	24.	Didrachme	2.	48.
Diobole	32.	Tétrobole	64.	Tridrachme	4.	
Triobole	48.	Drachme	1.. 24.	Tétradrachme	5.	24.

La Drachme de Pylos pèse 1 gros 24 grains, et vaut 21 sous 4 deniers. Son Talent contient 9142 petites Drachmes Attiques plus $\frac{54}{61}$ ou $\frac{6}{7}$ de drachme; il pèse, poids Romain, 95 liv. 2 onces 6 $\frac{6}{7}$ drac. et vaut, argent de France, 6400 liv. Point de divisions supérieures à la Drachme, excepté le Médaillon de Lysimaque.

N. B. Son Tridrachme est égal au Tétradrachme d'Ephèse, ci-dessus nº. V.

NOMS DES VILLES.	NOMS DES PAYS.	TYPES DES MÉDAILLES.	Modules.	Poids en Gr. Angl.	POIDS de France. Gr.	Gra.	CABINETS.
Acarnaniens (les)	Acarnanie	Apollon nu, assis ℞. Tête du Minotaure	Drac.	77½	1	21	H. nº...2.
Béotiens (les)	Béotie	Neptune debout. ℞. Tête de Cérès.	Id.	77¾	1	23½	Id. nº...9.
Id.	Id.	Victoire debout. ℞. Tête de Jupiter	Id.	74¼	1	19	Id. nº..10.
Bruttiens (les)	Italie	Figure nue, debout, et tenant une haste ℞. Tête de la Victoire	Id.	74¾	1	20	Id. nº...2.
Camarine	Sicile	Un Oiseau ℞. le carré creux.	Obole.	13¼	..	16	Id. nº...5.
Carthage	Afrique	Un Cheval, au dessus duquel vole la Victoire. ℞. Tête de Cérès.	Drac.	75½	1	20½	Id. nº..14.
Id.	Id.	Tête de Cheval. ℞. Tête de Cheval	½ Ob.	6¼	..	7½	Id. nº..18.
Cnossus	Crète	Le Labyrinthe. ℞. Tête barbue.	3 Ob.	39	..	47½	Id. nº...5.
Corcyre	Isle	Bœuf à mi-corps ℞. Jardins d'Alcinoüs, et une grappe de raisin	Drac.	77	1	23	Id. nº...1.
Id.	Id.	Pégase s'elançant d'une barque ℞. Tête jeune	Id.	78¾	1	24	Id. nº...9.
Eleutherne	Crète	Figure nue debout, tenant un arc, dans un carré ℞. Tête jeune	3 Ob.	39	..	47½	Id. nº...2.
Id.	Id.	Même type, sans le carré ℞. Tête d'Apollon	Drac.	78	1	23¼	Id. nº...3.

(1) Province maritime du Péloponnèse, entre l'Achaïe et la Messénie. Elle étoit sur-tout célèbre par les Jeux Olympiques, établis dans la ville de Pise ou d'Olympie; le commerce et la pompe de ces jeux y attiroient un concours prodigieux de toutes les parties de la Grèce. Quant à Pylos, il y avoit dans le Péloponnèse trois villes de ce nom, la première dans la Messénie, les deux autres dans l'Elide. L'une de celles-ci, nommée *Pylus Æleus*, parce qu'elle étoit peu distante d'Elis, capitale de la province, répondoit à la partie septentrionale de l'île de Zacynthe; la seconde, nommée *Pylus Triphyliacus*, disputoit à celle de Messénie l'honneur d'avoir eu Nestor pour Roi. *Voyez* Strabon.

C c

NOMS DES VILLES.	NOMS DES PAYS.	TYPES DES MÉDAILLES.	Modules.	Poids en Gr. Angl.	POIDS de France.		CABINETS.
					Gr.	Gra.	
Emporiæ....	Espagne.....	Pégase volant... ℞. Tête de Cérès	Drac..	$74\frac{1}{4}$	1	19	H. n°...1.
Id..........	Id..........	Cheval au dessus duquel vole la Victoire...... ℞. Tête de Fem-me..........	Id....	....	1	19	D. n°.113.
Id..........	Id..........	Même type..... ℞. Tête de Cérès.	Id....	....	1	17	Id. n°.112.
Epirotes (les).	Epire.......	Aigle sur un fou-dre , dans une couronne..... ℞. Tête de Ju-piter.........	Id....	$75\frac{3}{4}$	1	$20\frac{3}{4}$	H. n°...1.
Id..........	Id..........	Foudre dans une couronne de chêne........ ℞.Têtes accolées de Jupiter et de Junon........	4 Ob..	44	..	54	Id.n°....4.
Falisques (les)	Italie.......	Foudre ailé.... ℞. Aigle déchi-rant un lièvre.	Drac..	$75\frac{1}{4}$	1	20	Id. n°...6.
Gela........	Sicile......	Le Minotaure à mi-corps...... ℞. Un Cheval..	Obole.	$12\frac{1}{2}$	..	15	Id. n°..19.
Léontins (les).	Sicile.......	Un Lion à mi-corps........ ℞. le carré creux	3 Ob...	$35\frac{1}{2}$	..	43	Id. n°...2.
Id..........	Id..........	Même type..... ℞. idem.......	Id.....	38	..	$46\frac{1}{2}$	Id. n°..14.
Id..........	Id..........	Même type.... ℞. Figure nue debout, devant un autel......	Obole.	$13\frac{1}{4}$	..	16	Id. n°..17.
Maléens (les).	Laconie.....	Oiseau volant, tenant un Ser-pent........ ℞. le carré creux.	3 Ob...	....	..	46	D. n°. 145.
Id..........	Id..........	Idem sans le Serpent....... ℞. idem........	Id.....	....	..	38	Id.n°. 144.
Id..........	Id..........	Même type...... ℞. idem.......	Id.....	$37\frac{1}{4}$	..	$45\frac{1}{2}$	H. n°. ...1.
Maronée.....	Thrace......	Cheval à mi-corps........ ℞. Grappe de raisin dans un carré........	Id.....	$39\frac{1}{4}$	..	$47\frac{1}{2}$	Id. n°..26.
Mesambria ..	Thrace......	Un Casque..... ℞. ΜΕΣΑ entre les rayons d'une roue.........	$\frac{1}{4}$ Drac.	$18\frac{1}{2}$	..	$22\frac{1}{2}$	Id. n°. ...2.
Methymne...	Lesbos......	Lyre, dans un carré creux.... ℞. Tête de Pal-las..........	3 Ob..	39	..	$47\frac{1}{4}$	Id. n°...1.
Milet.......	Ionie........	Lion tournant la tête vers un Astre........ ℞. Tête d'Apol-lon..........	Drac..	78	1	$23\frac{1}{2}$	Id. n°...1.
Polyrhenium.	Crète.......	Tête de Bœuf, vue de face.... ℞. un fer de lance	Id.....	76	1	$20\frac{1}{2}$	Id. n°...3.
Pylos.......	Elide.......	Bœuf, au dessus duquel est un Dauphin...... ℞. le carré creux à 4 partitions..	Drac..	....	1	24	D. n°. 175.
Id..........	Id..........	Même type..... ℞. idem.......	3 Ob..	....	..	46	Id. n°.176.
Id..........	Id..........	Même type...... ℞. idem........	$\frac{1}{4}$ Drac.	....	..	23	Id. n°.177.
Syracuse....	Sicile.......	Diane avec un Chien........ ℞. Tête de Pal-las........	2 Drac.	$157\frac{1}{2}$	2	48	H. n°...62.
Id..........	Id..........	Cheval au galop. ℞. Un Herma-thènes........	2 Ob..	$24\frac{1}{2}$	..	$29\frac{1}{2}$	Id. n°..71.

NOMS DES VILLES	NOMS DES PAYS.	TYPES DES MÉDAILLES.	Modules.	Poids en Gr. Angl.	POIDS de France.		CABINETS.
					Gr.	Gra.	
Tauromenium........	Sicile........	Tête de Bœuf, vue de face.... ℞. Une grappe de raisin......	Obole.	$13\frac{1}{4}$	..	16	H. n°...2.

(Médaille de Roi en argent, qui appartient à cette Drachme).

NOMS DES VILLES	NOMS DES PAYS.	TYPES DES MÉDAILLES.	Modules.	Poids en Gr. Angl.	POIDS de France.		CABINETS.
Lysimaque...	Macédoine...	Pallas assise... ℞. Tête de Lysimaque avec la corne de bélier.	4 Drac.	....	5	12	D. n°. 128.

N. B. On peut observer que les monnoies de Pylos, de Camarine, des Léontins et des Maléens, que présente cette Drachme, sont toutes avec le carré creux, et conséquemment de fabrique très-ancienne, puisqu'elles sont antérieures à l'an 664 avant J. C., époque où l'art monétaire fut assez perfectionné pour substituer un type et des légendes au mécanisme grossier qui subsistoit alors. On peut observer aussi que la plupart de ces monnoies de fabrique très-ancienne, sont venues se ranger, les unes sous les petites Drachmes des n°s. I à IV, les autres sous les grandes Drachmes de nos derniers numéros, et qu'il ne s'en trouve qu'un très-petit nombre sous les Drachmes intermédiaires ; d'où l'on peut conclure que dans ces premiers temps, le poids des monnoies fut fort inégal, et vraisemblablement proportionné à la richesse plus ou moins grande du peuple qui les faisoit frapper. Beaucoup n'eurent que des monnoies de cuivre, et s'ils en firent fabriquer d'argent, ces monnoies n'excédoient point le poids de la Drachme, ou tout au plus du Didrachme. En général le poids des premières monnoies d'or et d'argent, d'abord foible chez les Grecs et chez les Romains, s'accrut avec les richesses de ces peuples, et diminua par la suite dans la même proportion. C'est ce qui se fait sur-tout remarquer dans la décadence de l'Empire Romain, par l'altération du titre des monnoies, qui jusqu'alors avoit été respecté. La seule monnoie d'or se maintint dans sa pureté jusqu'à la fin du même Empire Romain.

N°. X I I.

DRACHME DE RHEGIUM (1) OU DE NAXOS.

	Grains.		Gros.	Grains.		Gros.	Grains.
Obole	$17\frac{1}{2}$	$\frac{1}{4}$ de Drachme		$26\frac{1}{4}$	Didrachme	2.	66.
Diobole	35.	Tétrobole		70.	Tridrachme	4.	27.
Triobole	$52\frac{1}{2}$	Drachme	1	33.	Tétradrachme	5.	60.

La Drachme de Rheginm pèse 1 gros 33 grains, et vaut 23 sous 4 den. Son Talent contient 10000 petites Drachmes Attiques. C'est la Myriade ; il pèse, poids romain, 104 liv. 2 onces, et vaut, argent de France, 7000 liv. Elle donne toutes les divisions inférieures ; mais point de multiples au dessus du Didrachme.

N. B. Si les 10 Oboles Attiques que valoit la Drachme d'Egine, étoient des Oboles du n°. II, alors le Talent d'Egine viendroit se confondre avec celui de Rhegium.

NOMS DES VILLES.	NOMS DES PAYS.	TYPES DES MÉDAILLES.	Modules.	Poids en Gr. Angl.	POIDS de France.		CABINETS.
					Gr.	Gra.	
Arcadia	Crète	Minerve debout. ℞. Tête de Jupiter Ammon..	Drac..	82	1	28	H. n°....4.
Aspendus	Cilicie	Un Homme à cheval. ℞. Un Sanglier.	Id....	$84\frac{1}{2}$	1	31	Id. n°..15.
Id.	Id.	Un Bœuf accroupi. ℞. La Triquètre.	3 Ob..	40	..	49	Id. n°..16.
Axia.	Italie	Un Trépied.... ℞. Tête d'Apollon.	Drac..	$82\frac{3}{4}$	1	29	Id. n°...1.
Catane	Sicile	Un Foudre ailé. ℞. Tête barbue, couronnée de lierre.	Obole.	$14\frac{1}{4}$	..	$17\frac{1}{2}$	Id. n°..13.

(1) La Ville de *Rhegium*, aujourd'hui *Reggio*, est située sur le détroit qui sépare l'Italie de la Sicile. Elle porte dans son nom même, qui veut dire *arracher*, *emporter*, le monument d'une révolution qui détacha l'Italie de la Sicile. C'est ce qu'Ovide exprime très-élégamment dans les vers suivans :

Zancle *quoque juncta fuisse*
Dicitur Italiæ, donec confinia pontus
Abstulit et mediâ tellurem reppulit undâ.

Métamorph. Lib. XV.

C'est ainsi que l'île d'Eubée fut anciennement séparée de la Grèce, l'Irlande de l'Angleterre, l'Angleterre de la France, et l'Europe de l'Afrique au Détroit de Gibraltar.

Quant à *Zancle*, ville ancienne et célèbre de la Sicile, sur le détroit qui sépare cette île de l'Italie, Thucydide nous apprend qu'elle fut fondée par les Sicules, peu après leur arrivée en Sicile, c'est-à-dire vers l'an 1058, avant notre Ere. Ce nom lui a été donné parce qu'au rapport d'Etienne de Byzance, elle avoit la forme d'une faulx, que les Sicules appelloient en leur langue Ζάγκλον. Les Samiens s'en rendirent maîtres, après la prise de Milet, vers l'an 497 avant notre ére ; mais trois ans après, Anaxilas, tyran de Rhegium, qui étoit Messénien, s'en empara et lui donna le nom de *Messana*, de celui de sa patrie. C'est aujourd'hui *Messine*, et il est assez remarquable que les monnoies de cette ville, qui sont postérieures à l'époque du changement de son ancien nom, viennent se placer sous les Drachmes des n°s. VIII et IX, tandis que celles qui portent au revers d'un carré creux à beaucoup de partitions, le nom de *Zancle*, en caractères grecs de la plus haute antiquité, appartiennent à la Drachme de *Rhegium*, comme on le voit ici.

NOMS DES VILLES.	NOMS DES PAYS.	TYPES DES MÉDAILLES.	Modules.	Poids en Gr. Angl.	Gr.	Gra.	CABINETS.
Cnossus......	Crète........	Le Labyrinthe.. ℞. Tête de Femme..........	Drac..	$83\frac{3}{4}$	1	30	H. n°....6.
Elyrus......	Crète........	Une Abeille.... ℞. Tête de Bouc et une lance...	Id.....	$82\frac{1}{2}$	1	$28\frac{1}{2}$	Id. n°....1.
Éphèse......	Ionie........	Même type.... ℞. Un Cerf près d'un palmier..	Id.....	$83\frac{3}{4}$	1	30	Id. n°....9.
Id...........	Id..........	Même type..... ℞. Deux têtes de Daim en regard	Obole.	$13\frac{1}{2}$	..	16	Id. n°...18.
Héraclée.....	Macédoine...	Tête d'Hercule. ℞. le carré creux à 4 partitions..	2 Ob..	28	..	$34\frac{1}{2}$	Id. n°....2.
Id.., ...	Id..........	Même type..... ℞. idem.......	Obole.	14	..	$17\frac{1}{4}$	Id. n°....3.
Himera......	Sicile	Un Coq....... ℞. le carré creux à 8 partitions..	Drac..	85	1	$31\frac{1}{2}$	Id. n°....3.
Itanus.......	Crète........	Aigle dans un carré creux... ℞. Tête de Pallas..........	Id.....	$82\frac{1}{2}$	1	$28\frac{1}{2}$	Id. n°....3.
Id...........	Id..........	Même type..... ℞. Même tête...	3 Ob..	$40\frac{1}{2}$	..	49	Id. n°....4.
Istrus.......	Mœsie.......	Deux têtes, dont une renversée.. ℞. Aigle sur un Dauphin......	Drac..	$85\frac{1}{4}$	1	$32\frac{1}{2}$	Id. n°....3.
Lyttus......	Crète........	Aigle volant.... ℞. Tête de Sanglier dans un carré creux....	Id.....	82	1	28	Id. n°....7.
Naxos.......	Isle.........	Une grappe avec ses pampres... ℞. Tête de Silène, couronnée de lierre......	Id.....	86	1	33	Id. n°....1.
Id..........	Id..........	Même type..... ℞. Même tête...	Obole.	12	..	$14\frac{1}{2}$	Id. n°....2.
Phalasarne...	Crète........	Un Trident.... ℞. Tête de femme..........	2 Drac.	$170\frac{3}{4}$	2	64	Id. n°....1.
Id...........	Id..........	Même type..... ℞. Même tête...	Drac..	$85\frac{1}{2}$	1	32	Id. n°....2.
Id.-	Id..........	Même type..... ℞. Même tête...	3 Ob..	$39\frac{1}{2}$	..	48	Id. n°....4.
Pylos........	Elide........	Bœuf au dessus duquel est un Dauphin...... ℞. le carré creux.	Drac..	$80\frac{3}{4}$	1	$26\frac{1}{2}$	Id. n°....1.
Raucos......	Crète........	Un Trident.... ℞. Neptune debout, près d'un cheval.......	2 Drac.	171	2	64	Id. n°....1.
Rhegium....	Italie.......	Tête de Lion, vue de face.... ℞. un Veau à mi-corps.........	Drac..	$86\frac{1}{4}$	1	33	'd. n°....3
Id...........	Id..........	Même type..... ℞. idem.......	Id.....	....	1	31	D. n°. 178
Id...........	Id..........	Même type..... ℞. le carré creux.	4 Ob..	$47\frac{1}{2}$	..	58	H. n°....1
Id...........	Id..........	Même type..... ℞. Une branche de laurier....	Obole.	$11\frac{1}{2}$	..	$13\frac{1}{2}$	id. n°....9.
Tuder.......	Italie.......	Un Aigle éployé.. ℞. Tête barbue.	Drac..	$83\frac{1}{4}$	1	$29\frac{1}{2}$	id. n°....1.
Zancle (qui fut depuis Messine)...	Sicile	Dauphin dans un Croissant..... ℞. le carré creux à 13 partitions.	Id.....	$85\frac{1}{2}$	1	32	Id. n°....1.
Id...........	Id..........	Même type.... ℞. Même carré creux........	Obole.	$11\frac{3}{4}$	..	14	Id. n°....2.

NOMS DES ROIS.	NOMS DES PAYS.	TYPES DES MÉDAILLES.	Modules.	Poids en Gr. Angl.	POIDS de France.		CABINETS.
					Gr.	Gra.	
(Médailles d'or de Rois, qui appartiennent à cette Drachme).							
Agathocle ...	Sicile	Un Foudre.... ℞. Tête de Pal-las.............	Drac..	....	1	34	Rois. D. n°. .59.
Id............	Id..........	Même type...... ℞. Même tête...	Id....	....	1	35	Id. Ibid..
(Médaille de Roi en argent, qui appartient à cette Drachme).							
Pyrrhus......	Epire	Pallas debout... ℞. Tête de Cérès.	Drac· .	....	1	33	Ib. n°.131.

N. B. J'ai cru pouvoir rapporter à cette Drachme les deux médailles ou demi-statères d'or d'Agathocle, quoique leur poids excède d'un à deux grains celui qui convient à la Drachme de Rhegium. Quant à certaines petites monnoies d'or de fabrique très-ancienne et sans légende, connues des Antiquaires sous le nom de *Nummi Catanenses*, parce qu'on les attribuoit à la ville de Catane, je ne les ai point fait entrer dans ces Tables, par la raison que ces monnoies sont la plupart d'un or bas, et que de plus on n'a rien de certain sur le lieu, le peuple ou la contrée qui les fit fabriquer. Quoique très-variées dans leurs types, leur poids ne s'élève guère au dessus de 46 à 48 grains. Des 19 qui sont décrites p. 63 du Catalogue de M. D'Ennery, quelques-unes sont sous la forme de petites boules aplaties ; d'autres un peu moins épaisses, ont au revers d'une tête, soit de Jupiter, soit de Cybèle, d'Apollon, de Mars, de Mercure, de Minerve, &c. un ou plusieurs carrés creux, mais pour l'ordinaire une autre tête ou symbole dans un carré moins profond que sur celles où l'on ne voit aucun symbole au revers.

N°. XIII.

DRACHME OU TALENT D'ALEXANDRIE.

	Grains.			Gros. Grains.			Gros. Grains.	
{ Obole..............	21. }	¼ de Drachme........	31½	{ Didrachme......	3.	... 36. }
{ Diobole.............	42. }	Tétrobole....... 1...	12.	{ Tridrachme....	5.	... 18. }
{ Triobole............	63. }	Drachme........ 1...	54.	(Tétradrachme .	7.	... ...)

Le Talent d'Alexandrie, dont il n'existe point de Drachme particulière si ce n'est celle des Anciens Rois Perses, contenoit 12000 petites Drachmes Attiques ou 2 Talens; il pèse, poids romain, 125 liv., comme nous l'apprend St. Epiphane (a). Ce Talent est le même que celui des Hébreux (b).

N. B. On ne connoit point de Monnoies de Villes Autonomes qui appartiennent à cette Drachme; mais elle paroît avoir été celle des Anciens Rois Perses, de la Race des Achæménides, sur lesquelles on voit le costume et les figures symboliqees dont il existe encore des vestiges dans les Ruines de Persépolis.

NOMS DES ROIS.	TYPES DES MÉDAILLES.		Modules	poids en Gr. Angl.	POIDS de France.		CABINETS.
					Gr.	Gra.	Médailles de Rois.
Anciens Rois Perses.......	Figure dans un char pareil à ceux des Ruines de Persépolis....	℞. Une Galère à 18 rameurs	Tétrad	....	6	53	D. n°. 194.
Id............	Homme barbu, sur un animal ailé, à tête de cheval, et à longue queue de poisson....	℞. Une Chouette, une Houlette et un Fléau.	Didr...	....	3	34	Id. n°.196.
Id............	Un Mage prêt à percer d'un poignard un Lion élevé sur ses 2 pattes de derrière, comme il s'en voit dans les ruines de Persépolis.....	℞. Galère à 8 rames ..	Obole.	..... .		16	Id. n°. 195.

(a) Saint-Epiphane, Evêque de Salamine, qui vivoit sous Théodose, dit que le *Talent d'Alexandrie* pesoit 125 liv. romaines. Voici le passage de ce Père :

« Talentum, *super omnia pondera quibus alia appenduntur excellit. Existit verò* CXXV *librarum. Sextæ* « *millesimæ verò Talenti partes* Assaria *nominantur;* LX *verò* Assaria Denarius *nominatur;* centum autem « *Denaria* Argyrus id est *Argenteus existebat.* »

Pour l'intelligence de ce passage, qui est relatif à la monnoie de cuivre de Constantin et de ses successeurs, je vais présenter ici le tableau de ces monnoies :

1°. L'*Assarion*, dit aussi *Lepton* (1) ou *Kodrantès* étoit une monnoie de cuivre

(1) Quelques Auteurs distinguent le Lepton de l'Assarion, et ne lui donnent que le poids d'une drachme ; sous ce point de vue l'Assarion vaudroit 2 Leptons, et comme le *Moyen Bronze* de cette époque ne peut avoir été que l'Assarion, le Lepton seroit un *petit bronze*. Eusèbe Pamphile vient à l'appui de ce sentiment, puisqu'il dit que « le *Kodrantès* est une monnoie du poids de 6 scrupules et que le *Lepton* pèse 3 scrupules. »

(b) Voyez la note (b) de la page suivante.

du poids de 2 petites drachmes attiques, et par conséquent la 6000ᵉ. partie du Talent d'Alexandrie, qui en pesoit 12 mille. Cet Assarion valoit un grain d'argent ou environ 3 deniers de notre monnoie.

2°. Le *Nummus*, dit aussi *Phollis* ou *Tétrassarion*, de sa valeur de 4 Assarions, étoit une monnoie de cuivre (*de grand bronze*) du poids d'une once romaine ; il y avoit ainsi 12 Phollis ou 48 Assarions à la livre de cuivre (1).

3°. Le *Denier* ou *Miliarésion*, valoit 15 Phollis ou 60 Assarions (2). Sous Constantin, il ne pesoit guère que 60 de nos grains ; il étoit par conséquent de cent de taille à la livre. Ne seroit-ce pas le *Centonialis nummus*, dont il est fait mention dans une constitution d'Arcadius et Honorius ; *Leg.* 2, *tit.* 23, *Lib. IX* du Code Théodosien ?

4°. Le *Sou d'or* valoit 20 de ces deniers, 300 Phollis ou 1200 Assarions.

5°. Enfin l'*Argyre* (3) ou *Livre d'argent*, valoit 5 sous d'or, 100 deniers de Constantin, 1500 Phollis ou 6000 Assarions, qui, comme on vient de le voir, étant du poids de 2 drachmes, font 12000 drachmes ou 125 liv. pesant de cuivre pour une livre d'argent,

(b) « *Talentum Hebræorum*, dit Capelle, *pendet Siclorum sanctuarii tria « millia ; Drachmarum Atticarum duodecim millia ; civiles Hebræorum minas « sexaginta ; sacras quinquaginta ; Atticas centum et viginti ; libras Parisienses « octoginta duo et semunciam ; Romanas centum viginti quinque ».* De Ponderib. et Numm. Lib. 1. §. 124. C'est de ce Talent, évalué en *Mines Attiques*, dont parle Vitruve (*Lib. X. C.* 31.) à l'occasion de la tortue d'Agétor de Bysance, lorsqu'il dit : Cent hommes gouvernoient cette machine dont le poids étoit de 4000 Talens, ce qui fait 480000 livres. De même, lorsque Denys d'Halicarnasse (*Lib. IX.*), dit « que l'As a été du poids d'une livre, et que 2000 As forment seize Talens de cuivre » ; il est évident qu'il parle du Talent hébraïque ou d'Alexandrie, qui pesoit 125 liv. romaines, ou 12000 deniers, selon Festus, qui prend ici la drachme pour le denier. Présentement si l'on suppose que les 12000 drachmes, du poids de 63 grains, fussent d'argent, ce Talent répondoit à 8400 livres de France ; mais lorsqu'il représente les 125 livres romaines pesant de cuivre auxquelles étoit évaluée l'*Argyre* ou livre d'argent, ce Talent n'offre plus qu'une valeur effective d'environ 70 à 80 liv. de notre monnoie. Quant au

---

(1) Il paroît par les Constitutions des Empereurs (*Justinian. in legib. Georgicis de furto.*) que la Silique d'or valoit, vers l'an 534, 12 phollis ou onces de cuivre ; d'où il suit que la livre d'or valoit 1728 liv. de cuivre, et le sou d'or 24 liv. ou 288 phollis ; ce qui ne donne que 120 liv. de cuivre à la liv. d'argent ; mais cette proportion n'existoit pas du tems de Théodose, car une loi de son Code nous apprend, que le trésor public recevoit des particuliers, le sou d'or pour 25 livres de cuivre ou 300 phollis, ce qui fait 1500 phollis ou 125 liv. de cuivre à la livre d'argent. « *Æris prætia quæ a provincialibus postulantur, ita exigi volumus, ut pro* viginti quinque « *libris æris solidus a possessore reddatur*). Loi d'Arcad. et d'Honor. en 396, *lib. XII, Cod. Theod. tit.* 21, *leg.* 2).

(2) Selon Suidas le phollis contenoit 4 Assarions ; suivant Eusèbe Pamphile, l'once contenoit 4 Assarions, ou 4 Kodrantès ; enfin selon Saint-Epiphane, Saint-Maxime, Saint-Heron, &c. le denier contenoit la valeur de 60 Assarions ou Leptons. Il est aussi parlé du *Lepton* dans Saint-Luc, Chap, XII. 59 et XXI. 2 ; du *Kodrantès* dans Saint-Mathieu, Chap. V. 26 ; du Lepton comparé avec le Kodrantès dans Saint-Marc, Chap. XII. 42 : de l'*Assarion* dans Saint-Mathieu, Chap. X. 29, et enfin de l'*Argyre*, ibid. Chap. XXVI. 15 et XXVII. 9.

(3) Le nom d'*Argyre*, que les Latins rendent par celui d'*Argenteus*, se donne aussi quelquefois au *Sicle* et même à la *Drachme* ou denier d'argent, de même que le mot *Chrysor*, ou l'*Aureus* des Latins, désigne presque toujours le Didrachme ou *Statére d'or.*

Talent d'or numismatique des Hébreux, c'étoit un tristatère d'or du poids de six petites drachmes attiques du n°. II, et de la valeur de 75 des mêmes drachmes ou de 52 liv. 10 sous de notre monnoie; ainsi cent de ces Talens d'or numismatiques, égaux à 300 chrysos, ne valoient qu'un Talent d'argent ordinaire ou de compte, tandis que le Talent d'or ordinaire ou de compte, valoit 3000 Chrysos, 1000 Talens d'or numismatiques ou 10 Talens d'argent. C'est ce que M. Paucton n'a point compris. (*Voyez sa Métrolog. p.* 360, et suiv.).

Au reste, il est bon d'observer ici que, depuis Solon, la nouvelle Mine étant composée de 100 drachmes, elle valoit un OCTODRACHME ou 4 statères d'or, évalués dans la proportion douzième et demie, tandis qu'elle valoit un DÉCADRACHME, ou 5 statères d'or si la proportion de l'or à l'argent n'étoit que dixième, comme elle l'a toujours été depuis chez les Athéniens. La *Mine Syrienne* n'étant, suivant Pollux, que de 25 drachmes, il y a lieu de présumer que le Talent d'or numismatique de Syrie n'étoit que le *statère d'or,* évalué dans la proportion douzième et demie, et qu'il y avoit par conséquent trois de ces petits Talens au Talent d'or numismatique ancien ou Tristatère d'or, désigné par Eustathe, le commentateur d'Homère, sous le nom de *Talent Macédonien.* En effet il est quelquefois parlé de celui-ci dans l'Histoire d'Alexandre le grand, par Quinte-Curce et par Arrien.

Quant au Talent d'or ordinaire ou de compte, on lit dans l'Expédition des dix mille par Xénophon, que Cyrus fit donner au devin Silanus 3000 *Dariques ou dix Talens d'argent,* ce qui prouve que ce Talent d'argent valoit 300 Dariques et qu'il y en avoit 3000 au Talent d'or; or la Darique étoit une monnoie d'or de la Perse, du même poids que les Statères d'or de *Philippe* et d'*Alexandre,* (voyez ci-dessus la Drach. n°. VIII.) Ces *Dariques* ou Statères d'or s'appeloient encore *Cyzicènes* (*Cyzicenus Stater*), parce que c'étoit à Cyzique, ville de Mysie et colonie de Milet, que se fabriquoient les plus belles monnoies de l'Asie. J'ai cité, dans la Drachme d'Ionie (*ci-dessus n°. V.*) un Tétradrachme d'argent de Cyzique; M. Pellerin possédoit quatre *Cyzicènes* d'or (*a*), mais comme ce célèbre Antiquaire n'a point fait connoître le poids des Médailles qu'il a décrites, je ne puis décider si le statère d'or de Cyzique vient se ranger par son poids sous la Drachme Ephésienne, ou sous quelqu'une des fortes Drachmes Attiques. Quoi qu'il en soit, on prétend qu'il valoit 28 drachmes Attiques, tandis que la Darique n'en valoit que 20 dans la proportion dixième et 25 dans la proportion douzième et demie.

(*a*) La première est un *Demi-Statère* ayant, au revers d'une tête de lion, deux carrés creux. Les trois autres pièces sont des *Quarts de Statère,* deux desquels ont au revers d'une tête de lion, la tête de Proserpine, et le troisième une tête de chèvre.

E e

N°. XIV.

DRACHME D'ÉGINE.

	Grains.		Gros. Grains.		Gros. Grains.
Obole	23 $\frac{1}{3}$	$\frac{1}{4}$ de Drachme	35.	Didrachme	3. ... 64.
Diobole	46 $\frac{2}{3}$	Tétrobole	1.. 21 $\frac{1}{3}$	Tridrachme	5. ... 60.
Triobole	70.	Drachme	1.. 68.	Tétradrachme	7. ... 56.

Si cette Drachme étoit composée de 10 grandes oboles Attiques de 14 grains, son Talent devoit contenir 13333 $\frac{1}{3}$ petites drachmes Attiques, et peser, poids Romain, 138 liv. 10 onces 5 $\frac{1}{3}$ drac. ; mais en la supposant de 10 petites oboles Attiques de 10 $\frac{1}{2}$ grains, alors son Talent seroit le même que celui de Rhegium ou de 10000 des mêmes drachmes.

NOMS DES VILLES	NOMS DES PAYS.	TYPES DES MÉDAILLES.	Modules.	Poids en Gr. Angl.	POIDS de France.		CABINETS.
					Gr.	Gra.	
Égine	Isle	Tête de Bélier.. ℞. le carré creux à 4 partitions..	Obole.	19	..	23 $\frac{1}{3}$	H. n°....1.
Bisaltia	Macédoine	Homme nu, debout, près d'un cheval ℞. idem	4 Drac.	448	7	43	Id. n° ...1.
Id	Id	Même type..... ℞. idem	3 Ob...	58 $\frac{3}{4}$	..	71 $\frac{1}{2}$	Id. n°...2.

N. B. On lit dans Pollux que la Drachme d'Egine, appelée par les Athéniens la *Grande Drachme,* (a) contenoit 10 Oboles Attiques : or dix Oboles Attiques de 14 grains, font 140 grains ou 2 gros moins 4 grains. Les 19 grains anglois que pèse l'obole d'Égine, rapportée dans le Catalogue d'Hunter, répondent à 23 $\frac{1}{3}$ grains de France qui, multipliés par 6, donnent une Drachme de 140 grains ; telle que l'Histoire nous dit avoir été celle d'Egine. La Médaille de Syracuse (*Hunt,* n°. 14) qui pèse 669 $\frac{1}{4}$ grains anglois ou 11 gros 24 grains de France, peut être considérée comme un Hexadrachme d'Egine, dont le poids exact est de 11 gros 48 grains. Ces sortes d'Hexadrachmes ont été quelquefois désignés sous le nom de *Talent Sicilien,* (*Talentum Siculum numismaticum* (*b*).

(a) *Verumtamen Ægineam drachmam Atticâ majorem, decem enim habebat obolos Atticos, Athenienses magnam vocarunt, Æginorum odio, Ægineam appellare nolentes.* Jul. Poll. Lib. IX. Cap. VI. Segm. 76. Plusieurs passages de Xénophon nous font connoître que c'étoit en *Drachmes d'Egine* que les Lacédémoniens exigeoient les tributs, les rançons des prisonniers de guerre, et les contributions de leurs alliés.

(b) L'ancien Scholiaste d'Aristophane nous apprend que, chez les Athéniens, celui qui avoit tué un jeune loup recevoit du trésor public un Talent, et le double si c'étoit un vieux (*Aristoph. Com. des Oiseaux*). Si les loups n'étoient pas aussi rares dans l'Attique qu'ils le sont aujourd'hui dans la Grande-Bretagne, on doit croire qu'il ne s'agit ici que du *Talent numismatique,* équivalent à une pistole environ de notre monnoie. C'est encore parmi nous la récompense que les Intendans de différentes provinces du royaume proposent pour chaque tête de loup qu'on leur apporte.

TABLE X.

Différentes époques de la Monnoie d'or chez les Romains, et ses rapports avec l'argent.

1°. SOUS LA RÉPUBLIQUE.

PREMIÈRE ÉPOQUE;

Depuis l'an de Rome 547 (avant J. C. 207), où la monnoie d'or commença dans la République, jusque vers l'an 560; le Scrupule romain, de 288 à la livre, ayant pesé 21 grains et suivant M. de la Nauze 21 $\frac{1}{3}$ grains.

TYPES DES MÉDAILLES.	POIDS.			CABINETS.
	Scru-pules.	Gr.	Grains.	
1. Tête de Mars casquée, dans le champ XX (*20 Sesterces ou 5 Deniers*)...............................	I.	..	21	D'Ennery, n°. 116. Sainte - Géneviève.
ROMA. Aigle posé sur un foudre.......................	....	..	20$\frac{1}{2}$	Cabinet du Roi.
288 à la livre romaine; point en argent de ce type..	....	..	20$\frac{2}{3}$	Pembrock.
2. Même tête; dans le champ XXXX (*40 Sest. ou 10 den.*).	II.	..	40$\frac{1}{2}$	Id..............
ROMA. Même type................................				
144 à la livre; point en argent de ce type..........	....	..	....	....
3. Tête de Janus. ℞. Jupiter dans un quadrige............	II$\frac{1}{2}$.	..	51	D'Ennery, n°. 117.
114 à la livre...............................	....	1	57	
Même type en argent. ROMA en creux (*Didrachme ou 2 deniers*)...................................	....	1	48	Ibid. n°. .....387.
Même type en argent. ROMA en relief. (*Didrach. plus foible*)(a)...................................	....	1	39	Ibid. n°. .....388.
Même type en argent. ROMA......*Denier*............	....	..	63	Ibid. n°. .....389.
4. Tête de Mars; dans le champ VX. (*60 Sest, ou 15 den.*).	III.	..	64	Cabinet du Roi.
ROMA. Aigle posé sur un foudre.....................			63	D'Enn. n°.114,115.
96 à la livre; point en argent de ce type.........			62$\frac{1}{2}$	Pembrock.
5. CN. BLASIO CN. F. Tête casquée....................	V.	1	33	Cabinet du Roi.
℞. Trois figures debout. (*100 Sest. ou 25 deniers.*)......				
Même type en argent. Famille *Cornelia, poids 72, 73 et même 74 grains*..............................	....	..	....	D'Enn. Cons.

N. B. Toutes les piéces d'or romaines du poids d'un, de deux et de trois scrupules et de la valeur de 20, de 40 ou de 60 Sesterces exprimée sur ces médailles, appartiennent à eette époque. Il en est de même des Deniers Consulaires du

(a) Ces monnoies plus fortes du double que le Denier ordinaire, ont certainement précédé celui-ci, comme le prouve la forme antique de la lettre A, dans celles où le mot ROMA est en creux : elles favorisent l'opinion de ceux qui pensent que le *Denier* étoit de 48 de taille à la livre lorsque l'As excédoit le poids d'une once de cuivre. En effet il y a la même proportion entre un de ces gros deniers et 10 As du poids de deux onces romaines, qu'entre le denier ordinaire du poids d'une drachme et 10 As du poids d'une once.

poids de 63 grains et peut être même de ceux de 68 à 69 grains, tels que les suivans : Tête de Rome casquée, avec la marque du denier X. ℞. ROMA. Jupiter dans un bige, poids 63 grains. *D'Ennery Cons.* n°. 392. Autres deniers du même poids de 63 grains ibid. n°s. 389, 394. Autre. ROMA. Tête casquée X. Jupiter dans un quadrige. Poids 68 grains, ibid. n°. 396. Le denier d'or du n°. 5, du poids de cinq scrupules, et le quinaire d'or du n°. 3, du poids de deux scrupules et demi se rapportent à l'année 553, qui est celle du triomphe du premier Scipion l'Africain.

SECONDE ÉPOQUE;

Depuis environ l'an 560, jusque vers l'an 620, le denier d'or de 48 à la livre ayant pesé 6 scrupules ou 1 gros 54 à 59 grains. Les 48 deniers d'or à la liv. multipliés par 25 deniers d'argent que valoit chaque denier d'or, donnent 1200, qui divisés par 84 deniers d'argent à la livre (*a*), donnent $14\frac{2}{7}$ pour la proportion de l'or.

TYPES DES MÉDAILLES.	NOMS DES FAMILLES.	AN DE ROME.	POIDS. Gr.	POIDS. Grains.	CABINETS.
6. Tête casquée. ℞. L. SATVRN. A. Saturne dans un quadrige.......	*Sentia*......	....	1	53	D'Ennery, n°. 107.
7. Tête de Janus. ℞. ROMA. Figure accroupie égorgeant un cochon &c. (*Type d'alliance ou de confédération.*)	*Veturia* ou *Vettia*......	563	1 1 1	$58\frac{1}{2}$ $56\frac{7}{8}$ 56	Pembrock. Cabinet du Roi. D'Ennery, n°. 110.
8. Même type. *Quinaire d'or*.........	....	....	..	$64\frac{6}{10}$	Pembrock.
Même type *Denier d'argent de 74 grains*......	....	....	..	....	D'Ennery, n°. 402.
9. Tête casquée. ROMA, et une Couronne......	*Servilia*.....	572 ou 576	1	$59\frac{1}{21}$	Pembrock.
Même type. *Denier d'argent de 73 grains*.... *Autre.* Deux têtes. BRVTVS. AHALA. *70 grains*........	....	....	..	....	D'Ennery, n°. 319.
10. Tête de Rome casquée. ℞. NERVA. Les Comices...........	*Licinia*......	....	1	56	Pembrock.
Même type. *Denier d'argent*, même famille et........	*Silia*........	....	..	72	D'Ennery.

(*a*) " *Alii è pondere* (*denarii*) *subtrahunt*, dit Pline, *cùm sit justum* LXXXIV *è libris signari* ". Nat. Hist. lib. 33. §. 46.

TROISIÈME ÉPOQUE,

Depuis environ l'an 620 jusque vers l'an 635; le denier d'or de 45 à la livre ayant pesé 6 $\frac{1}{3}$ scrupules ou 1 gros 68 grains, ce qui donne pour la proportion de l'or à cette époque 13 $\frac{11}{18}$, et pour la valeur du scrupule d'or 3 deniers $\frac{29}{32}$.

TYPES DES MÉDAILLES.	NOMS DES FAMILLES.	AN DE ROME.	POIDS.		CABINETS.
			Gr.	Grains,	
11. SALVS ET LIBERTAS. Minerve debout. S. P. Q. R. Dans une couronne de chêne.	....	....	1	67	D'Ennery. n°. 111.
12. Tête de Mars casquée. SIGNA P. R. L'Aigle des légions.	....	....	1	66	Ibid. n°. ......113.
13. Tête casquée. ℞. SECVRITAS. P. R. Rome assise, tenant une haste.	....	....	1	62	Ibid. n°. ......112.
14. M. FOVRI. L. F. Tête de Janus. PHILI. ROMA. Trophée couronné par Rome casquée.	Furia.	vers 600. ou 620.	1	63	Cabinet du Roi.
Même type. *Denier d'argent de 72 à 74 grains.*	Furia.	....	..	....	D'Ennery.
15. CAIVS FABRITIVS. Tête de Femme avec un diadème. C. CONSIDI. Victoire dans un quadrige. (*Médaille un peu usée*).	Considia.	....	1	60	Ibid. n°. ......91.

QUATRIÈME ÉPOQUE,

Depuis environ l'an 635, jusque vers l'an 650; le denier d'or de 42 à la livre ayant pesé 7 scrupules ou 2 gros 3 grains, ce qui donne 12 $\frac{1}{2}$ pour la proportion de l'or.

TYPES DES MÉDAILLES.	NOMS DES FAMILLES.	AN DE ROME.	POIDS.		CABINETS.
16. Tête de Jupiter sans légende. CN. LENTVL. Aigle posé sur un foudre.	Cornelia.	vers 640.	2	2 $\frac{7}{8}$	Cabinet du Roi.
17. CN. LENTVLVS. Jupiter debout, tenant d'une main son foudre et de l'autre un aigle. ℞. La Triquètre et des épis. *Denier d'argent de 74 à 76 grains.*	Cornelia.	....	..	....	D'Ennery.

Ff

CINQUIÈME ÉPOQUE,

Depuis environ l'an 650 jusqu'à l'an 717 ; le denier d'or de 40 à la livre (a) ayant pesé 7 $\frac{8}{21}$ scrupules ou 2 gros 8 à 9 grains. La proportion de l'or fut dans cette époque de 11 $\frac{19}{21}$, car les 40 deniers d'or à la livre, multipliés par les 25 deniers d'argent, valeur du denier d'or, donnent le produit 1000, qui divisé par les 84 deniers à la livre d'argent, fait 11 $\frac{19}{21}$. C'est, comme l'observe très-bien M. de la Nauze, la proportion presque douzième, et la proportion douzième juste mettroit nécessairement des fractions ou dans le nombre des 40 deniers d'or à la livre ou dans les 25 deniers d'argent, valeur du denier d'or. Or il est plus naturel de faire tomber les fractions sur la proportion de l'or secrétement combinée par les Officiers de la monnoie, que sur le rapport entre les espèces d'or et celles d'argent. Ce dernier parti en exigeant journellement des appoints auroit trop embarrassé la circulation journalière des espèces. Les médailles d'or de cette époque et des suivantes, sont plus multipliées que celles des quatre premières époques.

TYPES DES MÉDAILLES.	NOMS DES FAMILLES.	AN DE ROME.	POIDS.		CABINETS.
			Gr.	Grains.	
18. C. CLODIVS C.F. Tête de Flore ... VESTALIS. Vestale assise tenant une lampe....................	Edilité de *Clodius*.....	655	2 2 2 2	9 $\frac{1}{4}$ 7 $\frac{3}{8}$ 7 $\frac{1}{10}$ 7	Cabinet du Roi. Pembrock....... Ibid. D'Ennery, n°. .90.
Mêmes type et légende. *Denier d'arg. du poids de 69 grains*..........	*Clodia*......	....	..	....	Ibid.
19. Tête de Femme ailée.............	.....	....	..	....	....
C. NVMONIVS VAALA. Palissade attaquée et défendue par des soldats.	*Numonia*....	660	2 2	9 $\frac{1}{3}$ 9	Pembrock. D'Ennery, n°. 105.
Mêmes type et légende. *Denier d'arg. de 76 grains*	....	....	..	....	Ibid. n°. ......267.
20. F. P. R. M. ARRIVS SECVNDVS. Tête de la Fortune.............. La haste entre une couronne et une claie	*Arria*.......	vers 655	2	7 $\frac{1}{10}$	Pembrock.
Mêmes type et légende. *denier d'arg. de 76 grains*.	....	....	..	....	D'Ennery, n°. 158.
21. Tête de l'Afrique, avec la trompe d'éléphant .... L. CESTIVS. C. NORBAN. Double chaise curule, sur laquelle est un casque....................	*Cestia*......	663	2 2 2	7 $\frac{1}{4}$ 8 8	Cabinet du Roi. Pembrock. D'Ennery, n°. .88.

(a) C'est à cette époque qu'appartient ce passage de Pline ; « *Post hæc placuit X* (narios) *XL signari ex auri libris ; paulatimque Principes imminuêre pondus ; minutissimè Nero ad XLV*. Ibid. lib. 33. §. 13. »

TYPES DES MÉDAILLES.	NOMS DES FAMILLES.	AN DE ROME.	Gr.	Grains.	CABINETS.
22. La même. *Quinaire d'or*..........	....	....	..	$64\frac{6}{10}$	Pembrock.
23. C. NORBANVS. L. CESTIVS. PR.....	Cestia......		2	$8\frac{8}{21}$	Ibid.
s. c. Cybèle sur un char traîné par	ou	663	2	8	D'Ennery, n°. .87.
deux lions:	Norbana....		2	$6\frac{1}{4}$	Cabinet du Roi.
24. C. NORBANVS. Un Faisceau et un Caducée. *Denier d'argent de 76 grains*	Norbana....		..	...	D'Ennery.
25. L. SVLLA. Tête de Vénus, en face Cupidon debout, tenant une palme.....	Cornelia....	Frappée en Grèce par Lu-cullus, vers 668.	2	58	Pembrock.
IMPER. ITERVM. Un Vase et le *lituus* entre deux trophées.......			2	57	D'Ennery, n°. .92.
Mêmes type et légende. *Denier d'arg. du poids de 74 grains*.......... Autre id. FAVSTVS FELIX..de 75.	Cornelia....		..	....	Ibid. n°......186.
26. HO. VIRT. KALENT. Têtes de l'Honneur et de la Valeur.......... ITAL. RO. CORDI. l'Italie et Rome personifiées, se donnant la main. *Qninaire d'or*............	Cordia.......	vers 671	1	$32\frac{1}{2}$	Cabinet du Roi.
Mêmes type et légende. *Denier d'arg. du poids de 72 grains*..........	....	....	..	....	D'Ennery.
27. L. MANLI. PROQ. Tête de Rome casquée......	Cornelia....	Frappée à Rome, en 673.	2	60	Bouteroue.
L. SVLLA IMP. Sylla dans un quadrige, couronné par la Victoire. (*Triomphe de Sylla.*)..........			2	$59\frac{6}{10}$	Pembrock.
			2	$57\frac{1}{2}$	Cabinet du Roi.
			2	$57\frac{1}{2}$	D'Ennery, n°. 101.
Mêmes type et légende. *Denier d'arg. du poids de 77 grains*..........	....	....	..	....	Ibid.
28. A. MANLIVS. Tête casquée (*a*).... L. SVLLA IMP. Statue équestre de Sylla............	Cornelia....	673	2	60	Pembrock.
29. POMPEI. RVFVS COS. Chaises curules............ SVLLA COS. Q. POMP. RVF. *Denier d'argent du poids de 77 grains*..	Cornelia....	....	..	....	D'Ennery.
30. IIT. Tête de Femme... *Frappée en* CAESAR. Un Trophée.. *Espagne*.	Julia.......	vers 694	2	$16\frac{1}{2}$	Cabinet du Roi.
Mêmes type et légende. *Denier d'arg. du poids de 75 grains*..........	....	....	..	....	D'Ennery.
La même. *Quinaire d'argent .37 gr.*	....	....	..	....	Ibid.

(*a*) Les médailles des n°s. 25, 26, 27, et 28, dites *Luculliennes*, du nom de Lucullus qui les fit frapper, sont du poids de $9\frac{1}{2}$ scrupules ou 2 gros $57\frac{1}{2}$ grains, et par conséquent plus pesantes d'un quart que les médailles ordinaires de cette époque. Ces médailles Luculliennes étoient donc de 30, et non de 40 à la livre. La médaille du n°. 30, est de $7\frac{2}{3}$ scrupules ou 2 gros 17 grains; celle de Pompée, ci-après n°. 33, est du poids de 8 scrupules ou 2 gros 24 grains. Ce sont les seules connues de cette époque, qui excèdent le poids de $7\frac{8}{21}$ scrupules.

TYPES DES MÉDAILLES.	NOMS DES FAMILLES.	AN DE ROME.	POIDS.		CABINETS.
			Gr.	Grains.	
31. PAVLLVS LEPIDVS CONCORDIA. Téte de la Concorde, voilée.... TER. PAVLLVS. Trophée avec Paul Emile, le Roi Persès et ses enfans.	Æmilia.....	vers 700	1	58 $\frac{4}{10}$	Pembrock.
Mêmes type et légende. *Denier d'arg. de 74 grains*................	....	....	..	....	D'Ennery.
32. METELLVS PIVS. SCIP. IMP. Tête de Jupiter terminal........... CRASS. JVN. LEG. PROPR. Chaise curule......................	Cœcilia	707	2	8 $\frac{8}{11}$	Pembrock.
Mêmes type et légende. *Denier d'arg. de 73 grains*................	....	....	..	....	D'Ennery.
33. MAGNVS. Tête de l'Afrique, avec la trompe d'éléphant entre un Vase et le *Lituus*, dans une couronne...................... PROCOS. Pompée le Grand, dans un quadrige, couronné par la Victoire....................	Pompeia....	671 (Son triomphe est de la même année que celui de Sylla)....	2	24	D'Ennery, n°. 41.. des impériales.
34. C. CAES. DIC. TER. Tête de la Victoire ailée................ L. PLANC. PRAEF. VRB. Un Vase. *Le denier d'argent de ce type n'est point connu.*	Munatia.....	708	2	7 $\frac{1}{2}$	Cabinet du Roi.
			2	5 $\frac{1}{2}$	Ibid.
			2	3 $\frac{1}{2}$	Pembrock.
			2	6	D'Ennery, n°. .98.
			2	7	Ibid. n°.......99.
35. REGVLVS PR. Tête de Régulus père. LIVINEIVS REGVLVS. Chaise curule et les faisceaux................	Livineia.....	708	2	8 $\frac{5}{8}$	Cabinet du Roi.
Mêmes type et légende. *Denier d'arg. de 76 grains*................	....	....	..	....	D'Ennery.
36. C. CAESAR. Tête de Jules-César voilée. ℞. Le *Lituus*, un Vase et une hache, sans inscription.....	Julia	708	2	6	D'En. Cons. n°.94.
			2	6	Ib. Imp.n°.....43.
37. CAESAR IMP. Sa tête couronnée de laurier ; derrière est un Vase et le *Lituus*............... M. METTIVS. Vénus debout, tenant une Victoire et une haste......	Julia	708	2	6	Ibid. n°.......44.
38. Tête de Cérès, couronnée d'épis... L. MVSSIDIVS LONGVS. Dans une couronne d'épis. (*Point en argent de ce type*)..................	Mussidia....	708	2	10	Cabinet du Roi.
			2	8	Ibid.
			2	8	D'Ennery, n°. 103.
			2	7	Ibid. n°......102.
39. Tête de Femme avec le diadème. Même revers que la précédente..	....	....	2	9	Ibid. n°......104.
40. C. CAESAR COS. TER. Tête de Jules-César voilée................ A. HIRTIVS PR. Instrumens pontificaux.....................	Hirtia	708	2	10 $\frac{3}{10}$	Pembrock.
			2	8 $\frac{3}{8}$	Cabinet du Roi.
			2	9 $\frac{1}{8}$	Ibid.
			2	7	D'Ennery, n°. .95.
N. B. *La même, restituée par Trajan, pèse 1 gros 64 grains $\frac{1}{8}$; cette dernière, du Cabinet du Roi, est de 45 à la livre.*					

TYPES DES MÉDAILLES.	NOMS DES FAMILLES.	AN DE ROME.	POIDS.		CABINETS.
			Gr.	Grains.	
41. P. CLODIVS M. F. Tête du Soleil, radiée. ℞. le Croissant de la Lune entre cinq étoiles...	*Clodia*......	709	2	9$\frac{3}{5}$	Pembrock.
			2	8	Cabinet du Roi.
			2	7$\frac{1}{2}$	Ibid............
			2	8	D'Ennery, n°. .89.
			2	7$\frac{1}{2}$	Ibid............
Autre en argent de ce type, que M. de la Nauze croit avoir trait à la réforme du Calendrier, par Jules César, laquelle eut lieu cette année. *Poids 72 à 73 grains*....	....	....	..	....	Ibid............
42. CAESAR DIC. QVAR. Tête de Vénus. COS. QVINC. Dans une couronne. *Point en argent de ce type*......	*Julia*.......	710	2	8$\frac{1}{2}$	Cabinet du Roi.
			2	7$\frac{1}{8}$	Ibid............
			2	6$\frac{7}{8}$	Ibid............
			2	8$\frac{7}{8}$	Pembrock.
			2	6	D'Ennery, n°. 100.
43. CAESAR DIC. Sa tête............	....	.. ..	..	....	....
M. ANT. IMP. R. P. C. Cette médaille mal conservée, ne pèse que......	....	....	2	3$\frac{1}{8}$	Cabinet du Roi.
Mêmes têtes et légende. *Denier d'arg. du poids de 72 à 73 grains*......	....	....	..	....	D'Ennery, n°. 219.
44. C. CAESAR DICT. PERP. PONT. MAX. Sa tête couronnée de laurier...... C. CAESAR COS. PONT. AVG. Tête d'Octave nue. *Point en argent de ce type*................	*Julia*.......	711	2	8$\frac{1}{2}$	Cabinet du Roi.
			2	7$\frac{1}{4}$	Pembrock.
			2	7	D'Enn. Imp. n°.46.
			2	7	Ibid Cons. n°..96.
45. L. SERVIVS RVFVS. Têtes de Castor et Pollux................... TVSCVL. Avec le plan des murs de *Tusculum*..............	*Servia*	711	2	8$\frac{1}{8}$	Cabinet du Roi.
46. L. SERVIVS RVFVS. Tête nue..... Castor et Pollux debout, sans légende. *Denier d'argent inédite du poids de 72 grains*...........	*Servia*	....	..	....	D'Ennery, n°. 318.
47. C. CASS. IMP. LEIBERTAS. Tête de la Liberté................... LENTVLVS SPINT. Le *Præfericulum* et le *Lituus*................ Mêmes type et légende. *Denier d'arg. du poids de 72 grains*. Cabinet d'Ennery...................	*Cassia*......	Fin de 711 et commencement de 712.	2	10$\frac{8}{10}$	Pembrock.
			2	9	D'Ennery, n°. .85.
			2	8$\frac{7}{8}$	Cabinet du Roi.
			2	7	Ibid. mieux conservée (a).
			2	1$\frac{7}{8}$	Ibid............
48. C. CASSI. IMP. Tête d'Apollon, couronnée de laurier............ M. SERVILIVS LEG. l'*Acrostolium*.. Mêmes type et légende. *Denier d'arg. du poids de 72 grains*. D'Ennery..	*Servilia*.....	même époque.	2	10$\frac{8}{10}$	Pembrock.
			2	7	Cabinet du Roi.
			2	7	D'Ennery, n°. .86.

(*a*) On trouve des médailles entièrement semblables dont l'une, avec la plus parfaite conservation, pèse quelques grains de moins que l'autre plus mal conservée; ce qui, comme l'observe très-bien M. de la Nauze, prouve que les Romains s'embarrassoient peu que les pièces de monnoie fussent plus ou moins pesantes de quelques grains. Le poids véritable et légitime ne se rencontre donc, ni dans la plus forte ni dans la plus foible, mais dans quelques-unes des autres de la même taille; or, puisque dans les médailles les mieux conservées, il peut se trouver une différence d'un à deux grains, il est évident que dans la pesée de ces médailles, on peut sans erreur négliger les fractions de grain.

G g

TYPES DES MÉDAILLES.	NOMS DES FAMILLES.	AN DE ROME.	POIDS.		CABINETS.
			Gr.	Grains.	
49. Mêmes type et légende, avec une tête de Femme...............	*Servilia*.....	....	2	$6\frac{1}{8}$	Cabinet du Roi, un peu usée.
Un Denier d'argent fort usé de ce type, ne pèse que 66 grains......	....	....	..	....	D'Ennery, n°. 322.
Un autre ayant pour revers un crabe, tenant dans ses serres l'Acrostolium, pèse 72 grains...........	....	....	..	....	Ibid. n°......320.
50. M. AQVINVS LEG. LIBERTAS. Tête de la Liberté................			2	8	D'Ennery, n°. .84.
			2	7	Ibid. n°......83.
C. CASSI IMP. (ou PROCOS.) Un Trépied. *Point en argent de ce type.......................*	*Cassia......*	711	2	$7\frac{1}{14}$	Cabinet du Roi.
			2	$1\frac{1}{11}$	Pembrock.
51. M. BRVTVS IMP. COSTA. LEG. Tête de Brutus, dans une couronne de chêne....................	*Junia......*	711	2	$6\frac{1}{2}$	Cabinet du Roi.
L. BRVTVS PRIM. COS. Tête de l'ancien Brutus , dans une couronne pareille.................			2	$5\frac{11}{15}$	Pembrock.
52. BRVTVS IMP. Tête de Brutus..... CASCA LONGVS. Un Trophée.....	*Junia.......*	711	2	$7\frac{1}{10}$	Pembrock.
53. M. SERVILIVS LEG. Tête de la Liberté....................... Q. CAEPIO BRVTVS PROCOS. Instrumens de sacrifice..............	*Servilia.....*	711	2	$5\frac{13}{15}$	Pembrock.
54. L. PLAET. CESTIVS. Tête de la Piété, voilée................. BRVTVS IMP. La hache et le capéduncule.......................	*Plætoria....*	711	2	$3\frac{1}{2}$	Cabinet du Roi.
Mêmes type et légende. *Denier d'arg. fourré.......................*	....	....	..	....	D'Ennery, n°. 282.
55. Tête de Femme sans légende..... PLAETORI. CESTI. EX S. C. Le Préféricule et un flambeau. *Denier d'argent du poids de 76 grains, non décrit au Catalogue........*	*Plætoria....*	....	..	....	D'Enn. Ibid.
56. BRVT. IMP. L. PLAET. CEST. Tête de Brutus.................... EID. MAR. Le bonnet de la Liberté, entre deux poignards. *Denier d'argent du poids de 69 grains, mais un peu usé...... ....*	*Junia......*	711	..	....	Ibid. Imp. 1181.
57. Aigle présentant une couronne.... KOΣΩN. Trois Hommes en toge....	Médaille frappée à Cosa du tems de Brutus............		2	17	Ibid. Villes. n°..7.
			2	15	Ibid.
			2	$10\frac{8}{10}$	Pembrock.

N. B. Cette dernière, est, comme celle du n°. 30, de $7\frac{2}{3}$ scrupules; néanmoins dans les derniers tems de la République, les médailles d'or de 40 à la livre, continuèrent d'être du poids de $7\frac{1}{3}$ scrupules ou 2 gros 8 à 10 grains jusque dans les cinq premières années du Triumvirat. Le denier d'argent pesant, à cette époque, depuis 72 jusqu'à 75 et 76 grains, étoit en effet de 84 à la livre romaine ; on doit donc rapporter a l'époque où la monnoie d'argent s'introduisit à Rome, les deniers plus foibles, tels que ceux dont il est parlé ci-dessus à la fin de la première époque.

2°. SOUS LE TRIUMVIRAT.

Ti. Sempronius Gracchus, L. Livineius Regulus, L. Mussidius Longus et C. Vibius Varus, étant Quatuorvirs monétaires A. P. F. c'est-à-dire *Auro Publico Feriundo*.

TYPES DES MÉDAILLES.	AN DE ROME.	Poids de l'argent. Grains.	Poids de l'or. Gr.	Grains.	CABINETS.
58. DIVI IVLI F. Tête d'Octave..........	712	......	2	$9\frac{2}{5}$	Pembrock.
TI. SEMPRONIVS GRACCVS IIII VIR Q. D. Une Enseigne militaire, &c..........			2	$5\frac{1}{4}$	Cabinet du Roi.
Mêmes type et légende. *Denier d'argent du poids de*....................	....	77	..	....	D'Enn. Imp..1173.
59. CAESAR III VIR. R. P. C. Tête d'Octave..			2	8	Ibid. n°......58*.
L. REGVLVS IIII VIR. A. P. F. Enlévement d'une Sabine. *Point en argent de ce type.*	....	......	2	$7\frac{1}{10}$	Pembrock.
60. Même tête et même monétaire. Victoire passant. *Denier d'argent du poids de*....	....	62	..	....	D'Ennery, n°. 252.
61. C. CAESAR III VIR R. P. C. Tête d'Octave. L. MVSSIDIVS T. F. LONGVS IIII VIR. A. P. F. Soldat avec la haste et le *parazonium*....................			2	$7\frac{1}{10}$	Pembrock.
			2	$4\frac{1}{8}$	Cabinet du Roi.
62. Mêmes tête et légende. ℞. Une corne d'abondance....................			2	$7\frac{1}{10}$	Pembrock.
63. M. ANTONIVS III VIR. R. P. C. Tête d'Antoine. ℞. comme dans Octave, n°. 61. *Point en argent de ce type.*	....	......	2	9	Pembrock.
			2	8	Cabinet du Roi.
			2	7	D'Ennery, n°. 52.
64. Mêmes tête et légende. Avec la corne d'abondance.....	....	......	2	$8\frac{8}{21}$	Pembrock.
65. ANT. AVGVST. IMP. III VIR. R. P. C. Tête de Marc-Antoine.................... L. REGVLVS IIII VIR. A. P. F. Hercule assis sur un rocher....................			2	$7\frac{10}{17}$	Cabinet du Roi.
			2	$5\frac{1}{15}$	Pembrock.
66. M. ANTONIVS III VIR. R. P. C. Sa tête, et le bâton augural.................... M. LEPIDVS III VIR. R. P. C. Sa tête, avec le simpule et l'aspersoir........			2	$8\frac{1}{2}$	Cabinet du Roi.
			2	$8\frac{8}{21}$	Pembrock.
67. M. LEPIDVS III VIR. R. P. C. Tête de Lépide.................... MVSSIDIVS LONGVS IIII VIR. A. P. F. Mars avec la haste, &c..............			2	$9\frac{1}{2}$	Cabinet du Roi.
			2	7	D'Ennery, n°. 49.
68. Autre du même monétaire, avec la corne d'abondance..................	....	......	2	$9\frac{2}{3}$	Pembrock.
69. M. LEPIDVS III VIR. R. P. C. Tête de Lépide.................... L. REGVLVS IIII VIR. A. P. F. Vestale, avec une lampe et la haste. *Point en argent de ce type, non plus que des précédens.*....................			2	6	D'Ennery, n°. 50.
			2	$5\frac{11}{15}$	Pembrock.
			1	$64\frac{7}{8}$	Cabinet du Roi.
70. Tête casquée, sans légende..............	....	......	2	$8\frac{8}{10}$	Pembrock.
VIBIVS VARVS. Victoire passant........	....	......	2	7	D'Ennery, n°. 108.

TYPES DES MÉDAILLES.	AN DE ROME.	Poids de l'argent. Grains.	Poids de l'or. Gr.	Poids de l'or. Grains.	CABINETS.
71. Tête de Vénus couronnée de laurier, sans légende......			2	$8\frac{7}{8}$	Cabinet du Roi.
VIBIVS VARVS. Vénus debout, tenant un miroir, *&c*....			2	$7\frac{1}{2}$	D'Ennery, n°. 109.
			2	$1\frac{1}{11}$	Pembrock.
72. DIVI IVLI. F. Tête d'Octave......			2	$7\frac{1}{11}$	Pembrock.
Q. VOCONIVS VITVLVS. Un Veau......			2	$6\frac{1}{5}$	Cabinet du Roi.
Même monétaire avec la tête de Jules-César. *Denier d'argent du poids de 72 à 74 grains*......		74	..	....	D'En. Cons. n°. 347. Ib. Imp. n°. 1177.
73. C. CAESAR III VIR. R. P. C. Tête d'Octave.			1	$54\frac{1}{2}$	Cabinet du Roi.
BALBVS PROPR. La massue d'Hercule....					
Mêmes type et légende. *Denier d'argent du poids de*......		74	..	....	D'Enn. Cons. 194.
74. AHENOBARBVS. Tête nue......			2	$9\frac{3}{5}$	Pembrock.
CN. DOMITIVS L. F. IMP. NEPT. Le temple de Neptune......			2	8	D'Ennery, n°. 93.
75. ANT. AVG. IMP. III VIR. R. P. C. Tête d'Antoine......	713		2	$7\frac{1}{2}$	Cabinet du Roi.
PIETAS COS. La Piété debout, tenant un gouvernail et une corne d'abondance...	713		2	$7\frac{1}{10}$	Pembrock.
Mêmes type et légende. *Denier d'argent du poids de*......		75	..	....	D'Enn. Cons. 146.
76. M. ANTONIVS IMP. III VIR. R. P. C. Tête d'Antoine, avec le *Lituus*......			2	$8\frac{5}{11}$	Cabinet du Roi.
			2	$8\frac{8}{21}$	Ibid.
PIETAS COS. La Piété debout, tenant une lanterne et une corne d'abondance.			2	8	D'Enn. Imp. n°. 53.
			2	$7\frac{1}{10}$	Pembrock.
Denier d'argent du même type, poids 73 à 74 grains......		74		....	D'Ennery, n°. 145.
77. M. ANTONIVS IMP. AVG. III VIR. R. P. C. Sa tête avec le Préféricule et le *Lituus*.	713		2	$9\frac{1}{2}$	Cabinet du Roi.
L. PLANCVS PROCOS. Le capéduncule, un foudre et un caducée......	713		2	$5\frac{7}{8}$	Ibid.
78. Mêmes tête et légende......			2	$9\frac{1}{8}$	Cabinet du Roi.
L. PLANCVS IMP. ITER. Même type......					
79. CAESAR IMP. Tête d'Octave......	714		2		D'Enn. Imp. n°. 51.
ANT. IMP. Tête de Marc-Antoine......	714		2	$10\frac{1}{2}$	Ibid. Cons. n°. 82.
			2	$8\frac{9}{21}$	Cabinet du Roi.
80. CAESAR III VIR. R. P. C. Tête d'Octave..			2	4	D'Enn. Imp. n°. 51.
M. ANTONIVS III VIR. R. P. C. Sa tête, et le *Lituus*......					
81. C. CAESAR IMP. III VIR. R. P. C. PONT. AVG. Tête d'Octave......			2	7	Ibid. n°. 51.
M. ANTONIVS IMP. III VIR. R. P. C. AVG. Tête d'Antoine......					
82. CAESAR IMP. PONT. III VIR. R. P. C. Tête d'Octave......			2	$6\frac{1}{2}$	Cabinet du Roi.
			2	$7\frac{1}{10}$	Pembrock.
M. ANT. IMP. AVG. III VIR. R. P. C. M BARBATVS Q. P. Tête de M. Antoine.			2	$6\frac{7}{8}$	D'Ennery, n°. 51.
83. CAESAR IMP. PONT. III VIR. R. P. C. Tête d'Octave et le *Lituus*......			2	5	D'Ennery, n°. 51.
M. ANT. IMP. AVG. III VIR. R. P. C. L. GELLIVS Q. P. Tête de M. Antoine....					
84. CAESAR III VIR. R. P. C. Tête d'Octave.			2	$7\frac{7}{11}$	Cabinet du Roi.
S. C. Statue équestre d'Octave......					

TYPES DES MÉDAILLES.	AN DE ROME.	Poids de l'argent.	Poids de l'or.		CABINETS.
		Grains.	Gr.	Grains.	
85. LEG. XIX. ℞. ANT. AVG. III VIR. R. P. C. (*Les médailles de Légions sont très-rares en or*).	715	......	2	$3\frac{3}{8}$	Cabinet du Roi.
86. NEPTVNI. Tête de Pompée avec le trident. Q. NASIDIVS. Une Trirème............	716	77	1 / 1	$59\frac{7}{8}$ / 58	Cabinet du Roi. / D'Enn. Imp. n°. 40.
87. MAG. PIVS IMP. ITER. Tête de Sexte Pompée, dans une couronne......... PRAEF. CLASS. ET ORAE MARIT. EX S. C. Têtes du grand Pompée et de Cn. Pompée.	....	74	2 / 2 / 2	9 / $7\frac{8}{21}$ / 6	Cabinet du Roi. / Pembrock. / D'Ennery, n°. .42.
88. IMP. DIVI FIL. TER. III VIR......C. Tête d'Octave avec une étoile............ M. AGRIPPA COS. DESIG. dans le champ..	....	......	2	$8\frac{8}{21}$	Cabinet du Roi.
89. CAESAR III VIR. R. P. C. Tête d'Octave.. S. C. Statue équestre d'Auguste, tenant le *Lituus*	....	......	2	9	D'Ennery, n°. .65.
90. *Denier d'argent du même type, ayant pour légende* AVGVSTVS. ℞. COSSVS CN. F. LENTVLVS. *Du poids de*............	....	77	..	...	D'Enn. Cons. 193.

SIXIÈME ÉPOQUE,

Depuis l'an 717 jusqu'à la mort d'Auguste en 767, le denier d'or de 41 à la livre ayant pesé $7\frac{1}{7}$ scrupules ou 2 gros 5 à 6 grains. Le denier d'or d'Auguste, excepté quelques-uns de l'an 734, ayant passé de 40 à 41 à la livre, le denier d'argent passa de 84 à 86 à la livre ; si l'on multiplie donc 41 par 25, le produit 1025 divisé par 86, donne $11\frac{69}{86}$ pour la proportion de l'or.

FIN DU TRIUMVIRAT.

	AN DE ROME.	Poids de l'argent.	Poids de l'or.		CABINETS.
91. M. ANTONIVS M. F. M. N. AVG. IMP. Soldat debout.......................... III VIR. R. P. C. COS. DESIG. ITER. ET TERT. Un Lion et une étoile........	717	......	2	$5\frac{1}{4}$	Cabinet du Roi.
92. ANT. AVG. IMP. III. COS. DES. III. III VIR. R. P. C. Tête d'Antoine le père... M. ANT. M. FIL. Tête du fils.........	....	......	2	$5\frac{1}{4}$	Cabinet du Roi.

H h

3°. SOUS LES EMPEREURS.

TYPES DES MÉDAILLES.	AN DE ROME.	Poids de l'argent. Grains.	Poids de l'or. Gr.	Poids de l'or. Grains.	CABINETS.
93. Tête d'Octave, sans inscription. *Après la bataille d'Actium.*	724	. . . . . .	2	5⅛	Cabinet du Roi.
IMP. CAES. Victoire sur un globe.			2	3	D'Ennery. n°. .56.
94. TVRPILIANVS III VIR. Tête de Bacchus.	734	72	2	9⅜	Cabinet du Roi.
AVGVSTO OB C. S. dans une couronne de			2	5	D'Ennery, n°. .60.
chêne.			2	7	Ibid. Cons. n°. 106.
95. FERON. TVRPILIANVS III VIR. Tête de la Déesse Féronie.	. . . .	. . . . . .	2	8⅞	Cabinet du Roi.
Même revers que la précédente.			2	. . . .	Ibid. un peu usée.
96. CAESAR AVGVSTVS. Tête d'Auguste. . .	. . . .	. . . . . .	2	8½	Cabinet du Roi.
TVRPILIANVS III VIR. Une Lyre.	. . . .	73	2	5	D'Enn. Imp. n°.59.
97. CAESAR AVGVSTVS. Sa tête, avec un vase et le *Lituus*. . . . . C. MARIVS TRO. III VIR. Prêtre conduisant deux bœufs autour des murs d'une ville.	. . . .	72	2	8	D'Ennery, n°. .58.
98. M. DVRMIVS III VIR. HONORI. Tête de l'Honneur entre deux étoiles. . . . . AVGVSTO OB C. S. Dans une couronne.	. . . .	. . . . . .	2	9½	Cabinet du Roi.
99. CAESAR AVGVSTVS. Tête d'Auguste. . .	. . . .	. . . . . .	2	9	Cabinet du Roi.
M. DVRMIVS III VIR. Crabe saisissant un papillon.	. . . .	. . . . . .	2	5	D'Ennery, n°. .57.
100. AVGVSTVS. Tête d'Auguste nue. . . . . . . ℞. Un Sphinx, sans inscription.	. . . .	. . . . . .	2	5	Ibid. n°. . . . . . . 54.
101. ARMENIA CAPTA. Le Sphinx.	. . . .	71	2	3	Ibid. n°. . . . . . . 55.
102. Même légende. Victoire domptant un taureau.	. . . .	. . . . . .	2	2	Ibid. n°. . . . . . . 56.
103. CAESAR DIVI F. Figure équestre.	735	. . . . . .	2	5	Ibid. n°. . . . . . . 61.
104. CIVIBVS ET SIGN. MILIT. A PARTHIS RECVPER. Un Arc de triomphe.	. . . .	69	2	5	Ibid. n°. . . . . . . 62.
105 QVOD VIAE MVN. SVNT. Arc triomphal, sur lequel est un bige de deux éléphans.	. . . .	72	2	5	Ibid. n°. . . . . . . 64.
106. CAESAR AVGVSTVS. Tête d'Auguste. . .	. . . .	. . . . .	2	12¼	Cabinet du Roi.
MARS VLT. Mars dans son temple (*a*).	. . . .	. . . . . .	2	4	D'Ennery, n°. 63*.

(*a*) La médaille de ce type qui pèse 2 gros 12 ½ grains, doit avoir été frappée en 712, peu de tems après l'assassinat de Jules-César; tandis que celle d'un poids plus foible appartient certainement à la 6e. époque.

SEPTIÈME ÉPOQUE,

Depuis la mort d'Auguste jusqu'aux dernières années du règne de Néron; le denier d'or ayant passé de 7 $\frac{1}{7}$ scrupules ou 2 gros 6 grains, à 7 scrupules juste ou 2 gros 3 grains, puis à 6 $\frac{7}{8}$ scrupules ou 1 gros 70 grains, et enfin dans les dernières années de Néron à 6 $\frac{1}{2}$ scrupules ou 1 gros 65 grains; le denier d'or étant alors de 45 à la livre, comme dans la troisième époque.

TYPES DES MÉDAILLES IMPÉRIALES.	POIDS.		CABINETS.
	Gr.	Grains.	
107. TI. CAESAR DIVI AVG. F. AVGVSTVS. Tête de Tibère..... DIVOS AVGVST. DIVI F. Tête d'Auguste, avec une étoile...	2	5	D'Ennery. n°. .67.
108. TI. CAESAR AVG. F. TR. POT. Tibère dans un quadrige.....	2	3	Ibid. n°......70*.
109. Tête de Néron Drusus. ℞. DE GERMAN. Sur un Arc triomphal................	2	2	Ibid. n°.......72.
110. Antonia. ℞. CONSTANTIAE. AVGVSTI. (Même type en argent 72 grains)................	2	3	Ibid. n°.......74.
111. GERMANICVS. ℞. Tête de Caligula. (Même type en argent 72 grains)................	2	....	Ibid. n°.......76.
112. Agrippine au revers de Caligula, (pèse en argent de 68 à 70 grains (1)................	2	4	Ibid. n°.......77.
113. Caligula. ℞. Tête d'Auguste radiée, entre deux étoiles.....	2	3	Ibid. n°.......80.
114. Claude. DE BRITANNIS, sur un Arc de triomphe.........	2	5	Ibid. n°.......81.
115. ——— S. P. Q. R. P. P. OB. C. S. Dans une couronne de chêne.	2	3	Ibid. n°......82*.
116. ——— ℞. Tête de Néron jeune. (Même type en argent 69 grains)................	2	2	Ibid. n°.......84.
117. Têtes accolées d'Agrippine et de Néron. ℞. Quadrige d'éléphans.	2	2	Ibid. n°.......87.
118. Tête de Néron jeune. ℞. EX S. C. Dans une couronne de chêne.	2	1	Ibid. n°......91*.
119. Autre. ℞. EQVESTER ORDO PRINCIPI IVVENT. Sur un bouclier................	1	70	Ibid. n°......92

(1) A 86 à la livre le denier d'argent devoit peser 70 grains ; à 88, 69 grains ; à 90 il devoit peser de 67 à 68 grains ; enfin à 96 à la livre, il ne pesa plus que 63 grains, comme on le voit dans les dernières années de Néron. C'est ce dernier qu'on désigne sous le nom de *Denier de Néron.*

HUITIÈME ÉPOQUE;

Depuis les dernières années de Néron, jusqu'aux dernières de Caracalle. Dans cette époque le denier d'or continua de se maintenir sur le pied de 6 $\frac{1}{2}$ scrupules ou d'un gros 65 à 66 grains; excepté sous Domitien où il remonta, de même que sous Galba, jusqu'à 7 scrupules ou 2 gros 3 à 4 grains. Les autres deniers d'or de cette époque ayant été de 45 à la livre , et le denier d'argent de 96 à la livre, si l'on multiplie 45 par 25, le produit 1125 divisé par 96, donnera 11 $\frac{23}{32}$ pour la proportion de l'or.

TYPES DES MÉDAILLES IMPÉRIALES.	POIDS.		CABINETS.
	Gr.	Grains.	
120. Néron. PACE P. R. TERRA MARIQVE PARTA IANVM CLVSIT..	1	65	D'Ennery, n°. .93.
121. ——— ℞. IVPPITER CVSTOS. Figure assise. (Id. en arg. 63 gra.)	1	65	Ibid. n°. .....95 .
122. NERO CAESAR AVGVSTVS. Sa tête.. ⎱ Le même type en argent	1	65	Cabinet du Roi.
℞. VESTA. Le temple de Vesta.... ⎰ 63 grains............	1	65	D'Ennery, n°. .95.
123. Galba (1). ROMA RENASC. Le Génie de Rome, debout....	2	1	Ibid. n°. ......96.
124. ——— ROMA VICTRIX. Mars tenant un rameau, &c.......	2	....	Ibid. n°. ......98.
125. ——— VICTORIA P. R. Victoire sur un globe.............	1	66	Ibid. n°. .....101.
126. ——— DIVA AVGVSTA. Femme debout, tenant une haste.	1	66	Ibid. n°. .....96*.
127. ——— S. P. Q. R. dans une couronne de chêne...........	1	66	Ibid. n°. ......99.
128. ——— TIBERIS. Le Tibre assis, tenant une proue de navire.	1	60	Ibid. n°. .....100.
129. Othon. VICTORIA OTHONIS. Victoire passant, &c.........	1	65	Ibid. n°. .....105.
130. Vitellius. CONCORDIA P.R. Femme assise, tenant une patère.	1	66	Ibid. n°. .....106.
131. ——— VESTA P. R. QVIRITIVM. Vesta assise, &c........	1	66	Ibid. n°. .....113.
132. ——— LIBERTAS RESTITVTA. La Liberté debout......	1	63	Ibid. n°. .....117.
133. ——— S. P Q. R. OB. C. S. dans une couronne de chêne..	1	63	Ibid. n°. .....112.
134. ——— PONT. MAXIM. Figure assise, tenant une patère..	1	66	Ibdi. n°. ....112*.
135. ——— XV. VIR. SACR. FAC. Trépied surmonté d'un dauphin..	1	64	Ibid. n°. .....116.
136. Vespasien. COS. VI. Taureau donnant des cornes..........	1	64	Ibid. n°. ....119*.
137. ——— IMP. X̅I̅I̅I̅. Même type que le précédent........	1	64	Ibid. n°. ......126.
138. ——— EX S. C. Quadrige surmonté de deux Victoires....	1	64	Ibid. n°. .....122.
139. ——— EX S. C. COS. VIII.....................	1	66	Ibid. n°. .....122*.
140. ——— TRIVMP. AVG. Char de triomphe de Vespasien...	1	66	Ibid. n°. .....130.
141. ——— IVDAEA. Femme assise au pied d'un palmier......	1	65	Ibid. n°. .....125.
142. ——— PACI AVGVSTI. Victoire debout, tenant un caducée.	1	65	Ibid. n°. ....125*.
143. ——— S. P. Q. R. OB C.S. dans une couronne de chêne.....	1	66	Ibid. n°. ....127*.
144. Titus. ANNONA AVG. Femme assise, avec la corne d'abondance.	1	65	Ibid. n°. .....134*.
145. ——— TR. P. V̅I̅I̅I̅. IMP. I̅I̅I̅I̅. COS. V̅I̅I̅. P. P. Statue de Titus sur une colonne..................	1	65	Ibid. n°. ......138.
146. ——— La Judée assise au pied d'un palmier, sans inscription.	1	66	Ibid. n°. .....143.
147. ——— PAX AVGVST. La Paix assise, &c................	1	66	Ibid. n°. ....136*.
148. ——— VESTA. Temple rond de Vesta................	1	64	Ibid. n°. ....141*.
149. Domitien. COS. XIV. LVD. SAEC. FEC. Prêtre Salien, debout..	1	70	Ibid. n°. .....146.
150. ——— GERMANICVS. L'Empereur dans un quadrige......	1	70	Ibid. n°. .....147.
151. ——— GERMANICVS. COS. X̅I̅I̅I̅I̅. Même type...........	1	70	Ibid. n°. .....148.
152. ——— IMP. XII. COS. XII. CENS. P. P. P. Figure assise à terre..................	1	70	Ibid. n°. ....150*.
153. ——— GERMANICVS. COS. XV. L'Empereur dans un quadrige......	2	....	Ibid. n°. .....149.
154. ——— GERMANICVS. COS. XVI. Même type..........	2	2	Ibid. n°. .....150.
155. ——— GERMANICVS. COS. XVI. Pallas debout........	2	2	Ibid. n°. ....149*.
156. ——— IVPPITER CONSERVATOR. Aigle éployé sur un foudre..................	2	2	Ibid. n°. .....151.
157. ——— TR. POT. IMP. I̅I̅. COS. V̅I̅I̅I̅I̅. DES. X̅. P. P. Buste de Pallas.	2	2	Ibid. n°. ......154.

(1) Sous Galba, le denier d'or remonta à 7 scrupules ou 2 gros 3 grains, comme dans la quatrième et la septième époques ; mais le plus grand nombre des médailles de cet Empereur n'est que de 6 ¼ scrupules ou à peu près, comme dans les derniers tems de Néron.

TYPES DES MÉDAILLES IMPÉRIALES.	POIDS.		CABINETS.
	Gr.	Grains.	
158. Domitia. CONCORDIA AVGVST. Un Paon..................	2	4	D'Ennery. n°. 155.
159. ——— DIVVS CAESAR IMP. DOMITIANI. F. Enfant sur un globe....................................	2	2	Ibid. n°......157.
160. Nerva. AEQVITAS. La Justice debout....................	1	69	Ibid. n°.....158*.
161. ——— CONCORDIA EXERCITVVM. Deux mains jointes......	2	1	Ibid. n°.....159*.
162. ——— COS. II. PATER PATRIAE. Vases pontificaux........	1	66	Ibid. n°.....159*.
163. Trajan. DIVVS PATER TRAIANVS. Tête de Trajan père, au revers de son fils............................	1	65	Ibid. n°......160.
164. ——— ALIMENTA ITALIAE. COS. V. PAT. P. S. P. Q. R. &c.	1	62	Ibid. n°......162.
165. ——— CONSERVATORI PATRIS PATRIAE. Jupiter debout.	1	63	Ibid n°......164.
166. ——— Même légende et même type..................	1	66	Ibid. n°......164.
167. ——— COS. V. P. P. S. P. Q. R. OPTIMO PRINC. Un temple...	1	63	Ibid. n°......165.
168. ——— REGNA ADSIGNATA. L'Empereur assis, &c........	1	62	Ibid. n°......172.
169. ——— REST. ITAL. COS. V. P. P. S. P. Q. R. OPTIMO PRINC..	1	66	Ibid. n°......173.
170. ——— S. P. Q. R. OPTIMO PRINCIPI. Dans une couronne de chêne.................................	1	67	Ibid. n°.....174*.
171. ——— Même légende. L'Empereur dans un quadrige.......	1	64	Ibid. n°......175.
172. ——— Même légende. La Colonne Trajane..............	1	62	Ibid. n°......176.
173. ——— VOTA SVSCEPTA. P. M. TR. P. COS. VI. P. P. S. P. Q. R.	1	66	Ibid. n°......179.
174. Plotine. Sa Tête. ℞. Une Femme assise...................	1	66	Ibid. n°......181.
175. Marciane. Sa Tête. ℞. Matidie assise entre ses deux enfans, Julie Sabine et Matidie la jeune......................	1	66	Ibid. n°......182.
176. Matidie. Sa Tête. ℞. Tête de Plotine.................	1	66	Ibid. n°......184.
177. Hadrien. ADVENTVS AVG. Rome assise reçoit Hadrien.....	1	64	Ibid. n°......186.
178. ——— ADVENTVI AVG. AFRICAE. Femme debout......	1	68	Ibid. n°......187.
179. ——— AFRICA. L'Afrique assise à terre................	1	64	Ibid. n°......190.
180. ——— DISCIPLINA AVG. L'Empereur suivi de trois soldats.	1	62	Ibid. n°......196.
181. ——— LIBERALITAS AVG. VI. La Libéralité debout....	1	64	Ibid. n°......200.
182. ——— Hercule seul debout dans son temple.............	1	64	Ibid. n°.....205.
183. Sabine. Sa Tête. ℞. VESTA. Vesta assise..................	1	64	Ibid. n°......217.
184. Antonin Pie. CONSECRATIO. Le Bucher................	1	65	Ibid. n°......222.
185. ——— COS. III. TR. POT Un quadrige............ ...	1	65	Ibid. n°......223.
186. ——— FORTVNA OBSEQVENS. COS. IIII. La Fortune debout.................................	1	66	Ibid. n°......224.
187. ——— LIBE. IIII. L'Empereur assis sur une estrade, &c.	1	64	Ibid. n°......230.
188. ——— TEMPL. DIVI AVG. REST. COS. IIII. Temple à huit colonnes............................	1	63	Ibid. n°......235.
189. ——— TRIB. POT. COS. IIII. Rome assise...........	1	68	Ibid. n°.....236*.
190. Faustine *mère*. Sa Tête voilée. ℞. PIETAS.................	1	65	} Ibid. n°.....245*.
191. ——— Même type, même légende.............. ...	1	70	
192. Marc-Aurèle. DE GERM. TR. POT. XXXI. IMP. VIII. COS. III. P. P. Un monceau d'armes..............	1	63	Ibid n°......249.
193. ——— LIBERAL. AVG. IMP. VII. COS. III. La Libéralité debout...........................	1	64	Ibid. n°......254.
194. ——— SALVTI AVGVSTOR. TR. P. XVII. Figure debout.	1	65	} Ibid. n°.....254*.
195. ——— TR. POT. X. COS. II. Guerrier debout........	1	66	
196. Faustine jeune. SALVTI AVGVSTAE. Figure assise..........	1	64	} Ibid. n°.....257*.
197. ——— VENVS. Vénus debout....................	1	64	
198. L. Verus. REX ARMEN. DAT. &c. L'Empereur assis, &c....	1	64	Ibid. n°......260.
199. Lucille. Sa tête. ℞. VENVS. Vénus debout..............	1	66	Ibid. n°.....263*.
200. Commode. LIB. AVG. TR. P. V. &c. La Libéralité debout.....	1	64	Ibid. n°......264.
201. ——— PROVIDENTIAE AVG. Hercule et l'Afrique debout.	1	67	Ibid. n°......267.
202. Pertinax. VOT. DECEN. TR. P. COS. II. L'Empereur sacrifiant.	1	66	Ibid. n°......277.

I i

TYPES DES MÉDAILLES IMPÉRIALES.	POIDS.		CABINETS.
	gr.	grains	
203. Didius Julianus. CONCORD. MILIT. Femme debout, &c.....	1	61	D'Ennery, n°. 278.
204. Pescennius Niger. MONETA AVG. La Monnoie debout.......	1	63	Ibid. n°. ..... 282.
205. Septime Sévère. FIDEI LEG. TR. P. COS. Femme debout, &c..	1	64	Ibid. n°. ..... 289.
206. ——————— RESTITVTOR VRBIS. L'Empereur debout, &c.	1	63	Ibid. n°. .. ..299.
207. ——————— VICTORIAE BRIT. Victoire passant.........	1	69	Ibid. n°. .....301*.
208. ——————— VIRT. AVG. TR. P. COS. Mars debout.......	1	65	Ibid. n°. .....302.
209. Julia Domna. PIETATI. Julie sacrifiant..............	1	67	Ibid. n°. .....308.
210. Caracalla. LAETITIA TEMPORVM. Vaisseau dans le cirque..	1	66	Ibid. n°. .....314.
211. ———— P. M. TR. P. XVII, &c. Pluton et Cerbère à ses pieds.	1	62	Ibid. n°. .....318.
212. Plautille. CONCORDIA AVGG. Femme assise..............	1	68	Ibid. n°. .....330.
213. ———— PROPAGO IMPERI. Caracalle et Plautille debout, se donnant la main.......................	1	68	Ibid. n°. .....331.

N. B. Les autres médailles d'or depuis Caracalle jusque vers le règne de Constantin , sont d'un poids si inégal et si disproportionné , qu'il ne seroit pas possible , comme l'observe avec raison M. de la Nauze, d'en rien conclure pour le poids de la livre romaine.

NEUVIÈME ET DERNIÈRE ÉPOQUE,

Depuis le règne de CONSTANTIN jusqu'à la fin de l'Empire romain, le denier d'or ayant été remplacé par le *sou d'or* de 72 à la livre et du poids de 4 scrupules ou 1 gros 12 grains (1). La même époque fournit des quinaires ou *demi-sous d'or*, du poids de deux scrupules ou de 42 grains , et des *tiers de sous d'or* du poids d'un scrupule $\frac{1}{3}$ ou de 28 grains.

NOMS DES EMPEREURS.	TYPES DES MÉDAILLES.	POIDS.		CABINETS.
		gr.	grains	
214. Constantin I.......	GAVDIVM ROMANORVM. Exergue GALLIA......................	1	12	D'Ennery, n°. 460.
215. (Sous ce prince, le	GAVDIVM IMPERII ROMANI......	1	12	Sainte-Géneviève.
216. denier d'argent pèse	PIETAS AVGVSTI NOSTRI........	1	12½	D'Ennery. n°. 461.
217. depuis 50 jusqu'à 60	PRINCEPS IVVENTVTIS..........	1	12	Ibid. n°..... 462.
218. grains , et le quinaire	VICTOR OMNIVM GENTIVM.......	1	10	Ibid. n°. .....468.
219. d'argent de 23 à 29 gr.	*Idem.* A. Tête d'Alexandre........	1	9	Sainte-Géneviève.
220.	VICTORIA CONSTANTINI AVG....	1	12	D'Ennery, n°. 471.

(1) Les *sous d'or*, dont l'usage commença vers le règne de Constantin , étoient de 72 à la livre , et pesoient , non pas 1 gros 13 ⅓ de nos grains, comme le disent Leblanc et M. de la Nauze , pour la justification de leur livre romaine de 6144 grains ; mais 1 gros 12 grains, comme le prouve le Tableau des Monnoies de cette neuvième époque. Une loi du code Théodosien de l'an 367 , renouvelée par Justinien en 534 , s'exprime ainsi : " *Quotiescumque certa summa solidorum debetur, in septuaginta duo solidos libra feratur accepta.* " (Code Justin. Lib. X. In Leg. de susceptoribus, præpositis et arcariis). Une autre loi du code défendoit de jouer au-delà de ce même sou d'or de 72 de taille à la livre , et de la valeur d'environ quinze francs de notre monnoie.

	NOMS DES EMPEREURS.	TYPES DES MÉDAILLES.	Gr.	Grains.	CABINETS.
221.	Constantin I.	Quinaire ou Demi-sou d'or. Figure assise.....	..	42	D'Ennery, n°. 721.
222.	——————— *Idem*.....	VBIQVE VICTORES...............	..	42	Ibid. n°......722.
223.	——————— Tiers de sou d'or.	VICTORIA CONSTANTIN....	..	28	Ibid. n ......723.
224.	Constantin II *le jeune*.	SECVRITAS REIPVBLICAE.......	1	12	Ibid. n°......483.
225.	Constance II.......	FELICITAS PERPETVA...........	1	10	Ibid. n°......493.
226.	(Sous son règne, le	FELICITAS REIPVBLICAE........	1	11	Ibid. n°......494.
227.	denier d'argent a varié	FELICITAS ROMANORVM........	1	12	Ibid. n°......495.
228.	de 48 à 76 grains.	GLORIA REIPVBLICAE...........	1	11	Ibid. n°......500.
229.	Magnence..........	VICTORIA AVG. LIB. ROMAN.....	1	12	Ibid. n°......505.
230.	(Le denier d'argent	Même type, même légende.......	1	11	Ibid. n°......505.
231.	pèse 40 grains.	Même type, même légende.......	1	10	Ibid. n°......505.
232.	*Id.* Quinaire d'or....	VICTORIA DD. NN. *&c*...........	..	43	Ibid. n°......735.
233.	Julien II..........	GLORIA REIPVBLICAE...........	1	12	Ibid. n°......508.
234.	(Le denier d'argent	VIRT. EXERC. GALL.............	1	12	Ibid. n°......509.
235.	36 à 39 grains.	VIRTVS EXERC. ROMANOR.......	1	9	Ibid. n°......510.
236.	Jovien........	SECVRITAS REIPVBLICAE.......	1	12	Ibid. n°......511.
237.	Valentinien I.......	SALVS REIPVBLICAE............	1	12	Ibid. n°......514.
238.	Valens............	VICTORES AVGVSTI.............	1	12	Ibid. n°......516.
239.	*Id.* Demi-sou d'or...	VICTORIA AVGVSTOR............	..	42	Ibid. n°......750.
240.	Gratien............	GLORIA NOVI SAECVLI..........	1	12	Ibid. n°......517.
241.	——............	PRINCIPIVM IVVENTVTIS.......	1	12	Ibid. n°......518.
242.	Valentinien II......	CONCORDIA AVGGG.............	1	12	Ibid. n°......520.
243.	Théodose I.........	VOTIS XXX. MVLT. XXXX........	1	12	Ibid. n°......523.
244.	*Id.* Demi-sou d'or...	VICTORIA AVGVSTOR............	..	42	Ibid. n°......753.
245.	Magnus Maximus...	RESTITOR REIPVBLICAE........	1	12	Ibid. n°......525.
246.	Eugène............	VICTORIA AVGG................	1	12	Ibid. n°......528.
247.	Arcadius..........	CONCORDIA AVGGG.............	1	12	Ibid. n°......529.
248.	(Den. d'arg. 36 à 38 g.).	NOVA SPES SAECVLI............	1	12	Ibid. n°......529*.
249.	*Id.* Tiers de sou d'or.	VICTORIA AVGG................	..	29	Ibid. n°......760.
250.	Honorius..........	CONCORDIA AVGG..............	1	12	Ibid. n°......530*.
251.	(Sous ce prince, le	Même type, même légende.......	1	11½	Sainte-Géneviève.
252.		VICTORIA AVGG...............	1	12	D'Enn. n°...530*.
253.	denier d'argent a varié	Même type, même légende.	1	11	Sainte-Géneviève.
254.	de 27 à 37 grains.	VOTIS XXX. MVLT. XXXX........	1	12	D'Ennery, n°.530.
255.	*Id.* Tiers de sou d'or.	VICT. AVGG..................	..	28	Ibid. n°......765.
256.	*Idem. Idem*........	Même type, même légende.......	..	27	Sainte-Géneviève.
257.	— EXAGIVM SOLIDI.	Piece carrée de bronze (1)........	1	6½	Idem............
258.	—— Autre idem, mieux conservé...................		1	11	Bouteroue, p. 130.

(1) Ce Flan carré de bronze, qui porte pour légende au revers d'*Honorius*, EXAGIVM SOLIDI, étoit une pièce de trébuchet, faite pour donner le poids juste du sou d'or ; car le mot grec *Exagium* répond au mot latin *Sextula*, poids de 4 scrupules ou la sixième partie de l'once romaine ; mais cette pièce, loin de pouvoir aujourd'hui servir à constater le poids légitime du sou d'or, a perdu, comme nous l'apprend ce même sou d'or, cinq grains et demi de son propre poids. Exemple remarquable de la différente action du tems sur ces deux métaux.

NOMS DES EMPEREURS.	TYPES DES MÉDAILLES.	POIDS.		CABINETS.
		Gr.	Grains.	
259. Constance III.......	VICTORIA AVGG.................	1	12	D'Ennery, n°. 531.
260. Théodose II, *le jeune.*	VIRT. EXERC. ROM...............	1	12	Ibid. n°. ....540.
261. *Id.* Tiers de sou d'or.	VICTORIA AVGVSTORVM.........	..	28	Ibid. n°......776.
262. Placide Valentinien III..............	VOT. X. MVLT. XX...............	1	12	Ibid. n°......543

N. B. Sous ce prince, le tiers de sou d'or pesoit 27 à 28 grains ; sous *Libius Severus*, il ne pesoit plus que 27 grains, et le quinaire ou demi-denier d'argent 17 grains ; ce qui donne 34 grains pour le denier d'alors. Sous *Anastase*, le tiers de sou d'or pesoit encore 27 grains ; mais on trouve à cette époque un quinaire d'argent de 26 grains, et un sesterce, ou quart de denier, de 13 grains. Il en est de même sous *Justin*, *Théodebert* et *Justinien*, où le sou d'or étoit encore d'un gros 10 à 12 grains. Bouteroue (p. 132) cite un sou d'or de Justinien, du poids juste de 84 grains. Sous *Maurice Tibere* et *Heraclius*, le sou d'or étant toujours d'un gros 12 grains, le sesterce d'argent ne pesa plus que 7 grains ou un tiers de scrupule. Enfin sous *Romain Lécapène* et *Constantin Porphyrogénète*, on trouve de petites pièces d'argent du poids de 5 grains. C'est sans doute une des plus petites pièces de monnoie qui aient été frappées : alors le sou d'or passa de 1 gros 12 grains à 1 gros 10, 1 gros 8 grains, et le Tiers de sou d'or de 27 à 24, à 23 et même à 21 grains ; mais ces derniers, qui commencèrent sous *Nicéphore Phocas* (1), sont des *Quarts de sou d'or* (*Quartarii*), lesquels n'excèdent pas le poids d'un scrupule.

---

(1) " *Tradit Zonaras Nicephorum Phocam, cupiditate et avaritiâ impulsum, cum priùs aureus nummus sextam* " *unciæ auri partem penderet,* τεταρτηρὸν *formari jussisse, pondere longè leviore : et exactiones quidem graviore illo et justi* " *ponderis solido celebrari voluisse, impensas verò et largitiones isto* QUARTARIO *tunc primum ab se invento et edita,* " *idem tradit Cedrenus* ". Salmas. in Lamprid.

TABLE XI.

Valeur exacte de la livre romaine démontrée par les monnoies d'or de Constantin et de ses Successeurs, à 6048 grains, qui font 96 Drachmes ou deniers de 63 grains, 84 deniers de 72 grains ou 10 onces 4 gros de notre poids de marc.

TYPES DES MÉDAILLES OU MONNOIES D'OR.		CABINETS.	POIDS ACTUEL.			POIDS LÉGITIME.	
			Onc.	Gros.	Grains.	En Scrupules.	En Gros Graius.
1. Sous Constantin I...	VICTORIA CONSTANTINI.............	D'Ennery, Imp. n°. 723.	..	..	28	Tiers de Sou d'or pesant 1 ⅓ scrup. *Tremissis.*	1 scrup. 21. ⅓.......7. ou.......28.
2. — Arcadius.	VICTORIA AVGG......	Id. n°.. 760.	..	..	29		
3. — Honorius.	VICT. AVGG..........	Id. n°.. 765.	..	..	28		
4. — Idem....	Même type	Ste. Génev.	..	..	27		
5. — Théodose II.....	VICTORIA AVGVSTOR.	D'Enn. 776.	..	..	28		
6. — Constantin I..	PONT. MAX. TRIB. P. P. P...............	Id. n°.. 721.	..	..	42	Demi-Sou d'or pesant 2 scrup. *Semissis.*	ou......42.
7. — Idem....	VBIQVE VICTORES....	Id. n°.. 722.	..	..	42		
8. — Magnence.	VICT. DD. NN. AVGG...	Id. n°.. 735.	..	..	43		
9. — Valens..	VICTORIA AVGVSTOR.	Id. n°.. 750.	..	..	42		
10. — Théodose I......	VICTORIA AVGVSTOR.	Id. n°.. 753.	..	..	42		
11. — Constantin I..	GAVDIVM ROMANOR..	Id. n°.. 460.	..	1	12	Sou d'or pesant 4 scrup. ou ⅙ d'on R. *Solidus.* (a).	........84. (Il remplaça le denier d'or qui cessa sous Constantin). ou 1 ... 12. (Voyez d'autres sous d'or, du même poids, ci-dessus p. 126 et suiv.). ....84.
12. — Idem....	GAVDIVM IMPERII RO.	Ste. Génev.	..	1	12		
13. — Idem....	PIETAS AVG. NOSTRI..	D'Enn 461.	..	1	12 ½		
14. — Idem....	VICTOR OMNIVM GENT.	Id. n°.. 468.	..	1	10		
15. — Idem....	VICT. CONSTANTINI..	Id. n°.. 471.	..	1	12		
16. — Constantin II.	SECVRITAS REIPVBL..	Id. n°.. 483.	..	1	12		
17. — Constance II...	FELICITAS PERPETVA.	Id. n°.. 493.	..	1	10		
18. — Idem....	GLORIA REIPVBLICAE.	Id. n°.. 494.	..	1	11		
19. — Julien II.	GLORIA REIPVBLICAE.	Id. n°.. 508.	..	1	12		
20. — Valentinien I..	SALVS REIPVBLICAE..	Id. n°.. 514.	..	1	12		
21. — Valentinien II.	CONCORDIA AVGG.....	Id. n°.. 529.	..	1	12		
22. — Honorius.	CONCORDIA AVGG.....	Id. n°.. 530.	..	1	12		
23. — Idem....	Même type, même lég.	Ste. Génev.	..	1	11 ½		
24. — Idem....	VICTORIA AVGG......	Ibid.......	..	1	11		
25. — Idem....	Même type, même lég.	D'En. 530*.	..	1	12		

(a) « *Si quis solidos*, dit une loi de Constantin, *appendere voluerit, auri cocti VI solidos, quaternorum scrupulo-* » *rum, nostris vultibus figuratos appendat pro singulis unciis ; duodecim vero pro duobus. &c.* « Cod. Theod. Edit de Constantin le Grand, de l'an 325. Quoique les exemplaires imprimés du Code portent tous en cet endroit *VII Solidos* et *XIV pro duobus*, leçon que plusieurs commentateurs ont voulu justifier, en soutenant que le

TYPES DES MÉDAILLES OU MONNOIES D'OR·	CABINETS.	POIDS ACTUEL.			POIDS LÉGITIME.	
		Onc.	Gros.	Grains.	En Scrupules.	En Gros, Grains.
26. Sous Constantin I..	ADVENTVS AVGVSTI. N.	..	1	55		Petits Médaillons. Diamètre 11 lignes à 11 ½ lignes.
27. —— Idem....	EQVIS ROMANVS.....	Id. n°. ...12.	..	1	53	
28. —— Idem....	GLORIA CONSTANTINI AVG............	Id. n°. ...13.	..	1	57	
29. —— Idem....	Même légende........	Id. n°. ...14.	..	1	51	
30. —— Idem....	Même légende........	Id. n°. ...15.	..	1	54	1 ½ Sou d'or, pesant 6 scrup. ou ¼ d'once Romain.	1. 12. plus 42. font 1. 54. Poids. 1. 54.
31. —— Constantin II..	VIRTVS CONSTANTINI CAES...........	Id. n°. ...18.	..	1	54		
32. —— Idem....	Même légende........	Id. n°. ...19.	..	1	54		
33. —— Constance II...	VIRTVS CONSTANTI CAES..........	Id. n°. ...23.	..	1	54		N. B. Je n'en ai point vu qui fussent du poids de 12 scrupules ou de ½ once Rom.
34. —— Valens..	FELIX ADVENTVS AV-GGG............	Id. n°. ...25.	..	1	54		
35. —— Valentinien II.	FELIX ADVENTVS AVG. N..............	Id. n°. ...28.	..	1	54		
36. —— Constantin I..	GLORIA ROMANORVM..	Id. n°. ...9.	..	2	25	Le Double Sou d'or pesant 8 scru.	Moyens Méd. D. 12 à 13 lig. Poids. 2. 24.
37. —— Gratien..	GLORIA ROMANORVM..	Id. n°. ...27.	..	2	24		
38. —— Constantin I..	PIETAS AVGVSTI NOSTRI..............	Id. n°. ...8.	..	5	18	4½ S. d'or pesant 18 scrup. ou ¾ d'once Rom.	Grands Médaillons. D. 16 à 17 lig. Poids. 5. 18.
39. —— Constance II..	SALVS ET SPES REIPVBLICAE.......	Id. n°. ...21.	..	5	16		
40. —— Idem....	GLORIA ROMANORVM.	Id. n°. ...22.	..	5	12		
41. —— Valens..	Même légende.......	Id. n°. ...24.	..	5	18		

sou d'or sous Constantin n'étoit point taillé sur le fin, j'adopte l'opinion de M. Dupuy et de quelques autres Savans, qui lisent VI et XII, dans la persuasion que le texte est ici corrompu par la négligence des copistes. Ce qu'il y a de certain, c'est que les monnoies d'or ont été taillées sur le fin jusqu'à la chute de l'Empire. On peut juger du prix des denrées à cette époque par une loi de Valentinien III, de l'an 446 de notre Ere; le sou d'or y est évalué à 40 *modius* de froment, à 270 livres de viande et à 200 sextiers de vin. Or les 40 *modius* faisant 2 ¼ setiers ou 27 boisseaux de Paris, c'est sur le pied de 6 liv. 13 sous 4 den. le setier, ou environ moitié de sa valeur actuelle. Selon la même évaluation, la livre poids de marc de viande coûtoit alors 1 sou 8 deniers; et la pinte de vin, mesure de Paris, 2 sous 8 deniers : le sou d'or étant supposé égal à 15 francs de notre monnoie. D'un autre côté, si l'on compare le prix de ces denrées à ce qu'elles valoient chez les Athéniens environ 4 siècles avant notre Ere, Démosthène nous apprend, que de son tems le médimne de blé, dont le prix ordinaire étoit de 5 drachmes, s'élevoit, dans les tems de disette, jusqu'à 16 drachmes. On a vu par les Tables (ci-dessus p. 26.) que le médimne contenoit un peu plus de 3 ½ boisseaux de Paris, et la drachme attique, du tems de Démosthène, valoit 18 sous de notre monnoie (p. 86.); il en résulte que le prix du blé, dans les bonnes années, étoit d'environ 15 francs le setier, et qu'il s'élevoit jusqu'à 45 et 50 liv. dans les années de disette. Mais comme du tems de Démosthène le prix courant du blé étoit de deux cinquièmes plus fort que du tems d'Aristophane, il s'ensuit qu'à l'époque de ce dernier, antérieure d'environ soixante ans, le blé ne valoit à Athènes que 9 francs le setier mesure de Paris. Un bœuf de bonne qualité s'y vendoit environ 80 drachmes, un mouton la cinquième partie d'un bœuf, un agneau la huitième; enfin le métrète attique de vin (environ 36 pintes de Paris) valoit 4 drachmes, ou 3 liv. 12 sous de notre monnoie; ce qui revient à deux sous la pinte.

TYPES DES MÉDAILLES. OU MONNOIES D'OR.	CABINETS.	POIDS ACTUEL.			POIDS LÉGITIME.	
		Onc.	Gros	Grains,	En Scrupules.	En Gros, Grains.
42. Sous Constantin I.. — SALVS ET SPES REIPVBLICAE............	D'En. n°. 7.	1	2	44	Les IX Sous d'or pesant 36 scrup. ou 1 ½ onces Romain.	Très grands, Médaillons. Diamètre 21 lignes (a).
43. —— Constantin le jeune. — Même légende........	Id. n°. ...16.	1	2	27		once.
44. —— Idem.... FEICITAS PERPETVA AVGG............	Id. n°. ...17.	1	2	39		1. 2. 36.
45. —— Constance II... SALVS ET SPES REIPVBLICAE.	Id. n°. ...20.	1	2	33		

N. B. On a vu ci-dessus par la note de la page 117, pour quelle raison le poids légitime des monnoies Romaines ne se rencontroit, ni dans la plus forte, ni dans la plus foible d'un module quelconque, mais dans quelques-unes des autres de la même taille. On ne doit donc pas être surpris de voir le n°. 2 de cette Table excéder d'un grain le poids du Tiers de Sou d'or, le n°. 8 également d'un grain le poids du Demi-Sou d'or, le n°. 13 d'un demi-grain le poids du Sou d'or, enfin les n°s. 26, 28, 36, 44 et 42 excéder aussi de quelques grains le poids qui convient aux multiples de ce même Sou d'or. Ce léger sur-poids dans quelques pièces ne peut nuire à la certitude qui résulte du concours de toutes les autres à démontrer l'égalité de l'once Romaine à 504 de nos grains.

(a) Ces Médaillons d'or du poids de 36 scrupules ou d'une once et demie romaine, sont les plus grands qui nous soient restés de l'Antiquité; mais l'Histoire nous apprend qu'il y en eut encore de plus grands. Tels sont ceux du poids *d'une livre*, que Tibère Constantin fit frapper au nombre de quinze, portant d'un côté cette légende TIBERIVS CONSTANTINVS SEMPER AVGVSTVS, et de l'autre GLORIA ROMANORVM. L'Empereur fit présent à Chilperic Roi de France d'un de ces Médaillons. Voyez *Flav. Vopiscus.* Lampride rapporte aussi, dans la Vie d'Alexandre Sévère, qu'Heliogabale avoit ordonné la fabrication de pièces d'or qui valoient deux, trois, quatre, dix et jusqu'à cent *auréus*, sans parler de quelques autres qui égaloient le poids de *deux livres d'or.* On les appeloit *formes binaires, ternaires, centenaires,* &c. Mais ces dernières furent bientôt décriées par Alexandre Sévère son successeur, qui en ordonna la refonte. « *Formas binarias, ternarias, quaternarias, et denarias etiam, atque* » *amplius usque ad bilibres quoque et centenarias, quas Heliogabalus invenerat, resolvi præcepit, neque in usu* » *cujusquam versari* ». Lamprid.

AVERTISSEMENT

SUR LA TABLE SUIVANTE.

L'As et ses divisions subsistèrent sans réduction jusqu'à la défaite de Pyrrhus, l'an de Rome 479, et même quelque tems après. Pline ne parle point des trois premières réductions, mais la IVe. eut lieu l'an de Rome 490, (année de la première guerre Punique); la VIe. eut lieu l'an de Rome 537 (*Annibale urgente Asses unciales facti.* Plin.); la VIIIe. réduction se fit en 576 (*mox lege Papiriâ semunciales.* Ibid.); à l'égard des suivantes l'Histoire n'en parle point.

Dans les anciens tems de la République, où l'As étoit du poids d'une livre, le *Denier* d'argent valoit X As ou 10 livres de cuivre, le *Quinaire* V As ou 5 livres, et le *Sesterce* deux livres et demie. (*Dupondium et Semissem.*) La *Libelle*, autre petite monnôie d'argent, valoit un de ces As de cuivre du poids d'une livre; la *Sembelle* ou *Sélibelle* un Semissis ou demi-As, et le *Teronce* un Quadrans du poids de trois onces; mais lors de la réduction de l'As à une once de cuivre, il fut établi que le *Denier* vaudroit 16 As, le *Quinaire* 8 et le *Sesterce* 4 : de là son nom de *Quaternus.* Il résulta de ce changement, que 25 As ou 100 Quadrans, qui répondoient autrefois à la valeur de 10 Sesterces, n'en représentèrent plus que 6 ¼, et il en fut de même à proportion de tous les sous-multiples de l'As.

Cependant le Denier, qui sous les Empereurs étoit la paye journalière du soldat, conserva pour lui seul son ancienne valeur de 10 As (1), et delà vint la révolte de quelques Légions sous Tibère, lorsqu'on voulut substituer Dix As de cuivre au Denier d'argent qu'on avoit coutume de leur payer en nature, et qui, dans le public, avoit cours pour 16 As.

Au surplus, lorsque, dans quelque somme, il est question de *Sesterces* ou de *Deniers*, il faut toujours les prendre selon l'ancienne acception de *Deux As et demi* pour le Sesterce, et de *Dix As* pour le Denier, à moins que les Auteurs n'avertissent expressément du contraire, ou qu'il ne soit question du rapport du cuivre à l'argent, comme dans l'exemple cité plus haut.

---

(1) » *In Militari tantum stipendio semper denariis pro decem assibus datus* ». Pline, Lib. XXXIII. c. 3.

TABLE XII.

AS OU MONNOIES ROMAINES DE BRONZE

Et leur rapport tant avec la livre Romaine qu'avec notre poids de Marc. (*Auri summus honos : auri pretium tamen est Æs.* AUSON.)

N. B. Ces Monnoies, improprement désignées sous le nom de POIDS ROMAINS, sont en partie tirées du *Supplément à l'Antiquité expliquée*, par Dom Bernard de Montfaucon, Tome III, Chap. III, pag. 97 et suiv., en partie du Catalogue des Médailles de M. D'Ennery, et de quelques autres Cabinets.

PREMIÈRE CLASSE.

AS ET SES DIVISIONS AVANT LA RÉDUCTION :

TYPES DES MONNOIES			POIDS PRIMITIF			POIDS ACTUEL			DIFFÉRENCES	POIDS			CABINETS
			Onces	Gros	Grains	Onces	Gros	Grains		Onces	Gros	Grains	
1. DUPONDIUS (a) ou double As	Tête de Rome casquée. II	R. Une Roue et la marque II	21			18	7	61	En moins..	2		10	D'Ennery, n°. .47.
2. Idem	Même type	Même revers				20	2	43	Idem		5	29	Zélada (b).
3. As Romain	Tête de Janus et la lettre I	R. La Proue et la lettre I	10	4		9	1	65	Idem	1	2	7	Ibid. p. 20.
4. Idem	Même tête	Même revers				9	1	24	Idem	1	2	48	D'Ennery, n°. ...1.
5. Idem	Même tête	Même revers				9		51	Idem		3	20	Montfaucon.
6. Idem	Même tête	Même revers				9	4	17	Idem		7	55	Ibid.
7. As Italique	Tête de Servius Tullius	R. Même tête et la lettre I				11		36	En plus (c).		4	36	Ibid.
8. Idem	Tête de Bacchus Indien	R. Un Chien couché				12	4	18	Idem	2		18	D'Ennery, n°. ..55.
9. Idem	Tête de Mercure, ailée	R. Double tête de Femme				10	7	14	Idem		3	14	Ibid. n°. ...49.
10. Idem	Même tête	Même revers				9		22	En moins..	1	3	50	Ibid. n°. ...50.
11. Idem	Même tête	R. Idem. (*fruste*)				8	6	60	Idem	1	5	12	Montfaucon.
12. Idem	Même tête	R. Id. (*moins fruste que le précéd.*)				9		33	Idem	1	3	39	Ibid.
13. Idem	Tête casquée	R. Un Taureau. ROMA				9			Idem	1	4		D'Ennery, n°. .37.

(a) Les multiples de l'As sont le *Dupondius*, le *Sesterce*, le *Tressis* ou *Tripondius*, le *Quatrussis*, le *Quinquessis*, le *Sexis*, le *Septussis*, l'*Octussis*, le *Nonussis*, le *Decussis*, le *Bicessis* ou *Vigessis*, le *Tricessis*, &c. jusqu'au *Centussis* ou *Centumpondium*; lesquels valoient 2, 2 $\frac{1}{2}$, 3, 4, 5, 6, 7, 8, 9, 10, 20, 30, &c. jusqu'à 100 As ou livres Romaines. Il ne nous reste qu'un très-petit nombre de ces Multiples de l'As, et même la plupart de ceux que l'on voit dans les Cabinets des Curieux ne sont des Multiples que de l'As réduit au *Semissis*, au *Triens*, au *Quadrans*, &c.

(b) Voyez la Lettre de ce Cardinal, intitulée : *De Nummis aliquot Æris Uncialibus.* Romæ. 1778, in-4°. fig. On y trouve la description, la figure et le poids romain moderne d'un *Decussis*, d'un *Tripondius*, 5 *Dupondius*, 26 *As*, 27 *Semissis*, 5 *Quincances*, 71 *Triens*, 59 *Quadrans*, 81 *Sextans* et 83 *Uncia*, ce qui fait en tout 359 pièces. J'ai réduit au poids de France, le petit nombre de ceux que j'ai empruntés de son Ouvrage; sur quoi j'observe que la Livre romaine actuelle répondant à 11 onces 50 grains de notre poids de marc, elle est par conséquent de 4 gros 50 grains plus forte que l'Ancienne livre romaine: et comme l'once romaine actuelle répond à 7 gros 28 $\frac{1}{2}$ grains de la nôtre, il s'ensuit que Lucas Pætus, qu'on a tant critiqué dans ces derniers tems, avoit eu raison d'avancer que l'once romaine actuelle étoit d'un *scrupule et 4 grains*, c'est-à-dire de 28 grains plus forte que l'ancienne. L'ancienne livre romaine se retrouve, à 32 grains près, chez les Milanois et les Piémontois, car leur livre actuelle n'est que de 6016 de nos grains, ou de 10 onces 3 gros 40 grains de notre poids de marc. Les Lyonnois ont aussi conservé, à 4 grains près, l'ancienne once romaine; car les seize onces dont leur livre est composée, étant du poids de 500 grains, donnent au total 8000 grains, ou 13 onces 7 gros 8 grains. Ce n'est donc point à Rome, mais dans les Gaules Cisalpine et Transalpine, que les poids de l'Empire Romain se sont conservés jusqu'à ce jour.

(c) Ces différences *en plus* paroissent indiquer qu'il y eut autrefois chez les Romains, comme chez les Grecs et même aujourd'hui parmi nous, des livres de différens poids, soit qu'elles fussent composées de 12, de 14, de 16, de 18 et même de 20 onces Romaines, soit que toujours composées de 12 onces, ces onces fussent elles-mêmes formées de drachmes plus ou moins fortes. C'est un problème d'autant moins facile à résoudre, que les connoissances historiques nous manquent à cet égard. Le passage suivant du petit Traité des poids et mesures attribué à Galien, suffit pour justifier cette conjecture : « *Libra uncias XII, drachmas 96; Mina apud medicos quidem pendit uncias XVI, id est drachmas 128; apud Romanos uncias XVIII, hoc est libram 1 $\frac{1}{2}$, drachmas vero 144; Sed Alexandrina mina pendit uncias XX, drachmas 160.* » Il est donc ici question de livres de 12, de 16, de 18 et même de 20 onces Rom.: mais on a vu qu'à raison de 60 Mines par Talens, (ci-dessus Tab. VII.) la livre de 16 onces étoit la soixantième partie du *Métrète Romain* composé de 7680 drachmes; que celle de 18 onces étoit la soixantième partie du *Métrète Grec* composé de 8640 drachmes; et qu'enfin celle de 20 onces étoit la soixantième partie du *Centumpondium*, ou la *Mine italique*, que l'on a souvent confondue avec la *Mine d'Alexandrie*, qui étoit de XXV onces Romaines.

TYPES DES MONNOIES.			POIDS PRIMITIF.			POIDS ACTUEL.			DIFFÉRENCES.	POIDS.			CABINETS.
			ONCES.	GROS.	GRAINS.	ONCES.	GROS.	GRAINS.		ONCES.	GROS.	GRAINS.	
SÉMISSIS ou Demi-As.													
14. Sémissis Romain	Tête de Jupiter	R. La Proue et la lettre S	5	2		4	3	8	En moins		6	64	D'Ennery, n°. .6.
15. Idem	Même tête	Même revers (*fruste*)				3		10	Idem	2	1	62	Montfaucon.
16. Idem	Même tête	Même revers (*moins fruste*)				4	2	36	Idem		7	36	Ibid.
17. Sémissis Italique	Tête casquée	R. Tête de Femme. S. (a)				5	3	41	En plus		1	41	Ibid.
18. Idem	Même tête	Même revers				4		46	En moins	1	1	26	Ibid.
19. Idem	Même tête	Même revers				4	1	21	Idem	1		51	D'Ennery, n°. .51.
20. Idem	Même tête	R. Id. et un bâton noueux (*stipes*)				4		42	Idem	1	1	30	Montfaucon.
21. Idem	Tête de Femme	R. Un Coq				7		39	En plus	1	6	59	D'Ennery, n°. .76.
22. Idem	Le Cheval Pégase et la lettre S	Même type au revers				5	2	42	Idem			42	Ibid. n°. ...52.
TRIENS ou Tiers d'As.													
23. Triens Romain	Tête de Minerve	R. La proue et quatre globules	3	4		3	5	36	En plus		1	36	Montfaucon.
24. Idem	Même tête	Même revers				2	7	25	En moins		4	47	Ibid.
25. Idem	Même tête	Même revers				2	7		Idem		5		Ibid.
26. Idem	Même tête	Même revers				3	2	26	Idem	1		46	D'Ennery, n°. .10.
27. Triens Italique	Un foudre et quatre globules	R. Un Dauphin				2	4	48	Idem		7	24	Montfaucon.
28. Idem	Même type	Même revers				4		20	En plus		4	20	D'Ennery, n°. .69.
29. Idem	Même type	Même type au revers				2	7	54	En moins		4	18	Ibid. n°. ...68.
30. Idem	Tête de Cheval	R. Id. et 4 globules (*fruste*)				3		12	Idem		3	60	Montfaucon.
QUADRANS ou Quart d'As.													
31. Quadrans Romain	Tête d'Hercule	R. La proue et trois globules	2	5		2	2	12	En moins		2	60	Montfaucon.
32. Idem	Même tête	Même revers				2	1	12	Idem		3	60	Ibid.
33. Idem	Même tête	Même revers				2		36	Idem		4	36	Ibid.
34. Idem	Même tête	Même revers				2	1	54	Idem		3	18	D'Ennery, n°. .17.
35. Quadrans Italique	Tête avec le bonnet Phrygien	R. Idem				2		4	Idem		4	68	Montfaucon.
36. Idem	Un Chien	R. Une roue et trois globules				2		26	Idem		4	46	Ibid.
37. Idem	Même type	Même revers				1	6		Idem		7		Ibid.
38. Idem	Un Sanglier	R. Un Sanglier				2	5	52	En plus			52	Ibid.
39. Idem	Même type	Même revers				2	5	41	Idem			41	Ibid.
40. Idem	Même type	Même revers				2	4	68	En moins			4	Ibid.
41. Idem	Même type	Même revers				2	3	30	Idem			42	Ibid.
42. Idem	Même type	Même revers				2	7	54	En plus		2	54	D'Ennery, n°. .70.
43. Idem	Une main ouverte et une massue	R. Une main ouverte et une massue				2	2		En moins		3		Montfaucon.
44. Idem	Une main et la faucille	R. Deux grains d'orge				2	2	16	Idem		2	36	Ibid.
45. Idem	Même type	Même revers				2	2	4	Idem		2	68	Ibid.
46. Idem	Même type	Même revers				2		30	Idem		4	42	D'Ennery, n°. .71.
47. Idem	Un Lion	Revers plane sans type ni globules				2	1	48	Idem			24	Montfaucon.
48. Idem	Un Dauphin NAT	R. Un Poisson				3	4	67	En plus		7	67	D'Ennery, n°. .64.

(a) Donné par le père de Montfaucon pour un *Septant*.

TYPES DES MONNOIES			POIDS PRIMITIF			POIDS ACTUEL			DIFFÉRENCES	POIDS			CABINETS
			ONCES	GROS	GRAINS	ONCES	GROS	GRAINS		ONCES	GROS	GRAINS	
SEXTANS ou Sixième d'As, lequel doit peser....			1	6									
49. Sextans Romain	Tête d'Hercule et deux globules.	ꝶ. La Proue et deux globules				1	2	11	En moins		3	61	Montfaucon.
50. Idem	Tête de Mercure	Même revers				1	4	32	Idem		1	40	Ibid.
51. Idem	Même tête	Même revers				1	3	58	Idem		2	14	Ibid.
52. Idem	Même tête	Même revers				1	3	46	Idem		2	26	Ibid.
53. Idem	Même tête	Même revers				1	2	48	Idem		3	24	Ibid
54. Idem	Même tête	Même revers				1	5	16	Idem			56	D'Ennery, n°..24.
55. Sextans Italique	Tête de Vulcain	ꝶ. Même tête (bien conservé)				1	6		Poids juste				Montfaucon.
56. Idem	Même tête	Même revers				1	4	9	En moins		1	63	D'Ennery, n°..53.
57. Idem	Un Vase	ꝶ. Une Roue (fruste)				1	1	68	Idem		4	4	Montfaucon.
58. Idem	Une Diota	ꝶ. Une Roue				1	3	23	Idem		2	49	Ibid.
59. Idem	Un Vase	ꝶ. Une Amphore				1	5	54	Idem			18	D'Ennery, n°..77.
60. Idem	Un Pétoncle	ꝶ. Un Caducée et la serpette				1	4	3	Idem		1	69	Ibid. n°....73.
61. Idem	Même type	Même revers				1	3	54	Idem		2	18	Montfaucon.
62. Idem	Un Chien couché	ꝶ. Une Lyre et TVTERE				1	3	36	Idem		2	36	Ibid.
63. Idem	Même type	Même revers				1	2	36	Idem		3	36	Ibid.
64. Idem	Même type	Même revers				1	1	23	Idem		4	49	Ibid.
65. Idem	Même type	ꝶ. Le Serpent Agathodémon				1	5		Idem		1		Ibid.
66. Idem	Même type	Même revers				1	4	70	Idem		1	2	D'Ennery, n°..74.
UNCIA ou Douzième d'As, doit peser....				7									
67. Once Romaine	Tête de Mars ou de Rome casquée.	ꝶ. La Proue et un globule					6	50	En moins			22	Montfaucon.
68. Idem	Même tête	Même revers					5	70	Idem		1	2	Ibid.
69. Idem	Même tête	Même revers					5	52	Idem		1	20	Ibid.
70. Idem	Même tête	Même revers					5	28	Idem		1	41	Ibid.
71. Idem	Même tête	Même revers					6	4	Idem			68	Ibid.
72. Idem	Même tête	Même revers (fruste)					5	7	Idem		1	65	D'Ennery, n°..32.
73. Once Italique	Un Osselet et un globule	ꝶ. Un Osselet et un globule					5	42	Idem		1	30	Montfaucon.
74. Idem	Même type	Même revers					5	63	Idem		1	9	D'Ennery, n°..75.
75. Idem	Un Osselet et une massue	ꝶ. Un Osselet et une massue					5	68	Idem		1	4	Montfaucon.
76. Idem	Un Vase	ꝶ. Une faucille ou serpette					5	68	Idem		1	4	Ibid.
77. Idem	Un Osselet et la faucille	ꝶ. Un Osselet et la faucille					5	61	Idem		1	11	Ibid.
78. Idem	Tête d'homme	ꝶ. Un Pétoncle					5	16	Idem		1	46	Ibid

SECONDE CLASSE.

RÉDUCTIONS DE L'AS ET DE SES DIVISIONS:

PREMIÈRE.

TYPES DES MONNOIES			POIDS PRIMITIF			POIDS ACTUEL			DIFFÉRENCES	POIDS			CABINETS
As réduit à 6 onces ou au Sémissis, doit peser....			5	2									
79. Dupondius de Vélitri, réduit à ⅓	Double tête de Femme, avec un chapeau	ꝶ. Un bâton noueux ; caractères Étrusques et la marque II du Dupondius (a)	10	4		9	6	4	En moins		5	68	Zelada.

(a) On voit dans le même Ouvrage du Cardinal Zelada, un autre *Dupondius* de Vélitri, avec le même type et la même marque II, mais du poids de 30 onces romaines actuelles, qui répondent à 27 onces 5 gros 62 grains de France. Ce *Dupondius* est un multiple de celui du n°. 79, et vaut Six As du n°. 80, ou 2 livres de 18 onces Romaines, qui répondent à 31 ½ onces ou près de deux livres de France. Ce Dupondius auroit donc perdu 3 onces 6 gros 10 grains de son poids primitif.

TYPES DES MONNOIES.			POIDS PRIMITIF.			POIDS ACTUEL.			DIFFÉRENCES.	POIDS.			CABINETS.
			Onces.	Gros.	Grains.	Onces.	Gros.	Grains.		Onces.	Gros.	Grains.	
80. As de Velitri, réduit à ⅓.	Double tête de Femme, avec un chapeau.	℞. Un bâton noueux; caractères Étrusques et la lettre I qui désigne l'As.	5	2		4		57	En moins.	1	1	15	Zélada.
81. Triens, réduit à ⅓.	Tête de Femme et 4 globules.	℞. Hercule et le Centaure, 4 glob.	1	6		1	7	12	En plus.		1	22	Montfaucon.
82. Idem.	Même tête.	Même revers.				1	6	32	Idem.			32	Ibid.
83. Idem.	Même tête.	Même revers.				1	5		En moins.		1		Ibid.
84. Idem.	Même tête.	Même revers.				1	4	34	Idem.		1	18	Ibid.
85. Idem.	Même tête.	Même revers.				1	6	42	En plus.			42	D'Ennery, n°. 38.
86. Quadrans, réduit à ⅓.	Tête de Junon Sospita, 3 globules.	℞. Un Taureau et trois globules.	1	2	36	1	2	22	En moins.			14	Ibid. n°. 41.
87. Idem.	Même tête.	℞. Idem.				1	1	48	Idem.			60	Montfaucon.
88. Sextans, réduit à ⅓.	La Louve, Rémus et Romulus.	℞. Un Oiseau et deux globules.		7			7	32	En plus.			32	Ibid.
89. Idem.	Même type.	Même revers.					7	26	Idem.			26	Ibid.
90. Idem.	Même type.	Même revers.					7		Poids juste.				Ibid.
91. Idem.	Même type.	Même revers.					6	64	En moins.			8	Ibid.
92. Idem.	Même type.	Même revers.					6	10	Idem.			62	Ibid.
93. Idem.	Même type.	Même revers.					5	12	Idem.		1	60	Ibid.
94. Idem.	Même type.	Même revers.					6	42	Idem.			30	D'Ennery, n°. 44.
95. Idem.	Tête de Mercure.	℞. La Proue ROMA.					7	16	En plus.			16	Ibid. n°. 45.
96. Idem.	Même tête.	Même revers.					7	22	Idem.			22	Montfaucon.
97. Idem.	Même tête.	Même revers.					6	52	En moins.			20	Ibid.
98. Idem.	Même tête.	Même revers.					6	26	Idem.			46	Ibid.
99. Idem.	Même tête.	Même revers.					6		Idem.		1		Ibid.
100. Idem.	Même tête.	Même revers.					6	66	Idem.			6	D'Ennery, n°. 25.
101. Idem, de forme ovale.	Un Épi.	℞. Deux globules.					6	42	Idem.			30	Ibid. n°. 54.
102. Uncia, réduite à ⅓.	Tête du Soleil et un globule.	℞. Un Croissant et 2 étoiles. ROMA.		3	36		3	24	Idem.			12	Montfaucon.
103. Idem.	Même tête.	Même revers.					3	15	Idem.			21	Ibid.
104. Idem.	Même tête.	Même revers.					3	12	Idem.			24	Ibid.
105. Idem.	Même tête.	Même revers.					3	36	Poids juste.				D'Ennery, n°. 46.
106. Idem.	Tête d'Hercule et un globule.	℞. Deux Dauphins et un globule.					4	22	En plus.			58	Montfaucon.
107. Idem.	Tête de Mars.	℞. La Proue de Navire.					3	41	Idem.			5	Ibid.
108. Idem.	Même tête.	Même revers.					3	20	En moins.			16	D'Ennery, n°. 33.

DEUXIÈME RÉDUCTION.

As réduit au Triens ou au ⅓ de la livre, c'est-à-dire à 4 onces Romaines.

TYPES DES MONNOIES.			POIDS PRIMITIF.			POIDS ACTUEL.			DIFFÉRENCES.	POIDS.			CABINETS.
			Onces.	Gros.	Grains.	Onces.	Gros.	Grains.		Onces.	Gros.	Grains.	
109. Decussis Romain, réd. à ⅓.	Tête de Rome casquée et la marque du denier X.	℞. La proue X.	35			35		68¾	En plus.			68¾	Zélada.
110. Tripondius.	Même tête et la marque III.	℞. Idem. III.	10	4		9	7	66	En moins.		4	6	Ibid.
111. Dupondius.	Même tête et la marque II.	℞. Idem. II.	7			5	5	52	Idem.		1	10	Ibid.
112. As Romain.	Tête de Janus et la marque I.	℞. Idem. I.	3	4		3		36	Idem.		3	36	D'Ennery, n°. 16.
113. As Italique.	Un Chien couché. TVTERE.	℞. La Lyre et le *Plectrum*.	3	4		3	6	21	En plus.		2	21	Ibid. n°. 36.
114. Idem.	Un Pétoncle.	℞. Trois Croissants.				3	2	32	En moins.		1	40	Ibid. n°. 78.
115. Triens, réduit au ⅓.	Une main et quatre globules.	℞. Deux Massues et 4 globules.	1		24	1		22	En moins.			2	Montfaucon.
116. Quadrans.	Tête de Jupiter et 3 globules.	℞. Un Foudre et trois globules.		7			6	61	Idem.			10	Ibid.
117. Sextans.	Une main avec un ceste, 2 glob.	℞. Deux Massues et deux globules.		4	48		5	36	En plus.			60	Ibid.
118. Idem.	Tête d'Hercule.	℞. Un Lion tenant un Thyrse.					4		En moins.			48	D'Ennery, n°. 66.
119. Uncia.	Tête de Mars et un globule.	℞. La proue et un globule.		2	24		1	66	Idem.			30	Ibid. n°. 34.

TYPES DES MONNOIES			POIDS PRIMITIF			POIDS ACTUEL			DIFFÉRENCES	POIDS			CABINETS
			ONCES	GROS	GRAINS	ONCES	GROS	GRAINS		ONCES	GROS	GRAINS	

TROISIÈME RÉDUCTION.

As réduit au Quadrans ou au ¼ de la livre, c'est-à-dire à 3 onces Romaines.

TYPES DES MONNOIES			POIDS PRIMITIF			POIDS ACTUEL			DIFFÉRENCES	POIDS			CABINETS
			ONCES	GROS	GRAINS	ONCES	GROS	GRAINS		ONCES	GROS	GRAINS	
120. Dupondius réduit à ½	Tête de Rome casquée. II	R. La Proue. II	5	2		4	7	36	En moins		2	36	D'Ennery, n°. 48.
121. Idem	Même tête	Même revers				4	6	24	Idem		3	48	Zelada.
122. As Romain	Tête de Janus et la marque I	R. La Proue. I	2	5		2	4	6	Idem			66	D'Ennery, n°. 2.
123. Semissis	Tête de Jupiter et la lettre S	R. Idem, avec la lettre S	1	2	36	1	2	64	En plus			28	Montfaucon.
124. Triens	Tête de Minerve et 4 globules	R. La Proue et 4 globules		7			6	6	En moins			66	Ibid.
125. Idem	Même tête	Même revers					6	69	Idem			3	D'Ennery, n°. 11.
126. Idem	Tête de Cérès	R. Un Bige ROMA. L. S. 4 glob.					6	32	Idem			40	Ibid. n°. 40.
127. Idem	Tête d'Apollon	R. Castor et Pollux ROMA					6	15	Idem			57	Ibid. n°. 39.
128. Quadrans	Une Grenouille et 3 globules	R. Une Ancre et 3 globules		5	18		5	28	En plus			10	Montfaucon.
129. Idem	Même type	Même revers					5	2	En moins			16	Ibid.
130. Idem	Même type	Même revers					5	3	Idem			15	D'Ennery, n°. 65.
131. Idem	Tête de Junon Sospita	R. Un Taureau					4	46	Idem			44	Ibid. n°. 42.
132. Sextans	Tête de Mercure et 2 globules	R. La Proue et 2 globules		3	36		3	18	Idem			18	Ibid. n°. 16.
133. Uncia	Tête de Mars et un globule	Même revers et un globule		1	54		1	40	Idem			14	Ibid. n°. 35.

QUATRIÈME RÉDUCTION.

As réduit au Sextans ou au ⅙ de la livre, c'est-à-dire à 2 onces Romaines.

TYPES DES MONNOIES			POIDS PRIMITIF			POIDS ACTUEL			DIFFÉRENCES	POIDS			CABINETS
			ONCES	GROS	GRAINS	ONCES	GROS	GRAINS		ONCES	GROS	GRAINS	
134. As Romain, réduit à ½	Tête de Janus et la lettre I	R. La Proue et la lettre I	1	6		1	5	12	Idem			60	Montfaucon.
135. Idem	Même tête	Même revers				1	3	32	Idem		2	40	Ibid.
136. Semissis	Tête de Jupiter et la lettre S	R. La Proue et la lettre S		7			5	23	Idem		1	49	Ibid.
137. Idem	Même tête	Même revers					6	60	Idem			12	D'Ennery, n°. 7.
138. Triens	Tête de Minerve et 4 globules	Même revers et 4 globules		4	48		3	45	Idem		1	3	Montfaucon.
139. Idem	Même tête	Même revers					4		Idem			48	D'Ennery, n°. 13.
140. Idem	Tête de Jupiter	R. Aigle sur un foudre					4	35	Idem			13	Ibid. n°. 524.
141. Quadrans	Tête d'Hercule et 3 globules	R. La Proue et 3 globules		3	36		4	8	En plus			44	Montfaucon.
142. Idem	Même tête	Même revers					3	31	En moins			5	D'Ennery, n°. 19.
143. Idem	Même tête	Même revers		3	36		3	9	Idem			27	Ibid. n°. 19.
144. Idem	Tête de Junon Sospita	R. Un Bœuf et un Serpent					2	69	Idem			39	Montfaucon.
145. Sextans	Tête de Mercure et 2 globules	R. La Proue et 2 globules		2	24		2	15	Idem			9	Ibid.
146. Idem	Même tête	Même revers					2	14	Idem			10	D'Ennery, n°. 27.
147. Idem	Tête d'Hercule	R. Un Foudre					1	51	Idem			45	Montfaucon.
148. Uncia	Tête de Mars et un globule	R. La Proue et un globule		1	12		1		Idem			12	De Tersan.
149. Idem	Tête d'Hercule	R. Un Lion portant un Thyrse					1	15	En plus			3	D'Ennery, n°. 316.

CINQUIÈME RÉDUCTION.

As réduit au huitième ou à 36 Scrupules, qui font 1 ½ onces Romaines.

TYPES DES MONNOIES			POIDS PRIMITIF			POIDS ACTUEL			DIFFÉRENCES	POIDS			CABINETS
			ONCES	GROS	GRAINS	ONCES	GROS	GRAINS		ONCES	GROS	GRAINS	
150. As Romain	Tête de Janus et la lettre I	R. La Proue et la lettre I	1	2	36	1		18	En moins		2	18	De Tersan.
151. Idem	Même tête	R. Idem (Famille MARCIA)				1		10	Idem		2	26	D'Ennery, n°. 470.

TYPES DES MONNOIES.			POIDS PRIMITIF.			POIDS ACTUEL.			DIFFÉRENCES.	POIDS.			CABINETS.
			ONCES.	GROS.	GRAINS.	ONCES.	GROS.	GRAINS.		ONCES.	GROS.	GRAINS.	
152. As Italique	Un Chien couché. TVTERE. I....	℞. La Lyre et le *Plectrum* I....	1	2	36	1	2	4	En moins			32	D'Ennery, n°. .57.
153. Idem	Même type	Même revers					1	4	Idem		1	32	Ibid. n°. ....58.
154. Semissis Romain	Tête de Jupiter et la lettre S....	℞. La Proue. S.		5	18		3	63	Idem		1	27	Montfaucon.
155. Idem	Même tête	Même revers					4		Idem		1	18	Ibid.
156. Idem	Même tête	Même revers					5	9	Idem			9	De Tersan.
157. Idem	Même tête	Même revers. (Famille SAUFEIA).					4	36	Idem			54	D'Ennery, n°. 5o5.
158. Idem	Même tête	Même revers. (LICINIA)					4	24	Idem			66	Ibid. n°. .... 463.
159. Quincunx	Même tête, et cinq globules	℞. Aigle tenant un foudre		4	27		4	9	Idem			18	Ibid. n°. ......61.
160. Idem	Tête de Minerve, cinq globules	℞. Une Roue et 5 globules					3	54	Idem			45	Ibid. n°. ......59.
161. Triens	Même tête, et quatre globules	℞. La Proue et 4 globules		3	36		2	58	Idem			5o	Montfaucon.
162. Idem	Même tête	Même revers					3	39	En plus			3	D'Ennery, n°. .14.
163. Idem	Même tête	Même revers					3	29	En moins			7	Ibid. n°. ......14.
164. Idem	Même tête	Même revers					3	12	Idem			24	Ibid.
165. Idem	Même tête	Même revers					2	70	Idem			38	Ibid.
166. Quadrans	Tête d'Hercule, trois globules	Même revers et 3 globules		2	45		2	24	Idem			21	Ibid. n°. ......10.
167. Idem	Même tête	Même revers					2	16	Idem			29	Ibid.
168. Idem	Même tête	Même revers					2	5	Idem			40	Ibid.
169. Idem	Une Lyre et trois globules	℞. Tête d'une Muse					2	39	Idem			6	Ib. Villes. n°. 267.
170. Idem	Tête d'Hercule et trois globules	℞. La Proue					2	5	Idem			40	Montfaucon.
171. Sextans	Tête de Mercure, deux globules	Même revers et 2 globules		1	54		1	54	Poids juste				D'Ennery, n°. .18.
172. Idem	Même tête	Même revers					1	44	En moins			10	Ibid.
173. Idem	Même tête	Même revers					1	42	Idem			12	De Tersan.
174. Idem	Même tête	Même revers					1	33	Idem			21	D'Ennery, n°. .28.
175. Idem	Même tête	Même revers					1	28	Idem			26	Ibid.
176. Idem	Même tête avec le pétase	Même revers et ROMA. (VETURIA).					1	48	Idem			6	Ibid. n°. ......531.
177. Idem	Tête casquée	℞. Une Chouette. (Idem.)					1	31	Idem			23	Ibid. n°. ......5o5.
178. Idem	Même tête	℞. Un Caducée et des étoiles					1	3o	Idem			24	Montfaucon.
179. Uncia	Tête de Mars et un globule	℞. La Proue et un globule			63			60	Idem			3	D'Ennery, n°. .36.
180. Idem	Un Pétoncle	℞. Amphion sur un Dauphin						60	Idem			3	Ibid. n°. ......80.

SIXIÈME RÉDUCTION.

As réduit au douzième, ou à l'once Romaine.

TYPES DES MONNOIES.			POIDS PRIMITIF.			POIDS ACTUEL.			DIFFÉRENCES.	POIDS.			CABINETS.
			ONCES.	GROS.	GRAINS.	ONCES.	GROS.	GRAINS.		ONCES.	GROS.	GRAINS.	
181. As Romain, réduit à $\frac{1}{12}$	Tête de Janus et la lettre I	℞. La Proue et la lettre I		7			7	3o	En plus			3o	D'Ennery, n°. ...4.
182. Idem	Même tête	Même revers					6	24	En moins			48	Ibid. n°. ....4.
183. Idem	Idem. sous les traits de Pompée	Même revers					6	45	Idem			27	Ibid. Imp. 6488.
184. Idem	Tête de Janus	℞. La Proue. (Famille MARCIA).					6	6	Idem			66	Ibid. Cons. n°. 470.
185. Idem	Même tête	Même revers (SEMPRONIA)					6	54	Idem			18	Ibid. n°. .....307.
186. Idem	Même tête	Même revers (PAPIRIA)					7	32	En plus			32	D'Enn. Cons. 486.
187. Idem	Même tête	Même revers (SAUFEIA)					6	18	En moins			54	Ibid. n°. ......5o1.
188. Idem	Même tête	℞. Victoire à la proue (TERENTIA)					6	42	Idem			3o	Ibid. n°. ......513.
189. Semissis	Tête de Jupiter et la lettre S	℞. La Proue S. (TERENTIA)		3	36		3	66	En plus			3o	Ibid. n°. ......514.
190. Idem	Même tête	Même revers (SAUFEIA)					3	48	Idem			12	Ibid. n°. ......5o2.
191. Idem	Même tête	Même revers					3	3o	En moins			6	De Tersan.
192. Idem	Même tête	Même revers (SAUFEIA)					3	28	Idem			8	D'Ennery, n°. 5o2.
193. Idem	Même tête	Même revers					3	8	Idem			28	Ibid. n°. ......8.
194. Idem	Même tête	Même revers					3		Idem			36	Ibid. n°. ......8.
195. Quincunx	Tête couronnée de lauriers	℞. Castor et Pollux et 5 globules.		2	66		2	44	Idem			22	Montfaucon.
196. Idem	Tête de Minerve, et 5 globules	℞. Une Chouette et 5 globules					2	66	Poids juste				D'Ennery, n°. .60.
197. Triens	Même tête, et 4 globules	℞. La Proue et 4 globules		2	24		2	36	En plus			12	De Tersan.
198. Idem	Même tête	Même revers et 4 globules					2		En moins			24	D'Ennery, n°. .15.

TYPES DES MONNOIES			POIDS PRIMITIF			POIDS ACTUEL			DIFFÉRENCES	POIDS			CABINETS
			ONCES	GROS	GRAINS	ONCES	GROS	GRAINS		ONCES	GROS	GRAINS	
199. Triens réduit à 1/12	Tête de Minerve, et 4 globules..	℞. La Proue. (Famille AFRANIA).		2	24		2	3	En moins			21	D'Ennery, n°. 415.
200. Idem	Même tête, et 4 globules	Même revers (CORNELIA)					2		Idem			24	Ibid. n°. 446.
201. Idem	Même tête	Même revers (MARCIA)					2	33	En plus			9	Ibid. n°. 471.
202. Quadrans	Tête d'Hercule et 3 globules	Même revers (Idem.) 3 globules		1	54		1	48	En moins			6	Ibid. n°. 472.
203. Idem	Même tête	Même revers					1	57	En plus			3	Ibid. n°. 21.
204. Idem	Même tête	Même revers					1	51	En moins			3	Ibid. n°. 21.
205. Idem	Même tête	Même revers					1	33	Idem			21	Ibid. n°. 21.
206. Idem	Même tête	Même revers (ABURIA)					1	30	Idem			24	Ibid. n°. 409.
207. Idem	Tête de Neptune	Même revers (MEMMIA)					1	36	Idem			18	Ibid. n°. 473.
208. Idem	Tête de Cérès	℞. Amphion sur un Dauphin					1	54	Poids juste				Ibid. n°. 62.
209. Idem	Tête de Mercure et 2 globules	℞. Tête de Cheval et 3 globules					1	40	En moins			14	Ibid. n°. 72.
210. Sextans	Même tête	℞. La Proue et 2 globules		1	12		1		Idem			12	Montfaucon.
211. Idem	Même tête	Même revers					1	12	Poids juste				D'Ennery, n°. 29.
212. Idem	Même tête	Même revers. Dans le champ AR.					1		En moins			12	Ibid. n°. 30.
N. B. Point d'Uncia : elle peseroit 2 scrupules ou					42								

SEPTIÈME RÉDUCTION.

As réduit au seizième ou à 1/2 d'once Romaine.

TYPES DES MONNOIES			POIDS PRIMITIF			POIDS ACTUEL			DIFFÉRENCES	POIDS			CABINETS
			ONCES	GROS	GRAINS	ONCES	GROS	GRAINS		ONCES	GROS	GRAINS	
213. As Romain, réduit à 1/16	Tête de Janus et la lettre I	℞. La Proue (Famille OGULNIA).		5	18		4	12	En moins		1	6	D'Ennery, n°. 483.
214. Idem	Idem. sous les traits de Pompée.	Même revers (POMPEIA)					5		Idem			18	Ibid. n°. 487.
215. Idem	Tête de Janus	Même revers (Idem.)					5	20	En plus			2	Ibid. n°. 488.
216. Idem	Même tête	Même revers (TITIA)					5	24	Idem			6	Ibid. n°. 517.
217. Idem	Même tête	Même revers (SEMPRONIA)					4	60	En moins			30	Ibid. n°. 507.
218. Idem	Même tête	℞. Victoire et la proue (TERENTIA)					4	24	Idem			66	Ibid. n°. 518.
219. Idem	Même tête	℞. La Proue (Famille incertaine).					5	6	Idem			12	Ibid. n°. 530.
220. Semissis	Tête de Jupiter et la lettre S	℞. La Proue et la lettre S		2	45		2	1	Idem			44	Montfaucon.
221. Idem	Même tête	Même revers (DOMITIA)					2	9	Idem			36	D'Ennery, n°. 452.
222. Idem	Même tête	Même revers (FABRINIA)					2	5	Idem			40	Ibid. n°. 454.
223. Idem	Même tête	Même revers (NUMITORIA)					2	36	Idem			9	Ibid. n°. 479.
224. Triens	Tête de Minerve et 4 globules	℞. La Proue et 4 globules		1	54		1	25	Idem			19	Montfaucon.
225. Idem	Même tête	Même revers					1	36	Idem			18	D'Ennery, n°. 16.
226. Idem	Même tête	Même revers (FABRINIA)					1	51	Idem			3	Ibid. n°. 455.
227. Idem	Même tête	Même revers (SAUFEIA)					1	54	Poids juste				Ibid. n°. 503.
228. Idem	Tête de Jupiter et la lettre S	℞. Amphion sur un Dauphin					1	51	En moins			3	Ibid. n°. 63.
229. Idem	Tête de femme	℞. Une Corne d'abondance					1	19	Idem			35	Montfaucon.
230. Quadrans	Tête d'Hercule et 3 globules	℞. La Proue et 3 globules		1	22½		1	8	Idem			14½	Ibid.
231. Idem	Même tête	Même revers (FABRINIA)					1	24	En plus			1½	D'Ennery, n°. 453.
232. Idem	Même tête	Même revers (MEMMIA)					1	18	En moins			4½	Ibid. n°. 473.
233. Idem	Même tête	Même revers (VARGUNTEIA)					1	14	Idem			8½	Ibid. n°. 521.
234. Sextans	Tête de Mercure et 2 globules	Même revers (FABRINIA)			63			57	Idem			6	Ibid. n°. 456.

N. B. Point d'Uncia dans cette réduction.

Réduction de l'As au Dix-huitième ou à 2/3 d'once Romaine.

TYPES DES MONNOIES			POIDS PRIMITIF			POIDS ACTUEL			DIFFÉRENCES	POIDS			CABINETS
			ONCES	GROS	GRAINS	ONCES	GROS	GRAINS		ONCES	GROS	GRAINS	
Point d'As connu de cette réduction, c'est-à-dire du poids de 16 scrupules ou de				4	48								
Point de Semissis, lequel peseroit				2	24								
Point de Triens, lequel peseroit				1	40								
235. Quadrans réduit à 1/18. (Voyez ci-dessus le n°. 230).				1	12		1	8	En moins			4	Montfaucon.
236. Idem	Tête d'Hercule et 3 globules	℞. La Proue (ABURIA)					1		Idem			12	D'Ennery, n°. 409.
237. Idem	Même tête	Même revers (MINUCIA)					1		Idem			13	Ibid. n°. 476.
238. Idem	Même tête	Même revers (NUMITORIA)					1		Idem			12	Ibid. n°. 480.

N. B. On peut rapporter ces trois derniers Quadrans à la réduction précédente, c'est-à-dire au seizième, en supposant qu'ils ont perdu vingt-deux grains et demi de leur poids.

HUITIÉME RÉDUCTION. (As DE PAPIRIUS).

As réduit au Vingt-quatrième ou à ½ once Romaine.

TYPES DES MONNOIES			POIDS PRIMITIF			POIDS ACTUEL			DIFFÉRENCES	POIDS			CABINETS
			Onces	Gros	Grains	Onces	Gros	Grains		Onces	Gros	Grains	
239. As Romain, réduit à 1/24	Tête de Janus et la lettre I	℞. La Proue et la lettre I		3	36		3	16	En moins			20	D'Ennery, n°. ...5.
240. Idem	Même tête	Même revers. (Famille OGULNIA)					3	12	Idem			24	Ibid. n°......481.
241. Idem	Même tête	Même revers (Idem.)					3	64	En plus			28	Ibid. n°......482.
242. Idem	Même tête	Même revers (Idem.)					3	36	Poids juste				
243. Idem	Même tête	Même revers (Idem.)					3	33	En moins			3	Ibid. n°......483.
244. Idem	Même tête	Même revers (Idem.)					3	30	Idem			6	
245. Idem	Même tête	Même revers (VERGILIA)					3		Idem			36	Ibid. n°......523.
246. Idem	Même tête	Même revers (Idem.)					2	57	Idem			51	
247. Idem	Même tête	Même revers (VIBIA)					2	48	Idem			60	Ibid. n°......526.
248. Idem	Même tête	Même revers (Idem.)					3	6	Idem			30	
249. Idem	Même tête	Même revers (Idem.)					3	42	En plus			6	Ibid. n°......527.
250. Idem	Même tête	℞. 2 Cavaliers (Medailles de villes)					3	42	Idem			6	Ibid. n°......310.
251. Semissis	Tête de Jupiter et la lettre S	℞. La Proue et la lettre S		1	54		1	36	En moins			18	Ibid. n°......9.
252. Idem	Même tête	Même revers					1	51	Idem			3	De Tersan.
253. Idem	Même tête	Même revers (SAUFEIA)					1	39	Idem			15	D'Ennery, n°.504.
254. Triens (a)	Tête de Minerve et 4 globules	℞. La Proue et 4 globules		1	12		1	20	En plus			8	De Tersan.
255. Quadrans	Tête d'Hercule et 3 globules	Même revers et 3 globules			63			68	Idem			5	D'Ennery, n°..23.
256. Idem	Même tête	Même revers (ACILIA)						65	Idem			2	Ibid. n°......412.
257. Idem	Même tête	Même revers (VARGUNTEIA)						66	Idem			3	Ibid. n°......521.
258. Sextans	Tête de Mercure et 2 globules	℞. La Proue et 2 globules			42			40	En moins			2	Ibid. n°......31.
Point d'*Uncia* connue dans cette réduction ; elle peseroit un scrupule ou........								21					

(a) Ce Triens et les trois Quadrans suivans paroissent devoir appartenir à la VIIe. réduction.

Réduction au 32e d'As ou à neuf scrupules ; on pourroit y rapporter les pièces suivantes :

TYPES DES MONNOIES			POIDS PRIMITIF			POIDS ACTUEL			DIFFÉRENCES	POIDS			CABINETS
259. Deux As de la famille VIBIA				2	45		2	48	En plus			3	Ibid. n°. 527, 528.
260. Un autre Idem. TITIA							2	46	En plus			1	Ibid. n°......518.
261. Et un autre Idem. TITURIA							2	42	En moins			3	Ibid. n°......519.

Mais ils appartiennent vraisemblablement à la VIIIe. réduction.

NEUVIÈME RÉDUCTION.

As réduit à un Trente-Sixième ou à ⅓ d'once Romaine.

TYPES DES MONNOIES			POIDS PRIMITIF			POIDS ACTUEL			DIFFÉRENCES	POIDS			CABINETS
262. As, réduit à 1/36	Tête de Janus et la lettre I	℞. La Proue (TITURIA)		2	24		2		En moins			24	D'Ennery, n°. 619.
263. Semissis	Tête de Femme casquée	℞. Hercule, &c. (Villes)		1	12		1	2	Idem			10	Ibid. n°......317.
264. Quadrans	Tête d'Hercule et 3 globules	℞. La Proue (SERVILIA)			42			42	Poids juste				Ibid. n°......508.

Les autres divisions ne se trouvent point dans cette réduction.

DIXIÈME RÉDUCTION.

As réduit au Quarante-Huitième ou à ¼ d'once Romaine.

TYPES DES MONNOIES			POIDS PRIMITIF			POIDS ACTUEL			DIFFÉRENCES	POIDS			CABINETS
265. Un seul As	Tête de Janus et la lettre I	℞. La Louve, Rémus et Romulus (TERENTIA)		1	54		1	36	En moins			18	Ibid. n°......513.

ONZIÈME RÉDUCTION.

As réduit à un Soixante-Quatrième ou à 4½ Scrupules.

TYPES DES MONNOIES			POIDS PRIMITIF			POIDS ACTUEL			DIFFÉRENCES	POIDS			CABINETS
266. Un seul Semissis	Tête de Jupiter et la lettre S	℞. La Proue (SAUFEIA)			47½			46	En moins			1½	Ibid. n°......504.

DOUZIÈME ET DERNIÉRE RÉDUCTION.

A un Soixante-Douzième ou 4 scrupules ou 1 gros 12 grains ; on ne connoit point d'As de cette réduction, mais un seul Semissis.

TYPES DES MONNOIES			POIDS PRIMITIF			POIDS ACTUEL			DIFFÉRENCES	POIDS			CABINETS
267. Semissis	Tête de Jupiter et la lettre S	℞. La Proue (SATRIENA)			42			40	En moins			2	Ibid. n°......500.

TABLE XIII.

Poids Romains en Sphéroïdes applatis, de Bronze, de Plomb, de Marbre ou de Pierre, comparés avec la vraie livre Romaine de 10 onces 4 gros de notre poids de marc, équivalente à 12 onces romaines de 7 de nos gros.

MATIÈRE des POIDS.	Poids Romain qu'ils indiquent.	Faisant Poids de France. Livres.	Onces.	Gros.	Grains.	Poids actuel. Livres.	Onces.	Gros.	Grains.	Différences.	POIDS. Livres.	Onces.	Gros.	Grains.	CABINETS.
1. Marbre noir.	Sans indication, mais supposé fait pour Livres Rom. XC.. ou pour ld.C.	59	1	..	..	59	..	..	.	En moins.	..	1	(a)	..	Abbaye St. Germain des Prés. Montfaucon.
		65	10	..	..	59	..	..	..	Idem.....	6	10	..	..	
2. Plomb.	..... XXV.	16	6	4	..	16	2	..	..	Idem.....	..	4	4	..	De Tersan.
3. Pierre.	..... XXV.	16	6	4	..	16	13	..	..	En plus..	..	6	4	..	Ibid.
4. Bronze.	Pondo X (b).	6	9	..	..	6	4	4	..	En moins.	..	4	4	..	Ibid.
5. Pierre.	.......I (c).	..	10	4	..	..	10	3	8	Idem.....	..	..	..	64	Ibid.
6. Pierre.	Demi-liv. ou Semis. S...	..	5	2	..	..	5	..	32	Idem.....	..	..	1	40	Ibid.
7. Marbre noir...	Idem.......	..	5	2	..	..	5	..	60	Idem.....	..	..	1	12	Ibid.
8. Bronze.	Idem...	..	5	2	..	..	5	..	10	Idem.....	..	..	1	62	Ibid.
9. Marbre noir...	Triens ou 4 onces.....	..	3	4	..	..	3	4	21	En plus..	..	..	..	21	Ibid.

(a) Ce poids volumineux de Marbre noir, supposé fait pour 90 livres Romaines n'auroit perdu qu'une once de son poids primitif; mais comme cette perte, relativement à celle des poids d'un moindre volume, peut être jugée trop petite, n'y auroit-il pas lieu de présumer que ce Poids de Marbre est celui d'un TALENT ITALIQUE ou de Cent livres Romaines? La grande différence en moins qu'on obtient alors peut être attribuée à la perte des anneaux de bronze ou de toute autre matière, qui servoient à manier et à soulever une aussi lourde masse. Lorsque l'As étoit du poids d'une livre, on appeloit Centusse (*Centussis*) le poids de cent livres de cuivre; mais par les diverses réductions de l'As qu'on a vues dans la Table précédente, le *Centussis* valut successivement cent *Semissis*, cent *Triens*, cent *Quadrans*, cent *Sextans*, cent *Onces*, cent *Demi-Onces* &c.

(b) L'an 477 de la fondation de Rome, huit ans avant l'introduction de la monnoie d'argent, le Censeur Fabricius Luscinus retrancha du nombre des Sénateurs Cornelius Rufinus, qui avoit été deux fois Consul et une fois Dictateur, parce qu'il avoit en vaisselle d'argent le poids de dix livres, c'est-à-dire 13 marcs 1 once de notre poids; persuadé qu'un tel exemple pouvoit être funeste à l'Etat en y introduisant le luxe. Heureux siècle, disoit Caton d'Utique, où quelque légère vaisselle d'argent étoit regardée comme un luxe fastueux, digne de la répréhension du Censeur! M. Sabbathier, dans son Dictionnaire pour l'intelligence des Auteurs classiques, évalue ces 10 livres romaines à 15 marcs 5 onces, parce qu'il suppose avec M. de la Barre, que la livre Romaine étoit égale à 12 onces 4 gros de la nôtre, ce qui est une erreur manifeste.

(c) Eisenschmid cite un poids Romain, en sphéroïde aplati, marqué I, du poids de 10 onces 2 gros, et qui, par conséquent, n'a perdu que 2 gros de son poids primitif. Le même Auteur cite un autre poids Romain, de forme carrée, marqué S, ou d'une demi-livre romaine, lequel n'a rien perdu de son poids puisqu'il est encore, comme dans son origine, de 5 onces 2 gros du poids de Paris. L'Auteur n'indique point de quelle matière étoient ces poids. Quant à la suite des As et des autres monnoies romaines de Bronze dont il a fait également connoître le poids en onces, gros et grains de la livre de Paris, on auroit désiré qu'il n'eût pas négligé de faire connoître les différens types des Monnoies dont il présentoit le poids.

P p

MATIÈRE des POIDS.	poids Romain qu'ils indiquent.	Faisant Poids de France.				Poids actuel.				Différences.	POIDS.				CABINETS.
		Livres.	Onces.	Gros.	Grains.	Livres.	Onces.	Gros.	Grains.		Livres.	Onces.	Gros.	Grains.	
10. Bronze.	*Triens* avec quatre points d'argent...	..	3	4	..	..	3	4	15	En plus..	..	..	..	15	De Tersan.
11. Bronze.	*Quadrans* ou 3 onces....	..	2	5	..	..	2	4	63	En moins.	..	..	..	9	Ibid.
12. Marbre noir...	*Sextans* ou 2 onces	..	1	6	..	..	1	6	59	En plus..	..	..	..	59	Montfaucon.
13. Bronze.	Idem......	..	1	6	..	..	1	3	..	En moins.	..	..	3	..	D'En. n°. 80*.
14. Idem..	*Uncia*......	..	..	7	..	..	..	6	39	Idem.....	..	..	..	33	De Tersan.
15. Marbre noir...	Idem......	..	..	7	..	..	..	6	16	Idem.....	..	..	..	56	Montfaucon.
16. Bronze.	$\frac{3}{4}$ d'once...	..	..	5	18	..	..	4	70	Idem.....	..	..	..	20	D'En. n°.80*.
17. Idem..	VIII Scrup..	..	..	2	24	..	..	2	36	En plus..	..	..	..	12	Ibid.
18. Idem..	Idem......	..	..	2	24	..	.	2	8	En moins.	..	..	..	16	Ibid.
19. Idem..	Idem......	..	..	2	24	..	..	2	7	Idem.....	..	..	..	17	De Tersan.
20. Idem..	VI Scrup...	..	..	1	54	..	..	1	69	En plus..	..	..	..	15	D'En. n°. 80*.
21. Idem..	IV Scrup...	..	..	1	12	..	..	1	24	Idem.....	..	..	..	12	Ibid.
22. Marbre noir...	Idem......	..	..	1	12	..	..	1	5	En moins.	..	..	..	7	Ibid.

N. B. J'ai cru devoir placer à la suite des As cette Table des Poids Romains, pour empêcher que par la suite on ne les confonde, et pour mieux faire sentir le rapport des uns avec les autres. En effet on trouve aussi parmi ces derniers des différences *en plus,* sur quoi l'on peut voir la Note (*c*) de la page 133. Quant au Poids de Paris, qui est celui de presque toute la France ; le *Millier* contient 10 quintaux ou 1000 livres ; le *Quintal* 100 livres ; la *Livre* 2 marcs ou 4 Quarterons ; le *Marc* 8 onces ; l'*Once* 8 gros ou drachmes ; le *Gros* 3 deniers ou scrupules ; et le *Scrupule* ou *Denier* 24 grains. Ainsi notre gros est composé de 72 grains ; l'once de 576 ; le marc de 4608, et la livre de 9216. Chez les Orfèvres et à la Monnoie, l'*Once* se divise quelquefois en 20 Esterlins ou Estelins, l'*Estelin* en 2 mailles ou oboles ; la Maille en 2 felins ; le *Felin* en 7 ⅕ grains, et le Grain en 24 Primes. Le poids que l'on emploie pour peser les pierres précieuses et les perles s'appelle *Karat* ; il représente 4 grains *poids de marc,* et se divise en demi, en quart, en huitième, &c. La seizième partie de la Drachme de Constantinople se nomme *Kara,* ce qui porte à croire que c'est au commerce du Levant que nous devons le mot *Karat* ; d'autres le font dériver du grec κεράτιον, poids de 3 ½ grains, le même que la *Siliqua* des Latins. (*Voyez* Silique, *ci-dessus* Table VIII, p. 36).

TABLE XIV.

RAPPORTS DE L'OR A L'ARGENT CHEZ LES ROMAINS,

Et valeur du Sesterce en monnoie de France, depuis l'an de
Rome 547, jusqu'au règne de Constantin.

ÉPOQUES.	Nombre d'*Auréus* à la Livre.	Nombre de Deniers à la livre Romaine	Valeur de l'*Auréus* en Sesterces.	Nombre de Sesterces à la livre d'Or.	Rapport de l'Or à l'Argent.	Valeur de 1000 Sesterces en Argent de France.			Valeur de la Livre d'Or en Argent de France.		
						Liv.	Sous.	D.	Liv.	Sous.	D.
Ière. Espace de 13 ans depuis l'an de Rome 547 jusque vers 560.	96	96	60 à 4 s. 8 d. le Sest.	5760	1 à 20	233.	6.	8.	1344.	.	.
IIe. Espace de 60 ans depuis l'an 560 jusques vers 620.	48	84	100 à 4 s. le Sest.	4800	1 à 14 $\frac{2}{7}$.	200.	.	.	960.	.	.
IIIe. Espace de 15 ans depuis environ l'an 620 jusques vers 635.	45	84	100 à 4 s. d. $\frac{7}{9}$.	4500	1 à 13 $\frac{11}{18}$.	203.	4.9 $\frac{7}{9}$.		914.	13.	4.
IVe. Espace de 15 ans depuis environ 635 jusques vers l'an 650.	42	84	100 à 4 s. le Sest. (*a*).	4200	1 à 12 $\frac{1}{2}$.	200.	.	.	840.	.	.
V^e. Espace de 67 ans depuis environ 650 jusqu'à l'an 717.	40	84	100 à 4 s. le Sest.	4000	1 à 11 $\frac{19}{21}$.	200.	.	.	800.	.	.
VIe. Espace de 50 ans depuis l'an 717 jusqu'à l'an 767.	41	86	100 à 3 s. 10 d. $\frac{2}{3}$.	4100	1 à 11 $\frac{69}{86}$.	193.	9.	.	793.	2.	4.
VIIe. Espace de 54 ans depuis la mort d'Auguste jusqu'à Néron.	41	88	100 à 3 s. 10 d.	4100	1 à 11 $\frac{57}{88}$.	191.	13.	4.	785.	13.	8.
VIIIe. Espace de 148 ans depuis la fin du règne de Néron jusqu'à celui de Caracalla.	45	96	100 à 3 s. 6 d.	4500	1 à 11 $\frac{23}{32}$.	175.	.	.	787.	10.	.

(*a*) C'est l'évaluation moyenne et qui sera suivie dans la Table XV, ci-après.

ÉPOQUES.	Nombre d'*Auréus* à la Livre.	Nombre de Deniers à la livre Romaine	Valeur de l'*Auréus* en Deniers.	Nombre de Deniers à la livre d'Or.	Rapport de l'Or à l'Argent.	Valeur de 1000 Sesterces en Argent de France.			Valeur de la Livre d'Or en Argent de France.		
						Liv.	Sous.	D.	Liv.	Sous.	D.
IXᵉ. { Dernière Epoque sous Constantin le Grand.	72	100	20 den. (*a*).	1440	1 à 14 $\frac{2}{5}$.				967.	13.	6.

(*a*) Du poids de 60 $\frac{12}{25}$ grains. Du Cange compte 14 Miliarésions (1) au *Sou d'or*, et conséquemment 84 à l'once, et 1008 à la livre; cependant une loi du Code dit : « *Ita ut pro singulis libris argenti quinos solidos inferat* (2) ». Or 5 sous d'or (égaux à 20 scrupules) pour une livre ou 288 scrupules d'argent donnent 14 $\frac{2}{5}$ pour la proportion de l'or : ainsi à la taille de 100 à la livre d'argent, comme on le voit sous Constantin où les deniers ou miliarésions n'excédent guère le poids de 60 grains, c'étoit le cinquième, ou 20 de ces deniers au sou d'or, et non pas 14, comme le dit du Cange, ce qui donneroit à la livre 70 miliarésions du poids de 86 $\frac{2}{5}$ grains, ou 72 du poids de 84 grains : or les pièces d'argent de ce poids, sous Constantin et ses Successeurs, sont extraordinaires, et du nombre de celles que l'on appelle MÉDAILLONS. Il y en a de ceux-ci qui sont de 60 de taille à la livre ou du poids de 100 $\frac{4}{5}$ grains. Ces grandes monnoies d'argent, de 12 au sou d'or, ont été prises aussi pour le Miliarésion; mais le Denier d'alors (en supposant qu'il soit le même que le Miliarésion), ne pesa qu'un peu plus de 60 grains, comme on l'a dit plus haut (3).

(1) Monnoie d'argent du Bas-Empire, que l'on croit être la même que le Denier. » *Miliaresium numismatis pars·X*, *id est*, *decima pars aurei*. Suid. *Denarius*. Laurent. Amalth. Onom. C'étoit la 10ᵉ. partie du Demi-sou d'or.

(2) *Cod. Theod. Lib. XIII. Tit. 2. Leg. 1.*

(3) On a vu ci-dessus (p. 108), à l'occasion du rapport des monnoies de cuivre à celles d'or et d'argent sous Constantin et ses Successeurs, que Saint-Epiphane évaluoit l'*Argyre* ou livre d'argent à 100 Deniers. Ces Deniers devoient donc être du poids de 60 grains forts comme on les trouve en effet; ce qui prouve en même tems, contre l'assertion de quelques Modernes, que le Denier de cent à la livre n'est point un être de raison.

SUR LES GRANDS ET PETITS SESTERCES.

Le grand Sesterce n'étoit point une monnoie réelle, comme l'ont pensé quelques Modernes, mais une monnoie de compte, qui valoit dix *Auréus* ou 1000 petits Sesterces. Ainsi, quoique les Anciens ne se servissent jamais du mot *Sestertium* au singulier du genre neutre, ils disoient souvent *decem* ou *dena Sestertia* pour *decem millia Nummûm vel Sestertiûm*, parce qu'au pluriel le mot *Sestertia* exprimoit la valeur de mille petits Sesterces. Un passage de Cicéron fournit un exemple décisif à cet égard : on y voit une somme évaluée à *Sestertiûm ducenta quinquaginta millia*, qu'il énonce aussitôt en grands Sesterces en disant : *Numerantur illa Sestertia ducenta quinquaginta Syracusanis:* (*In Verrem Act. IV*). Martial fait également usage des grands et des petits Sesterces dans l'Epigramme suivante, où les sommes sont progressivement décroissantes.

> Millia viginti (1) *quondam me Galla poposcit,*
> *Et fateor magni non erat illa nimis.*
> *Annus abit,* bis quina *dabis* sestertia (2), *dixit :*
> *Poscere plus visa est, quam prius, illa mihi.*
> *Jam duo poscenti post sextum* millia (3) *mensem;*
> Mille *dabam* nummos (4), *noluit accipere.*
> *Transierant binæ forsan, trinæve kalendæ,*
> Aureolos *ultro* quatuor (5) *ipsa petit :*
> *Non dedimus,* centum *jussit me mittere* nummos (6);
> *Sed visa est nobis hæc quoque summa gravis.*
> *Sportula nos junxit* quadrantibus *arida* centum (7).
> *Hanc voluit, puero diximus esse datam.*
> *Inferiùs numquid potuit descendere ? fecit,*
> *Dat gratis ; ultro dat mihi Galla ; nego.*
>   (Lib. X. Epig. 75).

		Petits Sesterces.	Argent de France.
(1)	Viginti millia (nummùm)	20000	4000 livres.
(2)	Bis quina Sestertia (10 grands Sesterces)	10000	2000.
(3)	Duo millia (nummùm)	2000	400.
(4)	Mille nummi	1000	200.
(5)	Aureoli quatuor	400	80.
(6)	Centum nummi	100	20.
(7)	Quadrantes centum *ou* 25 As	$6\frac{1}{4}$	25 sous.

Q q

TABLE XV.

MANIÈRE DE COMPTER DES ROMAINS,

Et rapport de leurs différentes Sommes aux nôtres, d'après l'évaluation moyenne du Sesterce des IVe. et V[e]. Epoques où les Mille Sesterces équivalent à 200 livres de France. Ces Mille petits Sesterces formoient ce qu'on appelle le grand Sesterce.

EXPRESSIONS NUMÉRALES DES ROMAINS.	LETTRES NUMÉRALES.	GRANDS SESTERCES.	PETITS SESTERCES.	VALEUR EN ARGENT DE FRANCE.
Decem Sestertii.) vel			10.	(Liv.)....2.
Centum Sestertii } num-			100.	20.
Ducenti Sestertii) mi.			200.	40.
Mille Sestertiûm (pour *Sestertiorum*)	I.HS.	1.	1000.	200.
Bis mille nummûm *ou* bina Sestertia	II.HS.	2.	2000.	400.
Ter mille nummûm *ou* Sestertiûm	III.HS.	3.	3000.	600.
Quater mille vel Quaterna millia nummûm *ou* Sestertia quatuor	IV.HS.	4.	4000.	800.
Quina millia nummûm *ou* Sestertia quinque.	V.Hs.	5.	5000.	1000.
Decem vel Dena millia nummûm *ou* Sestertia decem	X.HS.	10.	10,000.	2000.
Quinquaginta vel Quinquagena millia nummûm.	L.HS.	50.	50,000.	10,000.
Octoginta vel Octogena millia nummûm.	LXXX.HS.	80.	80,000.	16,000.
Centum vel Centena millia nummûm *ou* centum Sestertia	C.HS.	100.	100,000.	20,000.
Quadringenta vel quadringena millia nummûm.	$\overline{\text{IV}}$.HS.	400.	400,000.	80,000.
Quinquiès centena millia nummûm *ou* quingenta Sestertia.	$\overline{\text{V}}$.HS.	500.	500,000.	100,000.
Sexiès Sestertiûm *ou* sexcenta Sestertia.	$\overline{\text{VI}}$.HS.	600.	600,000.	120,000.
Septiès. { Ici, de même que dans les expressions suivantes,	$\overline{\text{VII}}$.HS.	700.	700,000.	140,000.
Octiès. < les mots *centena*	$\overline{\text{VIII}}$.HS.	800.	800,000.	160,000.
Noviès. / *millia* sont sous-entendus.	$\overline{\text{IX}}$.HS.	900.	900,000.	180,000.
Deciès centena millia *ou* Deciès Sestertiûm vel nummûm *ou* Sestertia mille	$\overline{\text{X}}$.HS.	1000.	I Million de Sesterces.	200,000.

EXPRESSIONS NUMÉRALES DES ROMAINS.	LETTRES NUMÉRALES.	GRANDS SESTERCES.	PETITS SESTERCES.	VALEUR EN ARGENT DE FRACE.
Undeciès nummûm...	XI.HS.	1100.	1,100,000.	(Liv.).220,000.
Duodeciès nummûm..	XII.HS.	1200.	1,200,000.	240,000.
Tredeciès..	XIII.HS.	1300.	1,300,000.	260,000.
Quaterdeciès	XIV.HS.	1400.	1,400,000.	280,000.
Quindeciès	XV.HS.	1500.	1,500,000.	300,000.
Sedeciès	XVI.HS.	1600.	1,600,000.	320,000.
Deciès septiès	XVII.HS.	1700.	1,700,000.	340,000.
Deciès octiès	XVIII.HS.	1800.	1,800,000.	360,000.
Deciès noviès	XIX.HS.	1900.	1,900,000.	380,000.
Viciès *ou* Vigesiès *ou* Vicesiès	XX.HS.	2000.	II Millions de HS.	400,000.
Viciès quater	XXIV.HS.	2400.	2,400,000.	480,000.
Triciès *ou* Trigesiès *ou* Tricesiès	XXX.HS.	3000.	III Millions de HS.	600,000.
Triciès quinquiès	XXXV.HS.	3500.	3,500,000.	700,000.
Quadragiès	XL.HS.	4000.	IV Millions de HS.	800,000.
Quadragiès quinquiès	XLV.HS.	4500.	4,500,000.	900,000.
Quinquagiès	L.HS.	5000.	V Millions de HS.	1 Million.
Sexagiès	LX.HS.	6000.	VI Millions de HS.	1,200,000.
Septuagiès	LXX.HS.	7000.	VII Millions de HS.	1,400,000.
Octagiès	LXXX.HS.	8000.	VIII Millions de HS.	1,600,000.
Nonagiès	XC.HS.	9000.	IX Millions de HS.	1,800,000.
Centiès	C.HS.	10,000.	X Millions de HS.	2 Millions.
Centiès et quadragiès octiès	CXLVIII.	14,800.	14,800,000.	2,960,000.
Ducentiès	CC.HS.	20,000.	XX Millions de HS.	4 Millions.
Trecentiès	CCC.HS.	30,000.	XXX Millions de HS.	6 Millions.
Quadringentiès	CCCC.HS.	40,000.	XL Millions de HS.	8 Millions.
Quadringentiès triciès quinquiès	CCCCXXXV.HS.	43,500.	43,500,000.	8,700,000.
Quadringentiès quadragies	CCCCXL.HS.	44,000.	44 Millions de HS.	8,800,000.
Quadringentiès quadragies quinquiès	CCCCXLV.HS.	44,500.	44,500,000.	8,900,000.
Quingentiès	D.HS.	50,000.	L Millions de HS.	10 Millions.
Septingentiès	DCC.HS.	70,000.	LXX Millions de HS.	14 Millions.
Millies (centena millia nummûm)	M.HS.	100,000.	C Millions de HS.	20 Millions.
Bis milliès	MM.HS.	200,000.	CC Millions de HS.	40 Millions.
Bis milliès quadringentiès	MMCCCC.HS.	240,000.	CCXL Millions de HS.	48 Millions.
Ter milliès	MMM.HS.	300,000.	CCC Millions de HS.	60 Millions.
Quater milliès	IVM.HS.	400,000.	CCCC Millions de HS.	80 Millions.
Quinquiès milliès	VM.HS.	500,000.	D Millions de HS.	100 Millions.
Novies milliès	IXM.HS.	900,000.	DCCCC Millions de HS.	180 Millions.
Deciès milliès	XM.HS.	I Million.	I Milliard de HS.	200 Millions.
Viciès milliès	XXM.HS.	II Millions.	II Milliards de HS.	400 Millions.
Quadragiès milliès	XLM.HS.	IV Millions.	IV Milliards de HS.	800 Millions.
Quinquagiès milliès	LM.HS.	V Millions.	V Milliards de HS.	1 Milliard.
Octagiès milliès	LXXXM.HS.	VIII Millions.	VIII Milliards de HS.	1600 Millions.
Centiès milliès	CM.HS.	X Millions.	X Milliards de HS.	2 Milliards.

EXEMPLES remarquables de l'emploi de différentes sommes chez les Romains.

1. *Assinius Celer mullum piscem mercatus est octo millibus nummûm.* Plin. nat. hist. lib. IX.

2. *Talentum in quo viginti quatuor sestertia sunt*, dit Sénèque, lib. X. Controvers.

3. *Vespasianus Imperator Græcis Latinisque Rhetoribus* annua centena *constituit.* Suet. in Vespas.

4. *Tiberius Cæsar tribus classibus factis, pro dignitate cujusque, primæ sexcenta sestertia, secundæ quadringenta distribuit, ducenta tertiæ.* Suet. in Tib. cap. 46. Dans cet exemple, où il s'agit de grands sesterces, le mot qui les exprime est au neutre (*Sestertia*).

5. *Lucullus in cœnam Ciceroni et Pompeio præbitam impendit quinquagena denariorum millia.* (Plut.).

6. *Tiberii principatu, anno Urbis conditæ 775, constitutum ne cui jus esset Equitis Romani, nisi cui sestertiûm quadringenta millia seu sestertia CCCC censûs fuisset, teste Plinio.* lib. XXXIII.

1. Assinius Celer donna pour un Surmulet, 8 mille sesterces, qui font, argent de France, 1600 livres..

2. Sénèque évalue le Talent à 24 grands sesterces, qui font 6000 deniers et argent de France, 4800 livres (*a*).

3. L'Empereur Vespasien donna aux Rhéteurs Grecs et Latins *cent mille sesterces* de pension annuelle, ce qui revient à 20 mille livres de France, ou mille *auréus* romains.

4. Tibère ayant partagé tous ceux de sa suite en trois classes, selon leur dignité, distribua à la première 600 grands sesterces (120,000 liv.), à la seconde 400 (80,000 liv.) et à la troisième 200 (40,000 liv.).

N. B. Cette dernière somme est la même que celle de l'article suivant.

5. Lucullus, dans un souper qu'il donna à Cicéron et au grand Pompée, dépensa 50 mille deniers, qui font 200 mille sesterces ou 40 mille francs.

6. Pour être admis dans l'Ordre des Chevaliers Romains, il falloit avoir un capital de 400 mille petits sesterces, qui font 400 grands sesterces ou 80,000 livres de France.

(*a*) Voyez sur cette évaluation moyenne du Talent par les Romains, la note de la pag. 74.

7. *Vitellius in principatu suo* X Sestertiûm *patinam condidit, teste eodem Plinio.* Lib. XXXV.

N. B. Deciès Sestertiûm, *quod Suetonius in Cæsare* HS Mille *dixit, sunt denariorum ducenta quinquaginta millia.* Hadrian. Jun. Nomencl.

8. Plutarque, dans la vie d'Antoine, dit : qu'il fit donner à un de ses amis, 25 myriades de Drachmes, ce que les Romains appellent *Deciès.*

9. Viciès Sestertiûm *Cicero domum emit in Palatio.* Aul. Gell.

10. *Julius Cæsar Serviliæ Bruti matri margaritam mercatus est* sexagiès HS, *teste Suetonio.*

11. *Cleopatra, Ægypti Regina, absumpsit unà cœnà* centiès Sestertiûm. *Ejusdem impensæ fuit cœna Caligulæ unica, qui (ut Seneca ait) : id* centiès Sestertiûm *cœnavit uno die.*

12. *Clodius* centiès quadragiès septiès HS, *emptam domum habuit, teste Plinio.*

13. *Lolliæ Paulinæ mundus et ornatus muliebris æstimatus fuit* quadringentiès sestertiûm *ut meminit Plinius.*

14. *Milo* septingentiès HS *Æris alieni debuit, teste Plinio.*

7. L'Empereur Vitellius, au rapport de Pline, fit faire un plat énorme (en terre cuite) qui coûta un million de sesterces ou 200,000 liv. de France.

Suétone dit que Tibère préféra le Tableau d'Atalante et de Méléagre à cette même somme. *Deciès pro eà Sestertiûm acciperet.*

8. La *myriade* étant de 10 mille Drachmes, et la drachme égale au denier, on a 250 mille deniers qui font juste un million de Sesterces ou 10 mille *aüréus.*

9. Cicéron avoit à Rome une maison qui lui coûta 2 millions de Sesterces, ou 400,000 livres de France.

10. Jules-César fit présent à Servilie mère de Brutus, d'une perle qu'il avoit achetée six millions de sesterces, 1,200,000 liv. de France.

11. Cléopatre, Reine d'Egypte, absorba en un seul souper 10 millions de sesterces, qui font 2 millions de France. Sénèque reproche à Caligula d'avoir dépensé la même somme en un seul repas.

12. Clodius possédoit une maison qu'il avoit achetée 14 millions 700 mille sesterces, qui font 2 millions 940 mille livres de France.

13. La Toilette et les bijoux de Lollia Paulina, femme de Caligula, furent estimés 40 millions de sesterces, ce qui fait argent de France 8 millions.

14. Milon fut endetté de 70 millions de sesterces, ou de 14 millions de France.

R r

15. Sestertiûm milliès *solum emit extruendo Foro Cæsar dictator, teste Plinio. Tantumdem in culinam congessit Apicius , teste Senecâ.* Cons. ad Helv. Cap. X.

16. *Crassus in agris possedit* sestertiûm bis milliès.

17. *Quid vociferabere* Decem millia talentûm *Gabinio esse promissa* .... Sestertiûm bis milliès et quadringentiès. *Cic. pro* Rabir.

18. *Cæsar dictator, ære alieno oppressus, dixit :* bis milliès et quingentiès centena millia *sibi esse oportere ut nihil haberet, teste Appiano.*

19. *Tacitus Imperator patrimonium suum publicavit, quod habuit in reditibus* HS bis milliès octingentiès, *teste Flav. Vopisco.*

20. *Seneca* ter milliès sestertiûm *quadriennio quæsivit, testante Tacito.*

21. *Pallas , libertus Claudii Cæsaris,* ter milliès *possessor fuit, teste eodem Cornelio Tacito.*

22. *Lentulus Augur , testante Senecâ,* quater milliès HS. *possedit.*

23. *Ad colligendam gratiam nihil prætermittens (Hadrianus) infinitam pecuniam quæ fisco debebatur, privatis debitoribus in Urbe atque*

15. César , pendant sa dictature , acheta cent millions de sesterces un terrain destiné à l'emplacement du *Forum*, ou marché de Rome : somme qui revient à 20 millions de France. Apicius dépensa la même somme en bonne chère et profusion de table.

16. Crassus avoit en fonds de terre 200 millions de sesterces qui font 40 millions de France.

17. Cicéron égale ici dix mille Talens à 60 millions de deniers , qui font 240 millions de sesterces ou 48 millions de France.

18. César étant dictateur, et noyé de dettes, disoit qu'il lui falloit 250 millions de sesterces (50 millions de France) pour n'avoir absolument rien.

19. L'Empereur Tacite rendit public l'état de sa fortune, qui montoit à 280 millions de sesterces (56 millions de France).

20. Tacite nous apprend que Sénèque s'enrichit en quatre ans de 300 millions de sesterces, qui font 60 millions de France.

21. Le même Auteur nous dit que Pallas, affranchi de l'Empereur Claude, étoit riche de cette même somme.

22. L'Augure Lentulus eut , au rapport de Sénèque , 400 millions de sesterces , qui font 80 millions de France.

23. L'Empereur Hadrien voulant se faire aimer du Peuple Romain, lui fit remise d'une immense somme d'argent, qui étoit due au

Italia, in provinciis verò etiam ex reliquis ingentes summas remisit, syngraphis in foro divi Trajani, quò magis securitas ommibus roboraretur, incensis. Spartian. in Hadriano. Ce fait est constaté par des médailles qui représentent l'Empereur mettant le feu à un amas de papiers et autour desquelles on lit ces mots : RELIQVA VETERA HS. NOVIÈS MILLIÈS ABOLITA. S. C. D'En. Imp. G. B. n°. 2697-2699.

24. *Caligula intrà vertentis anni curriculum absumpsit* viciès et septiès milliès HS, *quod Tiberius Imperator reliquerat.* Sueton.

trésor public par divers particuliers, tant de Rome et de l'Italie, que des Provinces soumises à l'Empire ; et pour mettre le sceau à sa bienfaisance, il brûla dans la grande place de Rome toutes les promesses des particuliers et des Provinces, en leur remettant cette dette, qui montoit à 900 millions de sesterces (180 millions de France), comme nous l'apprend la belle médaille de grand bronze qui fut frappée à cette occasion.

24. Enfin Caligula en moins d'un an dissipa 2 milliards 700 millions de sesterces, que Tibère avoit amassés, ce qui fait argent de France 540 millions.

Pline nous dit qu'anciennement les Romains ne comptoient point au-delà de *cent mille,* et que c'est la raison qui fit que par la suite lorsqu'il fut question d'énoncer des sommes plus fortes, on multiplia ce même nombre par des adverbes, qu'on employa seuls en sous-entendant, pour abréger, les mots *centena millia.* » *Non erat apud* » *Antiquos numerus ultrà centum millia ; itaque et hodiè multiplicantur* » *hœc, ut deciès centena millia aut sœpius dicantur* ». Nat. Hist. lib. 33. Il suffit d'ajouter cinq zéros à l'expression propre et absolue de chacun de ces adverbes, pour avoir la somme de sesterces qu'ils indiquent ; ainsi, dans l'exemple cité plus haut de Caligula, l'expression adverbiale *viciès* et *septiès milliès* indique *vingt fois, sept fois, mille fois* ou 20 fois 7 mille, c'est-à-dire 27000 ; si donc à cette expression numérique vous ajoutez le *centena millia* ou cinq zéros vous aurez 2,700,000,000 ; ou 2 milliards 700 millions de sesterces.

Je terminerai cet article par une observation, qui prouve combien il est essentiel de distinguer, dans les Auteurs anciens, les grands et les petits sesterces, ce qui est assez difficile quand le mot qui les exprime est à l'ablatif pluriel, puisqu'alors il peut s'appliquer également, soit aux grands, soit aux petits sesterces.

Pline, au commencement de son XXXVIIe. livre, où il traite des pierres précieuses, dit à l'occasion des *Vases Murrhins* (*a*) que le grand Pompée apporta d'Asie, après la défaite de Mithridate, Roi de Pont, qu'un de ces Vases fut vendu à Rome 80 sesterces (*octoginta sestertiis*), et un autre 300 sesterces (*trecentis sestertiis*). M. Paucton (*b*), croyant qu'il étoit là question de petits sesterces, évalue la première de ces sommes à 15 ou 16 livres de France et la seconde à 59 livres, sommes évidemment trop exiguës pour des vases aussi précieux que l'étoient les *Murrhins*, Vases que les Romains prisoient au même degré que ceux de Cristal de roche, (*Murrhina et Crystallina*. Voyez Pline, Martial, Juvénal, Sénèque, Lampride, *etc.*) Pline nous dit en effet qu'un Vase de Cristal de roche fut estimé 150,000 petits sesterces (qui font 30,000 liv. de notre monnoie). Mais, pour revenir aux Vases Murrhins dont parle Pline, le père Hardouin, dans l'excellente édition qu'il a donnée du Naturaliste romain, ayant adopté la leçon de quelques manuscrits, qui portent *Talentis* aulieu de *Sestertiis ;* le premier de ces vases se trouve alors évalué à 70 talens, qui font 336,000 liv. de France, et le second à 300 talens, qui représentent un million quatre cents quarante mille livres, sommes véritablement excessives pour de pareils objets. On doit donc présumer qu'il ne s'agit dans ce passage de Pline, évidemment altéré, ni de petits sesterces, ni de talens, mais de grands sesterces : alors la première somme de 80 sesterces, équivalente à 80,000 petits sesterces, répond à 16,000 livres de notre monnoie, et celle de 300 sesterces à 60,000 francs, sommes également éloignées, et du vil prix que donne à ces vases M. Paucton, et du prix exorbitant auquel il faudroit les porter si l'on admettoit la leçon du père Hardouin. L'explication que je propose est d'autant plus vraisemblable, que de nos jours, un Vase de Cristal de roche de 8 pouces 9 lignes de hauteur, sur 5 pouces 8 lignes de diamètre, (et qu'on estimoit plus de quinze mille francs) s'est vendu 8000 liv. à la vente publique du Cabinet de M. Davila : d'ailleurs les beaux Vases de Sardoine Orientale qu'on admire au Garde-Meuble de la Couronne, sont par leur volume, l'élégance de leurs formes, la richesse et la variété de leurs couleurs, dignes de nous faire apprécier ce que l'Antiquité possédoit en ce genre de plus rare et de plus exquis.

(*a*) Ces Vases, que quelques Auteurs ont pris mal à propos pour de la Porcelaine, étoient incontestablement de Sardoine Orientale, ainsi que l'a démontré M. l'abbé le Blond, dans une savante dissertation, insérée dans le 43ᵉ. tome des *Mém. de l'Acad. Royale des Inscriptions.* Vol. in-4°. de l'année 1786.

(*b*) Métrolog. p. 272.

ANCIENNES MONNOIES DE FRANCE,

Considérées relativement à la livre Romaine, remplacée
par celle de Charlemagne, et celle-ci par notre poids
de Marc.

La Livre Romaine fut d'usage en France sous nos Rois de la première
Race, et la Loi Salique fait mention de *Sous*, de *Demi-Sous* et de
Tiers de Sous d'or. Ces Sous d'or, de 72 de taille à la livre ou du poids
de 4 scrupules de 21 grains, de même que sous Constantin (voyez
la Table XI.), valoient 40 deniers du poids d'un scrupule (*a*) ou
de 21 grains. Ces deniers étoient donc à la taille de 288 à la livre
d'argent et la livre d'or en valoit 2880, ce qui donne la proportion
dixième entre l'or et l'argent.

Le Blanc observe (*b*) qu'outre le *Sou d'or* de la valeur de 40 deniers,
qui nous étoit commun avec les Romains, il y en eut un autre
d'argent qui nous étoit particulier, lequel valoit 12 deniers du poids
d'un scrupule ou une *Demi-once Romaine* d'argent (*c*).

(*a*) C'est sans doute de ce petit denier du poids d'un scrupule, que dans notre Livre actuelle
le mot *Denier* est devenu synonime du mot *Scrupule*.

(*b*) Traité historique des Monnoies de France, pag. 7.

(*c*) Plusieurs passages des Lois Saxones et Ripuaires où le *Sou* d'or est évalué à 12 deniers,
paroissent indiquer néanmoins qu'outre le denier d'argent du poids d'un scrupule et de 40 au
sou d'or, il y en avoit un autre plus ancien de 60 de taille à la livre, et par conséquent de 12
au sou d'or. Telles furent les pièces désignées par cette loi du Code Théodosien de l'an 384 :
« *Nec majorem argenteum nummum fas sit expendere, quàm qui formari solet, cùm argenti*
« *libra una in argenteos sexaginta dividitur; minorem dare volenti non solùm liberum, sed etiam*
« *honestum esse permittimus* (Cod. Theod. Lib. XV. Tit. 9, leg. I.). » On ne peut en effet
appliquer au sou d'argent de la valeur de 12 den. le passage suivant d'un Capitulaire de Dagobert I :
« *Quòd si cum argento solvere contigerit pro solido* (aureo scilicet) *duodecim denarios, sicut*
« *antiquitùs constitutum est* (Lex Ripuariorum anni 630). Les 12 deniers d'argent auxquels le
sou d'or est évalué dans cette loi des Ripuaires, ne doivent certainement pas être confondus
avec les 40 auxquels le même sou d'or est évalué dans la loi Salique. C'étoit donc un denier
plus fort, et de fabrique plus ancienne : *sicut antiquitùs constitutum est.*

On cite comme une singularité très-remarquable l'appréciation que fait ce même Capitulaire
de quelques objets de première nécessité, qui seroient véritablement taxés à très-bas prix s'il
s'y agissoit, je ne dis pas du *Sou de cuivre*, mais même du *Sou d'argent* : un Bœuf y est
apprécié à *deux sous*, une Vache à *un sou*, un Cheval à *six sous*, une Jument à *trois sous*,
une bonne Cuirassse à *douze sous*, un Bouclier avec une Lance à *deux sous*, &c. Mais si l'on
fait attention qu'il s'agit là du Sou d'or, on trouvera que la première de ces évaluations répond
à 30 liv. de notre monnoie actuelle ; la seconde à 15 liv. ; la troisième à 90 liv. ; la quatrième
à 45 liv. ; la cinquième à 180 liv. et la sixième à dix écus. On voit alors que toute la singularité

S s

Ces *Sous d'argent* de la première Race étoient donc de 24 à la livre Romaine, et pesoient 252 grains ou 4 deniers de Néron, du poids de 63 grains. Ce *Sou d'argent* de la valeur de 12 deniers, avoit son *Tremissis* ou tiers de Sou de même que le Sou d'or; ainsi le *Tremissis* ou *Trianis d'argent* valoit 4 deniers du poids d'un scrupule, tandis que le *Tremissis* ou *Trianis d'or* en valoit 13 $\frac{1}{3}$; il y avoit par conséquent au Sou d'or 3 $\frac{1}{3}$ de ces Sous d'argent. Mais on n'en a sans doute frappé qu'un très-petit nombre, car je ne crois pas qu'aucun soit parvenu jusqu'à nous. On en peut dire autant des deniers d'argent du poids d'un scrupule, et de 40 au sou d'or, dont il est parlé dans la loi Salique (*a*).

---

de ce passage roule sur l'équivoque du mot SOU, par lequel on désigna d'abord une *monnoie d'or*, puis une *monnoie d'argent*, et par lequel on n'entend plus aujourd'hui qu'une *monnoie de cuivre* de très-petite valeur. Ce qui a pu donner lieu à l'équivoque des Modernes à cet égard, c'est que la plupart des Lois dont nous parlons, ne spécifient point de quelle matière étoient les *Sous* auxquels se trouvoient évaluées les peines ou compositions pécuniaires infligées par ces lois; mais, outre que la plupart des monnoies qui nous restent des Rois de la première Race sont des *Tiers de Sous d'or*, c'est que ces mêmes lois nous apprennent que ceux qui n'avoient point d'or pouvoient donner en place du bétail, du blé, des meubles, des armes, des chiens, des oiseaux de chasse, des terres, *&c.*; de là l'évaluation de ces différentes choses fixée par la loi, comme on peut le voir par celle des Saxons, qui fait même cette fixation pour plusieurs peuples. *Chap. XVIII.* Voyez aussi la loi des Ripuaires *Tit. 36. §. II*, et la loi des Bavarois *Tit. I. §. 10 et 11.* Celle-ci ne laisse aucun doute à cet égard. « *Si aurum non habet*, dit cette loi, *donet aliam pecuniam, mancipia, terram, &c.* ». S'il n'a point d'or, qu'il donne de l'argent, des esclaves, des terres, *&c.* C'est donc le *Sou d'or* et non le *Sou d'argent* qu'il faut toujours entendre dans celles de ces lois qui sont antérieures à la seconde Race de nos Rois. C'est aussi du *Sou d'or* et de la *Demi-livre* ou de *Six onces d'or* qu'il s'agit dans le trait suivant, rapporté par Symphosien dans ses notes sur Apollonius de Tyr. « *Puella prosternit se ad pedes. Miserere virginitatis meæ; ne prostituas hoc corpus sub tam turpi titulo. Leno vocavit villicum puellarum, et ait : Ancilla exornetur : scribatur ei titulus :* QUICUMQUE TARSIAM DEFLORAVERIT MEDIAM LIBRAM DABIT; POSTEA POPULO PATEBIT AD SINGULOS SOLIDOS ». Louis XI est le premier de nos Rois, qui ait fait frapper des *liards* ou quarts de sous de cuivre; quant aux *sous* de ce dernier métal, qui sont à la taille de 20 au marc, leur origine est encore plus récente, puisqu'elle ne date en France que de la Minorité de Louis XV. Ce fut Law qui les fit frapper.

(*a*) L'existence de ces deniers d'argent et leur rapport avec le sou d'or, sont également constatés par le passage suivant de la loi Salique : « *Si quis porcellum furaverit qui sine matre vivere potest, quadraginta denarios, qui faciunt solidum unum, culpabilis judicetur* (Tit. 1. §. 5). » Il en est de même du texte suivant : « *Trianem componat quod est tertia pars solidi, hoc est tredecim denarii et tertia pars unius denarii* (Ibid. tit. 40, art. 13) ». On voit que par ces lois le vol d'un porc étoit puni par une amende d'un sou d'or. Cependant M. Sabbathier, dans l'article de son Dictionnaire qui a pour titre : *Des Amendes chez les Francs*, dit : « Qu'on payoit 14 livres pour un homicide, savoir 3 liv. pour le *fredum* ou droit du Roi, et 11 liv. pour la réparation du meurtre (Tome XVII, p. 487). » Sur quoi je crois devoir observer qu'on se tromperoit beaucoup si, d'après un pareil exposé et ce qu'on entend aujourd'hui par une somme de 14 livres, on pensoit que la vie d'un homme eût jamais été mise en parallèle avec une aussi foible quantité d'argent. Dans les lois Saxones et Ripuaires, ainsi que dans la loi Salique, le meurtre d'un homme libre étoit taxé à 200 sous; et suivant la dignité de celui qui avoit été tué, l'amende étoit double, triple, quadruple, *&c.* Or comme ces 200 sous étoient d'or, ils représentoient

Au commencement de la *Seconde Race* (en 755), Pepin ordonna qu'on ne tailleroit plus à la livre que 22 Sous d'argent : « *De monetâ* « *constituimus similiter ut ampliùs non habeat in librâ pensante nisi* 22 « *solidos* ». Et comme la livre Romaine ne fut changée que sous Charlemagne son fils , le sou d'argent fut alors du poids de 13 $\frac{1}{11}$ scrupules ou d'environ 275 grains , ce qui fait environ 23 grains pour le poids du denier de Pepin (*a*).

La Livre instituée par Charlemagne , se divisoit ainsi que la livre Romaine en 12 onces , en 96 drachmes et en 288 scrupules , mais elle en différoit en ce que le scrupule passa de 21 à 24 grains , de sorte qu'il y eut à cette livre 6912 grains , c'est-à-dire 864 grains ou une once et demie de plus qu'à la livre Romaine. Telle est l'origine de notre *Livre de douze onces* , qui s'est conservée sous le nom de *Livre des Médecins* , mais qui n'est plus guère d'usage aujourd'hui , ayant été remplacée par notre *Poids de marc*.

La Toise de Charlemagne étoit de 6 pieds 6 lignes du pied de Roi actuel. M. de la Hire nous apprend (Mém. de l'Acad. Royale des Sc. ann. 1714) qu'avant la réformation du pied des Maçons faite en 1668 , ils en employoient un qui étoit d'une ligne plus long que celui d'aujourd'hui. Six de ces pieds faisoient donc la Toise de Charlemagne (*b*).

Ce grand Prince à qui la Nation doit les plus précieuses de ses lois , ne changea pas seulement les poids et les mesures , sa réforme s'étendit jusque sur les monnoies : il en fit frapper d'argent du poids de 12 onces , et c'est de ce poids d'une livre de 12 onces que ces

---

environ 3000 liv. de notre monnoie actuelle. Il falloit donc se soustraire à la vengeance des parens du défunt par une espèce d'Hécatombe , puisqu'alors le prix d'un bœuf n'étoit évalué qu'à deux de ces mêmes sous d'or. Lorsqu'ensuite , par une Ordonnance de *Pepin* , confirmée par les Capitulaires de *Louis le Débonnaire* , les amendes ou compositions pécuniaires , ne furent plus évaluées , pour les Francs , en *sous d'or* de la valeur de 40 deniers , comme sous la première Race , mais en *sous d'argent* de la valeur de 12 deniers , les 200 sous d'argent formoient encore une somme d'environ 600 liv. de notre monnoie actuelle ; encore faut-il observer que cette modération de l'amende , n'eut pas lieu pour les Saxons , comme on le voit par cette loi même qui s'exprime ainsi : « *Omnis solutio atque impositio quæ in lege Salicâ continetur,* « *inter Francos per 12 denariorum solidos componatur ; excepto ubi contentio inter Saxones èt* « *Frisones exorta fuerit, ubi volumus ut 40 denariorum quantitatem habeat* ». (Capitul. Reg. Ludov. I.).

(*a*) Les quatre du Catalogue de M. D'Ennery , (*Monn. mod. n°. 454*) pèsent ensemble 86 grains ; cela donne 21 $\frac{1}{2}$ grains pour chaque denier , qui conséquemment a perdu près d'un grain et demi de son propre poids.

(*b*) Notre Toise actuelle est composée de 6 pieds de Roi ; le *Pied* contient 12 pouces , le *Pouce* 12 lignes et la *Ligne* 12 points ; les Géomètres ne divisent la ligne qu'en 10 points , pour la commodité du calcul.

monnoies furent appelées *Livres d'argent*. Il en fit fabriquer d'autres du poids de la vingtième partie des précédentes ; on les appela *Solidos, Sous d'argent* ; enfin il fit battre aussi des *Deniers d'argent* de la valeur du douzième du sou. Ainsi la monnoie réelle de Charlemagne fut la Livre de 20 *Sous* ou de 240 *Deniers* ; et c'est cette Livre dont le numéraire s'est conservé dans plusieurs États de l'Europe, où elle n'est plus qu'idéale (*a*). Telle est l'origine de la *Livre Tournois*, qui n'est plus parmi nous qu'une *monnoie de compte*, après avoir existé réellement (*b*) sous Charlemagne et ses Successeurs.

On a lieu de croire que les 20 Sous d'argent qui se tailloient à la livre sous Charlemagne, furent d'abord relatifs à la livre Romaine et que les $14 \frac{2}{5}$ scrupules qu'ils devoient peser étoient des scrupules de 21 grains, car il nous reste des deniers de ce Prince du poids d'environ 24 grains (*c*) ; or, à 21 grains le scrupule les $14 \frac{2}{5}$ font $302 \frac{2}{5}$ grains au *Sou d'argent*, dont le douzième est un *Denier* de $25 \frac{1}{5}$ grains.

(*a*) C'est ainsi, comme on l'a vu précédemment, que le TALENT et la MINE ATTIQUE, chez les Grecs, l'AS et le SESTERCE chez les Romains, furent d'abord des monnoies réelles et finirent par n'être plus que des monnoies idéales ou de compte. M. Bonamy (dans ses *Réflexions sur l'évaluation de nos monnoies et de nos mesures*. Mém. de l'Ac. des Inscript. Tome XXXII, p. 792, in-4°.) observe, avec assez de fondement, que la livre qui, du tems de Charlemagne, étoit une livre pesant d'argent de douze onces, n'a jamais été une monnoie ; mais il est dans l'erreur lorsqu'il ajoute : « Que dans l'Antiquité il n'y avoit point de monnoie « réelle qu'on appelât *Talent* et *Sesterce* ». Car on a vu plus haut que ces dénominations avoient appartenu, dans leur origine, à des monnoies réelles, quoiqu'elles n'eussent plus désigné par la suite que des monnoies de compte.

(*b*) J'adopte ici l'opinion reçue. Cependant comme il ne nous reste aucune de ces *Livres*, ni même aucun de ces *Sous d'argent de Charlemagne*, ni de ses Successeurs ; il y a bien de l'apparence que la *Livre* et le *Sou d'argent* ne furent point des monnoies réelles, comme l'étoient les *Sous* et les *Tiers de Sous d'or*, et qu'ainsi le *Denier* fut la seule monnoie d'argent qui se fabriquât alors.

(*c*) Cinq deniers d'argent de *Charlemagne*, pesant ensemble 1 gros 44 grains (D'Ennery. Catal. *Monn. modernes*, n°. 456.). On peut observer ici que les 20 sous de la livre de Charlemagne, n'étoient pas, comme les 20 sous de notre livre de compte actuelle des *Sous de cuivre*, mais des *Sous d'argent* du poids de 4 gros $14 \frac{2}{5}$ grains et conséquemment plus forts que nos écus de trois livres actuels : ainsi le denier de Charlemagne étant du poids de $25 \frac{1}{5}$ grains, vaudroit de notre monnoie, évaluée à 51 liv. 4 sous le marc, 5 sous 7 deniers $\frac{1}{5}$, lesquels multipliés par 12 font pour le *Sou de Charlemagne* 3 liv. 7 sous $2 \frac{2}{5}$ den., et pour les 20 sous ou la liv. 67 liv. 4 sous. Sous les Successeurs de Charlemagne jusqu'à *Charles le Simple*, et même jusqu'à la fin de la seconde Race en 986, le denier ayant pesé $28 \frac{4}{5}$ grains, ce denier vaudroit aujourd'hui 6 sous 4 den. $\frac{4}{5}$ de notre monnoie évaluée comme ci-dessus ; lesquels multipliés par 12, font pour la valeur actuelle du sou d'alors 3 liv. 16 sous 9 den. $\frac{1}{5}$, et pour les 20 sous 76 liv. 16 sous. Le *marc d'argent*, s'il eût existé sous Charlemagne, auroit valu 15 sous 2 den. $\frac{6}{7}$ de la monnoie d'alors. Voltaire, dans son Abrégé de l'Hist. Universelle, ayant voulu prouver que, sous Charlemagne, le prix des denrées étoit à-peu-près le même que celui d'aujourd'hui, dit : « Que 24 livres de pain blanc valoient un denier d'argent par les Capitulaires « de Charlemagne. Ce denier, ajoute-t-il, étoit la 40°. partie du sou d'or, qui valoit environ « quinze francs de notre monnoie ; ainsi la livre de pain revenoit à près de cinq liards, ce qui

Si l'on divise les 6912 grains que contenoit la Livre instituée sous Charlemagne, par 20, nombre des Sous d'argent qu'on devoit tailler à cette livre, ou si l'on multiplie les 14 $\frac{2}{5}$ scrupules que devoit peser le sou d'argent par les 24 grains qu'il y avoit alors au scrupule, le produit est 345 $\frac{3}{5}$ grains dont le douzième est un denier du poids de 28 $\frac{4}{5}$ grains. Or tel est en effet le poids des Deniers de *Louis le Débonnaire*, de *Charles le Chauve*, de *Louis le Begue*, de *Carloman*, d'*Eudes*, de *Charles le Simple* et généralement des Rois de la seconde Race (*a*).

Sous la Seconde Race on s'est encore servi de *Sous d'or*, et comme le scrupule avoit passé de 21 à 24 grains, ils pesoient alors 96 grains, c'est-à-dire 12 grains de plus que sous la Première Race, et ils n'avoient cours également que pour 40 deniers ; mais ces deniers étoient alors du poids de 28 $\frac{4}{5}$ grains. J'ignore si quelques-uns de ces Sous d'or de la Seconde Race ont passé jusqu'à nous ; mais l'or paroît avoir été plus rare encore en France à cette époque, qu'il ne l'étoit sous les Rois de la Première Race (*b*).

Au commencement de la Troisième, le *Sou d'or* fut remplacé par le *Florin d'or* ou *Franc d'or*, du poids d'un gros trébuchant ou de 73 grains, et de la valeur d'une *Livre Tournois* ou de 20 sous d'alors (*c*). C'est

---

« ne s'éloigne pas du prix ordinaire dans les bonnes années ». T. I, p. 96. Mais il y a sans doute erreur dans ce calcul, car la 40e. partie de 15 liv. (qui sont en effet la valeur actuelle du Sou d'or) étant 7 sous 6 deniers, si les 24 livres de 12 onces ou de Charlemagne, égales à 18 de nos livres actuelles, valoient 7 sous $\frac{1}{2}$ de notre monnoie, le 18e. ou la livre n'a dû valoir que 5 deniers et non pas 5 liards, comme le dit notre célèbre écrivain. Ainsi la livre de bon pain ne coûtoit, sous Charlemagne, qu'environ le tiers de sa valeur actuelle. Par une autre évaluation du tems de Charles le Chauve, cent Oies sont estimées valoir une livre d'argent d'alors ou de 12 onces : ce qui, à raison de 51 liv. 4 sous le marc, feroit 76 liv. 16 sous de notre monnoie, et par conséquent environ 15 sous 4 den. pour le prix d'une Oie, sous la Seconde Race.

(*a*) Six deniers d'argent de *Louis le Débonnaire*, pesant ensemble 2 gros 21 grains — Six autres du poids de 2 gros 42 grains. — Quarante-six autres pesant ensemble 16 gros 56 grains. (D'En. Cat. Ibid. n°s. 457—459). Quatre de *Pepin* Roi d'Aquitaine et deux de l'Empereur *Lothaire*, pesant ensemble 1 gros 48 grains (Ibid. n°. 460). Deux de l'Empereur *Charles le Chauve*, pesant ensemble 54 grains (Ibid. n°. 461). — Vingt-cinq du même Empereur, pesant ensemble 9 gros 65 grains, ce qui donne un denier de 28 $\frac{1}{2}$ grains (Ibid. n°. 462). Cinq de *Louis le Begue*, de *Carloman* et d'*Eudes*, pesant ensemble 1 gros 63 grains (Ibid. n°. 463). Quinze de *Charles le Simple*, pesant ensemble 6 gros, (ce qui donne un denier de 28 $\frac{4}{5}$ grains, ainsi qu'il est évalué plus haut). Ibid. n°. 464. Ce denier, qui étoit à la taille de 20 à l'once ou de 160 au marc, reçut depuis sous *Saint-Louis* et *Philippe le Bel*, le nom Anglois d'ESTERLIN qui, chez les Flamands, désigne encore aujourd'hui la 20e. partie de l'once. Voyez ci-dessus p. 142.

(*b*) Un Édit de *Charles le Chauve*, de l'an 864, fixe le prix de la livre d'or fin à 12 livres d'argent, ce qui établit entre ces deux métaux la proportion d'un à douze ; on a vu qu'elle n'étoit que d'un à dix sous les Rois de la premiere Race. Or 40 deniers du poids de 28 $\frac{4}{5}$ grains font 1152 grains, ou 48 scrupules du poids de 24 grains pour un sou d'or du poids de 96 grains, c'est-à-dire de 4 scrupules du poids de 24 grains, ce qui est, comme on vient de le dire, la proportion douzième.

(*c*) Un Florin d'or de *Philippe Auguste*, un *Pavillon d'or* de *Philippe de Valois*, un *Royal* et un *Franc à cheval* du Roi *Jean*, pesant ensemble 4 gros 12 grains. (D'En. Ibid. n°. 467).

T t

de ce *Franc* d'or de la valeur d'une *Livre* Tournois, que dans nos comptes le mot *Franc* est devenu synonyme du mot *Livre*. Dans ces premiers tems de la Troisième Race on appeloit également *Florin*, le denier d'or à *l'agnel*, à *l'écu*, à la *fleur de lys*, à la *chaise*, à la *masse*, &c. ainsi nommés des différens types de ces monnoies.

L'Auteur de l'Almanach des Monnoies pour l'année 1785, observe avec raison que, rien n'est plus incertain que l'époque à laquelle on a commencé parmi nous à faire usage de la *Livre de seize onces* et du *poids de marc*. « On se servoit, dit-il, dans les premiers tems « de la Monarchie, de la Livre Romaine composée de 12 onces ; mais la « quantité de grains représentés par chacune de ces onces ne fut pas « toujours la même. Les Sous d'or fabriqués sous *Clovis*, étoient à la « taille de 72 à la livre et pesoient 84 grains ; ainsi les 12 onces, qui « composoient la livre de ce tems là, ne contenoient que 6048 grains, « ce qui revient à dix onces et demie de la livre poids de marc. Il « résulte de ce calcul, que chaque once de la livre dont on se servoit « sous le règne de ce Prince, contenoit 504 grains ; elles furent « portées dans la suite (*Sous Charlemagne, comme on l'a vu plus haut*) « à 576 grains, quantité égale à celle d'une des onces du Poids de « marc. Il paroît que l'on distingua la Livre formée de ces nouvelles « onces, par le nom de *Livre Gauloise* ou *Poids de Charlemagne*, et « que l'on en fit usage concurremment avec la Livre Romaine. »

François Garrault, ancien Général des Monnoies, dit (dans ses *Mémoires sur les Poids et Mesures*, imprimés en 1595) : que « la Livre « de seize onces étoit connue du tems de Charlemagne, qu'elle « portoit le nom de *Poids de Marc*, qui étoit le poids dont se « servoient les marchands, d'où lui est venu le nom de *Marc* ; » et il ajoute que « cet Empereur ordonna que tous les poids dont on « faisoit usage dans ses États seroient réduits à ce nouveau poids. » Mais il est facile de voir que Garrault confond ici le *Poids de Marc* avec la Livre de 12 onces instituée par Charlemagne et dont l'once composée de 576 grains étoit en effet égale à celle de notre poids de marc. D'un autre côté c'est pour avoir confondu la Livre de Charlemagne avec la Livre Romaine, que l'Auteur de l'*Art de vérifier les dates*, a dit : « que l'on s'est servi jusques sous le règne de Philippe I, de « la Livre Romaine composée de 12 onces, plus foibles *d'un neuvième* (a)

(a) La Drachme ou le Denier Romain de 63 grains étoit en effet de neuf grains plus foible que notre gros de 72 grains, tel que l'établit Charlemagne en portant le scrupule de 21 à 24 grains : mais, par cette augmentation, l'once Romaine, composée de 504 grains ou de 24 scrupules de 21 grains, se trouva d'un *huitième* et non pas d'un *neuvième* plus foible que l'*Once de Charlemagne* ou du *Poids de marc*, laquelle est composée de 576 grains, ou de 24 scrupules du poids de 24 grains.

« que celles du poids de marc. » On a vu, par les deniers cités plus haut, que ce n'étoit plus la Livre de 12 onces Romaines, mais la *Livre Gauloise* ou de 12 onces égales à celles de notre poids de marc qui subsistoit alors.

Quoi qu'il en soit il paroît par les recherches de le *Blanc*, *Boissard*, *Poulain*, &c. que la Livre de seize onces et la division de cette livre en marcs, n'étoient pas en usage avant le commencement du règne de Philippe I, parce que les actes d'une date antérieure à cette époque n'en font pas mention. La Livre de 12 onces est encore employée dans un titre de l'an 1075.

Le premier des titres, cités par le *Blanc*, où le nom de *Marcs* se trouve employé, est de 1093, sous Philippe I. Ce fut aussi sous le règne de ce Prince, l'an 1067, que furent fabriqués les premiers *Florins d'or*. On lit dans la nouvelle édition de l'*Art de vérifier les dates*, page 572. « Que ce fut l'altération du titre des espèces, dont le « règne de Philippe offre le premier exemple, qui fit quitter la *Livre* « *de douze onces*, pour prendre le *Marc de huit onces* parce qu'effective- « ment une livre d'argent monnoyé ne contenoit plus que huit onces « d'argent pur (a) ». Cependant le *Blanc* assure d'après la chronique de *Maillezay*, que l'altération des espèces n'eut lieu qu'en 1103, vers la fin du règne de Philippe, et l'on vient de voir, d'après le même Auteur, qu'il étoit déja question de *Marcs* dans un acte de l'an 1093, et conséquemment antérieur de dix ans à cette époque de la première altération du titre de nos monnoies d'argent. On peut donc regarder encore comme incertaine la cause qui a fait ajouter 4 onces à la Livre de Charlemagne, quoique l'époque que nous venons d'assigner de ce changement soit vraisemblablement aussi celle où l'on a divisé la livre en *Deux Marcs*, telle qu'elle est encore aujourd'hui (b).

(a) Delà sans doute notre expression *Payer au marc la livre*, pour désigner la perte que doit supporter chaque Creancier, au *prorata* de ce qui lui est dû.

(b) On sait que la livre de Lyon, quoique composée de 16 onces comme celle de Paris, ne pèse néanmoins que 14 des seize onces dont la livre de Paris est composée. La cause de cette différence est que Lyon a conservé l'once Romaine de 504 grains plus foible d'un huitième que la nôtre ; la livre Lyonnoise est donc de 16 gros ou de 2 onces plus foible que la livre de Paris. Jacques Capelle avoit déja fait cette remarque : « *Unciæ Romanæ*, dit - il, *et* « *Atticæ pondus Lugdunenses retinuerunt, nisi quod ad numeri rotundationem videntur* « *detraxisse grana quatuor, ut ipsorum Uncia penderet præcisè grana quingenta* ». De Ponderib. numm. et mens. 1606. Lib. I, § 86, p. 57. A Montpellier, Marseille et Avignon, les 16 onces dont la livre dite *Poids de Table* est composée, sont encore plus petites que celles de Lyon ; car dans ces villes la huitième partie de l'once est une drachme de 60 grains, et par conséquent la même que celle d'*Ægium* ou du Péloponnèse, apportée dans les Gaules par la Colonie de Phocéens, qui fonda la Ville de Marseille. (Voyez ci-dessus Nimes et Marseille dans la Drachme du n°. I, et dans la suivante). Cette Drachme de 60 grains est encore aujourd'hui celle de Constantinople, car la livre ou *Chéky* de Turquie, s'y divise, de même que la Mine chez les Grecs, en 100 Drachmes, et chaque drachme se

On a vu ci-dessus que le Sou d'argent du poids de 345 $\frac{3}{5}$ grains étoit la 20e. partie de la livre instituée par Charlemagne, et que le denier d'argent du poids de 28 $\frac{4}{5}$ grains étoit la 240e. partie de la même livre. Lorsque, sous la troisième Race, le poids de marc eut remplacé la livre Gauloise ou de Charlemagne, ce denier d'argent fin, continua, sous le nom d'*Esterlin,* d'être la 20e. partie de l'once et devint la 160e. partie du marc, tandis que le scrupule, ou denier-poids, de 24 grains étoit la 24e. partie de la même once et la 192e. partie du Marc. D'un autre côté il y avoit au Marc 13 $\frac{1}{3}$ de ces Sous d'argent de 20 de taille à la livre poids de Charlemagne, et ils prirent aussi le nom de *Sous-Sterlings,* de même que la maille ou le demi-denier d'argent fin et du poids de 14 $\frac{2}{3}$ grains, prit le nom d'*Obole-Esterlin.*

Mais on voit par un des Registres de la Chambre des Comptes, coté *Noster* (fol. 204 et 205) qu'il y avoit alors en France 4 Marcs différens, savoir :

1°. Le MARC DE TROIES du poids de 14 Sous 2 deniers Esterlins, qui font 4896 grains ou 8 onces 4 gros.

2°. Le MARC DE LIMOGES du poids de 13 Sous 3 Oboles Esterlins, qui font 4536 grains ou 7 onces 7 gros.

3°. Le MARC DE TOURS du poids de 12 Sous 11 Deniers et une Obole Esterlin, qui font 4478 $\frac{2}{5}$ grains ou 7 onces 6 gros 14 $\frac{2}{5}$ grains.

4°. Enfin le MARC DE LA ROCHELLE dit d'ANGLETERRE (*a*) du poids

---

subdivise en 16 *Karas,* qui contiennent chacun 4 grains ; ce qui fait pour la livre 1600 Karas ou 6400 grains de Turquie. Or une drachme de cette Livre répond à 60 $\frac{1}{15}$ grains de la nôtre ; ce qui fait pour les 100 drachmes 6004 de nos grains ou 10 onces 3 gros 28 grains de notre poids de marc. La livre de Constantinople actuelle ne diffère donc que de 44 grains de l'ancienne livre Romaine usitée sous Constantin.

(*a*) Ce *Marc* valoit 1 $\frac{1}{3}$ liv. Mansois, 2 $\frac{2}{3}$ liv. Tournois, 8 onces Esterlin ou de Charlemagne, 13 $\frac{1}{3}$ Sous Esterlins, 26 $\frac{2}{3}$ Sous Mansois, 53 $\frac{1}{3}$ Sous Tournois, 160 Deniers Esterlins, 320 den. Mansois et 640 deniers Tournois. Ainsi la *Livre Sterling,* (qui est celle de Charlemagne), valoit 1 $\frac{11}{29}$ Marc de Paris, 1 $\frac{1}{2}$ Marc de la Rochelle, 1 $\frac{53}{153}$ Marc de Tours, 2 Liv. Mansois, 4 Liv. Tournois, 12 Onces Esterlins, 20 Sous Sterlings ou de Charlemagne, 40 Sous Mansois, 80 Sous Tournois, 240 deniers Esterlins, 480 deniers Mansois et 960 deniers Tournois.

Les Saxons, de même que les Anglois et les François, divisoient cette *Livre Sterling* en 12 onces, en 240 deniers sterlings, et l'once en 20 de ces mêmes deniers qu'ils appeloient *Pfenning,* d'où s'est formé le mot Anglois *Penny,* et peut-être aussi le mot François *Felin* par lequel on désignoit le quart du même den. Esterlin. Ce *Denier sterling* ou *esterlin,* valoit 2 den. Mansois ou 4 deniers Tournois, comme on l'a vu plus haut. Le *Sou Sterling,* que les Anglois nomment *Schelin* ou *Shilling,* valoit 2 Sous Mansois, 4 Sous Tournois, 12 deniers Esterlins, 24 deniers Mansois, 48 deniers Tournois ; l'*once Esterlin* valoit 1 $\frac{2}{3}$ Sou Sterlin, 3 $\frac{1}{3}$ Sous Mansois, 6 $\frac{2}{3}$ Sous Tournois, 20 deniers Esterlins, 40 deniers Mansois et 80 deniers Tournois.

Le *Sou Tournois* valoit 3 deniers Esterlins, 6 deniers Mansois, 12 deniers Tournois. Le *Sou Mansois* valoit 2 Sous Tournois, 6 deniers Esterlins, 12 deniers Mansois, 24 deniers Tournois.

La *Livre Tournois* valoit 3 onces Esterlins, 5 Sous Esterlins, 10 Sous Mansois, 20 Sous Tournois, 60 deniers Esterlins, 120 deniers Mansois et 240 deniers Tournois. La *Livre Mansois* de 13 Sous 4 Deniers Esterlins, qui font 4608 grains ou 8 onces juste.

L'Auteur ajoute : « Que par ce Marc de la Rochelle (qui est notre « marc actuel), toutes les monnoies quelles qu'elles soient se allouoient « pour douze deniers d'argent fin de poix l'un contre l'autre, et « huit ensemble doivent faire et poiser ledit marc ; chacun desdits « 12 deniers doit poiser 24 grains, &c. ». Le même Auteur observe que le Marc de Troies surpassoit de 10 Esterlins celui de la Rochelle. En effet si l'on multiplie par 10 les 28 grains $\frac{4}{5}$ du denier Esterlin, on a 288 grains ou les 4 gros dont le Marc de Troies excédoit celui de la Rochelle. Par un autre titre, antérieur à l'an 1158, on voit que le poids de 13 Sous 4 den. sterlings étoit évalué à 53 Sous 4 den. Tournois, d'où il résulte que l'Esterlin ou denier Sterling valoit 4 den. Tournois. On voit par un Traité de paix entre *Philippe-Auguste* et *Jean* Roi d'Angleterre, fait en 1200, que le marc d'argent fin étoit encore évalué à 13 Sous 4 den. Sterling ; et *Saint-Louis,* par son Ordonnance faite au Parlement de la Toussaint l'an 1265, donne cours aux Esterlins pour 4 deniers Tournois, ce qui est confirmé par *Philippe le Bel* en 1289.

Parmi les Monnoies Catalanes il est fait mention d'un *Sou d'or,* qui étoit à la taille de 21 à la livre, et cette livre, qui paroît avoir été l'ancienne livre Roussillonnoise, étoit composée de 12 onces Romaines, comme on le voit par l'*Usage Solidus-Aureus,* qui se trouve dans le volume des Constitutions de Catalogne (liv. X. Tit. 2, p. 531). En effet la Livre y est divisée en 12 Onces, en 21 Sous, en 84 *Morabatins,* en 168 *Argens,* et en 378 *Mancus:* l'*Once* étoit divisée en 7 Morabatins ; le *Morabatin* en 2 Argens ou 4 Mancus et demi ; et l'*Argens* en 2 Mancus $\frac{1}{4}$. Il n'est point parlé du poids grain dans cet Usage *solidus aureus ;* cependant M. Bosch, qui nous fournit ce détail, observe que le poids *Argens* répondant à notre demi-gros, il en résulte que le *Mancus* devoit peser 16 grains, l'*Argens* 36 grains ; le *Morabatin* 72 ; le Sou 288 ; l'Once 504 et la Livre (ainsi que la Livre Romaine) 6048 (*a*).

---

valoit 2 liv. Tournois, 6 onces Esterlins, 10 Sous Esterlins, 20 Sous Mansois, 40 Sous Tournois, 120 deniers Esterlins, 240 deniers Mansois et 480 deniers Tournois. Enfin la *Livre Parisis,* valoit 1 $\frac{1}{4}$ liv. Tournois ; elle se divisoit, comme les précédentes en 20 Sous ou 240 deniers, qu'on appeloit *Parisis,* mais elle contenoit 25 Sous ou 300 deniers Tournois : ainsi la livre Tournois ne contenoit que 16 Sous Parisis. On peut observer ici que le denier Esterlin est encore aujourd'hui la 20e. partie de l'*Once de Bruxelles et des Pays-Bas* où le Marc, qu'on y appelle *Poids de Troyes,* excède le nôtre de 21 grains : ainsi l'*Esterlin* ou 20e. partie de l'once de Bruxelles est du poids de 28 $\frac{149}{60}$ grains, ce qui fait $\frac{21}{160}$ de plus que notre Esterlin.

(*a*) Voyez l'Ouvrage de M. Bosch, intitulé : Recherches pour connoître la valeur des Vieilles Espèces de Monnoie qui ont eu cours en Roussillon. *Perpignan* 1771, in-4°.

162

TABLEAU comparé des Onces des principaux Poids de l'Europe, où l'on voit par une série progressive celles qui s'écartent ou s'approchent le plus de l'ancienne Once Romaine.

VILLES OU PAYS.	ONCES OU DEUX LOTHS. (Les 2 Loths égalent l'Once).	PÈSENT POIDS DE FRANCE.		POIDS LOCAL AUQUEL CES ONCES APPARTIENNENT.
		Gros.	Grains.	
1. Montpellier, Marseille et Avignon.........	Once du poids de Table.	6.	48 ...	16 à la livre dite *Poids de Table*.
2. Turin..............	Once de la livre des Médecins.........	6.	$48\frac{125}{192}$.	12 au poids des Médecins.
3. Malte (île de)........	Once...............	6.	$64\frac{3}{4}$..	12 à la livrs.
4. Gênes.............	Once, petit-poids.....	6.	$65\frac{1}{2}$...	12 au *Peso sottile*.
5. *Ibid.*.............	Id. gros-poids........	6.	$66\frac{5}{12}$..	12 au *Peso grosso*.
6. Lyon..............	Once...............	6.	68....	16 à la livre.
7. Stockholm..........	Deux Loths..........	6.	68....	16 Loths au Marc.
8. Constantinople.......	Once...............	6.	$68\frac{1}{3}$..	12 au Cheky.
9. Milan..............	Once suivant Capelle..	6.	$69\frac{1}{3}$.	12 à la livre.
10. Naples.............	Once...............	6.	$71\frac{1}{4}$..	Idem.
11. ROME ANCIENNE....	Idem...............	7.	......	Idem.
12. Milan..............	Once, petit-poids....	7.	$7\frac{5}{7}$..	12 à la *Libra piccola* et 28 à la *Libra grossa*.
13. Lucques...........	Once, idem.........	7.	$25\frac{45}{48}$.	12 à la *Libra piccola*.
14. Rome Moderne.......	Once...............	7.	$28\frac{1}{6}$..	12 à la livre.
15. Florence et Livourne..	Idem...............	7.	$28\frac{2}{3}$..	Idem.
16. Londres...........	Idem............	7.	$29\frac{5}{8}$...	16 à la liv. *Aver-du-Pois*.
17. Lisbonne...........	Idem...............	7.	$35\frac{3}{4}$..	8 au Marc.
18. Madrid............	Idem...............	7.	37....	Id. poids de Castille.
19. Dresde et Dantzick....	Deux Loths..........	7.	$45\frac{14}{32}$.	16 Loths au Marc.
20. Hambourg..........	Idem...............	7.	$45\frac{31}{32}$.	Idem.
21. Manheim..........	Idem...............	7.	$46\frac{9}{32}$.	Idem.
22. Cologne...........	Idem...............	7.	$46\frac{12}{32}$.	Idem.
23. Munich............	Idem...............	7.	$46\frac{14}{32}$.	Idem.
24. Stuttgard..........	Idem...............	7.	$46\frac{15}{32}$.	Idem.
25. Berlin.............	Idem...............	7.	47....	Idem.
26. Milan.............	Once, poids de marc...	7.	$49\frac{1}{8}$..	8 au *Peso di marco*.
27. Copenhague.........	Deux Loths..........	7.	$50\frac{19}{24}$..	16 Loths au Marc.
28. PARIS.............	Once...............	8.	......	8 au Marc.
29. Bruxelles, Hollande et Pays-Bas.........	Idem...............	8.	$2\frac{20}{32}$.	Idem.
30. Piémont............	Idem...............	8.	$2\frac{25}{32}$..	12 à la livre.
31. Liège et Ratisbonne...	Idem...............	8.	3....	8 au Marc.
32. Berne.............	Idem...............	8.	5...	Id. au marc des Orfévres.
33. Londres............	Idem. (*a*)...........	8.	$9\frac{1}{12}$.	12 à la livre dite de *Troy*.
34. Berne.............	Idem	8.	38....	32 à la liv. poids march.
35. Vienne en Autriche....	Deux Loths.........	9.	11....	16 au marc poids du commerce.
Ibid...............	Idem...............	9.	$12\frac{1}{4}$..	Id. au marc de la monnoie.
36. Ratisbonne..........	Once...............	9.	$20\frac{5}{8}$..	16 à la livre.

(*a*) C'est l'Once de notre Marc de Troyes affoiblie de $26\frac{11}{12}$ grains.

TABLE XVI (a).

CHRONOLOGIE ASTRONOMIQUE ET CIVILE,
Depuis l'Époque la plus reculée dont l'Histoire fasse mention jusqu'à l'Ère vulgaire.

Années avant J. C.		CITATIONS.
5555.	Création du Monde, suivant l'historien Josèphe.	Riccioli, Bailly, Astron. Ind. p. cxxxvij.
5544.	Commencement de la Chronologie Egyptienne....	Bailly, ibid. ,
5508.	Création du Monde, suivant les Septante et l'Eglise Grecque.................................	Lenglet, Tabl. Chron.
5507.	Commencement de la Chronologie Persienne, suivant Chrysococca.....................	Bailly, Astron. Ind. p. cxviij.
5506.	Id. suivant Riccioli.........................	
5502.	Commencement de la Chronologie Indienne, suivant M. Bailly.............................	Ibid. cxvij.
5500.	Création du Monde, suivant la Chronographie de Georges le Syncelle, Patriarche de Constantinople.	

(a) Dans l'espèce de cahos qui résulte du conflit des opinions des différens Auteurs sur les Époques antérieures à l'établissement des Olympiades, l'objet de cette Table est moins de présenter un nouveau système de Chronologie, que de mettre en état de se servir de ceux qui existent. C'est dans cette vue que l'on trouve ici rapprochés dans un certain ordre les sentimens des principaux historiens de l'Antiquité. Si pour sortir de ce dédale, j'ai cru devoir m'attacher principalement au fil Astronomique offert par M. Bailly, c'est à cause des Synchronismes heureux qui dérivent des calculs de ce savant Académicien, et au moyen desquels des Époques, rejettées avec raison comme fabuleuses et manifestement exagérées, n'ont plus rien qui déroge à l'autorité infiniment respectable de nos Livres Saints.

Années
avant J. C.   CITATIONS.

4716. Époque de l'Hercule Oriental (*a*) et de la première division du Zodiaque ; l'Equinoxe du Printems répondoit au premier degré des Gémeaux..... } Bailly, Hist. de l'Astron. Anc. Tome I, p. 80.

4714. Première année de la Période Julienne, calculée par Joseph Scaliger, et qui finira l'an 3266 de notre Ere.

4700. Création du Monde, suivant le texte Samaritain... | Lenglet, p. 387.

4600. L'Equinoxe du Printems répondoit au dernier degré du Taureau......................... | Bailly, ib. p. 74.

4004. Création du Monde, suivant le texte Hébreu..... | Bossuet, Hist. U.

3890. Epoque d'Uranus ou d'Atlas.................... | H. de l'A. p. 305.

Même époque, suivant Manéthon......... 3902.

———————— selon Dicéarque.......... 3845.

———————— Hérodote.......... 3897.

———————— Diodore de Sicile.... 3910.

———————— Pomponius Mela..... 3905.

———————— l'ancienne Chronique. 3883.

———————— Diogène Laërce...... 3893.

} (La différence entre la plus forte et la plus foible de ces époques, n'est que de 65 ans).

3851. Époque la plus reculée de la Chronologie Chinoise. | Ib. p. 106. 119. 341. 347.

3700. Commencement de l'Empire des Scythes, suivant Trogue Pompée. C'est la date de leur invasion dans l'Asie, ou de la conquête de Bacchus. (Cet Empire après avoir duré 1500 ans, fut détruit par Ninus fondateur de l'Empire d'Assyrie).... | Ib. p. 305.

3617. Époque du Déluge universel, suivant les Septante ; 2348 avant J. C. (*b*), selon le texte Hébreu, et 3044 avant J. C. suivant le texte Samaritain..... | Lenglet, p. 387.

(*a*) Cet Hercule Oriental est le même que *Chon*, ou l'Hercule Egyptien d'Hérodote et de Diodore de Sicile. On en comptoit quatre autres, tous antérieurs à l'Hercule grec dit *Alcide :* savoir, le Crétois, qui étoit un des Dactyles du mont Ida ; le Tyrien ou Phénicien dit aussi *Thasius ;* l'Indien surnommé *Bélus ;* et enfin le Gaulois qui s'appeloit *Ogmius.* Au reste cette Epoque de l'Hercule Oriental a été déterminée en prenant les 10,000 ans dont Diodore de Sicile le fait antérieur à l'Hercule grec, pour des années de Saisons ou de 4 mois; ce qui donne 3333 ans, lesquels étant ajoutés à l'année 1383, date de la naissance de l'Hercule grec, donnent pour l'époque de l'Hercule Oriental l'an 4716 avant notre ère. On sait que dans les tems les plus reculés l'année n'étoit divisée qu'en trois Saisons, le Printems, l'Été et l'Hiver. Ces Saisons s'appelloient *Heures*, et voilà pourquoi Homère nomme les Heures les *Portières du Ciel.*

(*b*) Le savant M. Fréret dit : que de la naissance de Phaleg au Déluge les Massorèthes (d'après le texte desquels a été faite la Version de la Vulgate) comptent 199 ans, ce qui fixe le Déluge à l'an 2725 avant J. C. Les Samaritains marquent 499 ans, ce qui fait remonter le Déluge à l'an 3270 avant J. C.; enfin tous les exemplaires des Septante donnent à ce même intervalle 629 ans, ce qui établit pour l'époque du Déluge l'an 3520 avant J. C. *Mém. de l'Acad. Royale des Inscript. et Belles-lettres, Tome III.*

Ce Déluge Universel arriva l'an du Monde
2400, suivant les Indiens.
2340, suivant les Egyptiens.
2306, suivant les Chinois.

Selon les Septante {
2262, dans Saint-Epiphane et Jule Africain.
2256, dans Josèphe.
2242, dans Eusèbe.

2226, suivant Albumasar.
2165, suivant les Chaldéens.
2000, suivant la Chronologie Persienne.
1656, suivant la Vulgate.
1307, suiv. le texte Samaritain.

(La différence entre la première et la dernière de ces époques est de 1093 ans ; mais entre la première et la quatrième elle n'est que de 138 ans).

3553. Époque moins reculée de la Chronologie Indienne.

(Voyez plus haut à l'an 5502).

Hist. de l'Astr. anc. p. 106, 107. et 329.

M. d'Hancarville (*Recherch. sur l'origine et les progrès des Arts de la Grèce*) adopte cette époque pour celle de la Déification du Bacchus Indien, qu'il prétend être le même que les Indiens ont appelé *Brouma* ou *Brama* (a) : et ajoutant à cette époque, d'après Diodore de Sicile, 52 ans pour la durée du règne de Bacchus, il fixe le commencement du règne de celui-ci à l'an 3605 avant J. C. et l'invasion des Scythes à l'an 3610.

3545. Ménès règne en Egypte, suivant Hérodote........

Bailly, ib. p. 106 304.

(Voyez à l'an 2969 une époque moins reculée de ce règne d'après le P. Pezron).

3513. Le Solstice d'hiver répondoit au 15.e degré du Verseau, et l'Equinoxe du printems au 15.e degré du Taureau. . . . .

Ib. p. 347, 521.

3507. Commencement de l'Empire des Perses, suivant M. Anquetil. . . . .

Ib. p. 106, 129, 353.

(a) Les Romains appeloient *Bruma* le Solstice d'hiver, et les *Brumales* étoient chez eux des fêtes instituées, dit-on, par Romulus, en l'honneur de Bacchus.

X x

3362. Époque du second Hermès, l'Hermès Chaldéen, né à Calovaz ; c'est le second Thaut ou Mercure des Egyptiens. Il passe pour l'inventeur des Lettres ou Caractères alphabétiques. Vers le même tems construction des Pyramides de la Haute-Egypte.   *Hist. de l'Astr. anc. p. 131, 159, 356 et 177.*

3357. Epoque moins reculée du commencement de la Chronologie Chinoise (*a*), rapportée plus haut à l'an 3851 avant J. C....................   *Ib. p. 106, 119, 338 et 341.*

3244. Fondation de Babylone, suivant le P. Pezron......   *Ib. p. 357.*

3209. Période de l'intercalation des Perses sous Diemschid. C'est l'époque du Neuruz....................   *Ib. p. 13, 130, 354 et 484.*

3102. Date du commencement de l'Année Solaire chez les Indiens. C'est leur âge *Calioougan*. C'est aussi l'époque de Butta fondateur de leur philosophie. Vers ce tems régnoit Osiris qui, selon quelques-uns, est le même que Bacchus Législateur de l'Inde..............................   *Ib. p. 14, 108 329, 332, 334, 481, 502.*

3000. Date de la renaissance de l'Astronomie chez la plupart des peuples de l'Asie. (Job vivoit à cette époque ; d'autres le font contemporain de Moïse)..............................   *Ib. p. 16, 328, 264, 479.*

2969. Ménès règne en Egypte, suivant le P. Pezron.....   *Ib. p. 294.*

     (Ce Ménès est, dit-on, le même que Mesraïm, fils de Cham. Isis fut épouse de Ménès, Voyez une époque plus reculée de ce règne à l'an 3545).

2953. Règne de Fo-Hi, premier Empereur de la Chine..   *Ib. p. 15, 119, 338, 339, 341.*

2924. Époque du commencement des Tartares.........   *Ib. p. 16, 341.*

(*a*) Hoang-Fou-Mi, Lettré Chinois, qui vivoit dans le troisième siècle de notré Ère, donnoit, dans l'Ouvrage où il examine l'ancienne Chronologie Chinoise, environ 180 ans de moins à l'époque d'Yao que ne fait la Chronologie des Annales. Il comptoit 357 ans de Hoang-Ti à Yao, et 760 ans entre le commencement de Fo-Hi et celui d'Hoang-Ti ; ce qui fait 1117 ans d'intervalle entre le règne de Fo-Hi et celui d'Yao. Si l'on retranche donc 180 ans de 2357, époque la plus reculée du règne d'Yao, il reste 2177 avant notre ère pour l'époque de ce règne, suivant Hoang-Fou-Mi ; à laquelle ajoutant 357 ans, on a pour l'époque d'Hoang-Ti l'an 2534 avant J. C., et si l'on ajoute à cette dernière les 760 ans d'intervalle que cet Auteur donne entre Hoang-Ti et Fo-Hi, le règne de celui-ci se trouvera remonter à l'an 3294, qui ne diffère que de 63 ans de l'époque la moins reculée du commencement de la Chronologie Chinoise.

CITATIONS.

2887. Époque du commencement de l'Année Solaire de 365 jours à Thèbes dans la Haute-Egypte...... Hist. de l'Astr. anc. p. 161, 400.

2850. L'étoile α du Dragon étoit au Pôle............. Ib. p. 120.

2787. Fondation de Ninive, suivant le P. Pezron....... Ib. p. 357.

2782. Commence en Egypte, suivant Manéthon, la Période Caniculaire qu'on appelle aussi *Période Sothique.* Ib. p. 164, 273, 400.

2753. Commencent les Antiquités de Tyr ou de Phénicie, suivant Hérodote, lib. II, § 44................ Id. Astron. Ind. p. cxxij.

2700. Le Culte d'Hercule ou du Soleil établi chez les Phrygiens.................................. Id. His. de l'Ast. anc. p. 153.

2697. Découverte à la Chine de l'Étoile Polaire, sous le règne d'Hoang-Ti. L'invention de la Sphère chez les Chinois remonte à cette époque......... Ib. p. 15, 120, 343, 474.

2640. Assur s'établit en Assyrie, lui donne son nom et bâtit Ninive, suivant l'abbé Lenglet, qui donne la même époque à Nembroth, premier Roi de Babylone, auquel succéda Evechous l'an 2605 avant J. C., suivant le même Auteur....... Tablett. Chron. p. 389.

2600. Vers ce tems vivoit Atlas, selon Suidas......... Hist. de l'Astr. anc. p. 6, 293.

(Voyez une époque plus reculée à l'an 3890).

2518. L'Equinoxe du Printems répondoit au dernier degré du Bélier ou au premier du Taureau........

2473. Evechous règne à Babylone. Epoque de l'Année Solaire chez les Chaldéens................. Ib. p. 12, 132, 133, 357, 376,

2459. Premier Zoroastre inventeur de l'Astronomie chez les Perses .... Ib. p. 132, 133, 359, 376, 490.

2449. Conjonction de cinq planètes, observée à la Chine sous le règne de Chueni, dont l'époque remonte jusqu'à l'an 2513 avant J. C................. Ib. p. 15, 341, 346.

2400. Vers ce tems l'Equinoxe du printems commençoit avec le premier degré du Taureau : de là ce vers *Candidus auratis aperit cum cornibus annum Taurus.* Virg. Georg..................... Ib. p 74, 120, 490.

2357. Vers ce tems parut le *Chou-king,* livre composé sous l'Empereur Yao. La Sphère Chinoise perfectionnée sous ce règne..................... Ib. p. 124, 341, 344.

2346. Bélus règne à Babylone, selon M. Bailly......... Ib. p. 132, 376. M. DesVignoles remarque, qu'en conséquence de la Tour que ce Prince y avoit bâtie pour

observer les Astres, les Babyloniens se vantoient,
selon Epigènes (Pline VII, 56) d'avoir fait des
observations pendant 720,000 ans, lesquels,
pris pour des jours ou des révolutions de 24
heures, forment en effet les 2000 ans, qui depuis Alexandre remontent au tems de Bélus.

2332. Quelques-uns placent ici l'époque du règne d'Yao
à la Chine. Vers ce tems arrive en Chine le
Déluge particulier qui porte le nom d'*Yao*. Il
fut produit par la descente des eaux ramassées
dans les montagnes de la Tartarie Orientale,
où elles formoient une mer comme celle de
l'Euxin..... ....   Hist. de l'Astr. anc. p. 348.
d'Hancarville.

2300. Les anciens Suédois avoient connoissance de la
longueur de l'année Solaire.................   Bailly, p. 324.

2250. Vers ce tems se fit la découverte du mouvement
des Fixes.................................   Ib. p. 109, 482.

2234. Commencement des observations Chaldéennes à
Babylone, selon Callisthène, d'où cette époque
a pris le nom d'*Ère Callisthénienne*. (Les Arabes
ont regné à Babylone depuis l'an 2283 avant
J. C. jusqu'à l'an 2068)...................   Ib. p. 12, 133, 145, 264, 368, 376, et Tom. II, p. 214.

2205. Quelques-uns ne font remonter qu'à cette époque
la composition du *Chou-king* ou Chronique
Chinoise. (Voyez plus haut l'an 2357). Ils s'ap-
puient sur ce que la Constellation que les
Chinois nomment *Hiu*, laquelle est composée
de deux étoiles, l'*Aquarius* et le petit cheval, étoit
l'an 2200 avant l'Ère Chrétienne, coupée en
deux, à-peu-près également, par le colure des
Solstices, ainsi que nous l'apprend le *Chou-king*,
et que le Soleil en étoit éloigné d'environ 90
degrés au tems des Equinoxes, l'année 70 de Yao,
au jour *Sinetchéou*, qui étoit le 18 janvier de
l'an 2136 avant J. C...................   Mém. de l'Acad. des Inscr. Tom. XVIII, p. 270.

2200. Sémiramis et vers le même tems Sanchoniaton le
plus ancien des Historiens. Son histoire en IX
livres étoit en Phénicien, et fut traduite en Grec
par Philon de Biblos, qui vivoit sous l'Empire

d'Hadrien. Eusèbe et Porphyre nous en ont con-⎫
   servé quelques fragmens, rejetés comme sup-⎪ Astr.anc.Vol.I,
   posés, par Dodwel et Dupin, mais dont Fourmont⎬ p. 291.
   et M. Goguet ont démontré l'authenticité......⎭

     N. B. Le P. Pezron place le règne de Sémiramis⎫ Ib. p. 176.
       vers 2239, et l'ab. Lenglet 2122 ans avant J. C.....⎭

2169⎫
ou ⎬ Éclipse du Soleil observée à la Chine, vers l'équi-⎫ Ib. p. 14, 124,
2155.⎭ noxe d'automne, sous le règne de Tchoûg-kang.⎭ 126, 350.

2164. Ninus prend Babylone, suivant l'ab. Lenglet...... ⎱ Tablett. Chron.
                                     ⎰ p. 389.

2110. Commencement de l'Empire d'Assyrie ou du règne
       de Ninus, suivant le P. Pétau; l'abbé Lenglet le
       rapporte à l'an 2174. Ninus fut contemporain
       de Tharé père d'Abraham................... Ibid.
2101. Naissance d'Abraham. *Texte Samarit.* La Chronique
       d'Eusèbe la place 2036 ans avant notre ère......
2003. Comète vue dans le Capricorne : elle parcourut⎱ Collect. Acad.
       trois signes en 65 jours.....................⎰ VI, p. 488.
2000. Premier Catalogue des Fixes chez les Chinois,⎱ Bailly, p. 126,
       sous la Dynastie des Hia...................⎰ 494.
       Naissance d'Isaac. *Texte Samarit.*................ Lenglet.
1986. Inachus premier Roi de l'Argolide, où il s'établit
       avec la Colonie Egyptienne, dont il étoit le⎱ Larcher,Canon.
       conducteur ....⎰ Chronol.
1978. Vers ce tems naissance de Phoronée, fils d'Inachus⎫
       et fondateur de la ville Phoronique, qui prit⎬ Larcher, Chron.
       depuis le nom d'Argos un des fils de Niobé..⎭
1945. Vers ce tems, naissance de Niobé fille de Phoronée. Ibid.
1940. Naissance d'Esaü et de Jacob. *Texte Samarit.*..... Lenglet.
1928. Vers ce tems, naissance d'Argus fils de Niobé..... Larcher,Chron.
1927. Naissance de Pelasgus, autre fils de Niobé, qui
       régna en Arcadie et donna son nom aux Pé-
       lasgues ou Pélasges........................ Ibid.
1904. Naissance de Jupiter fils de Chronos ou Saturne,
       dont la Fable a fait un Dieu. Il étoit, dit-on,
       âgé de 62 ans, lorsqu'il commença à régner

Années
avant J. C.

en Thessalie, sur le Mont Olympe, 1842 ans avant J. C. (a).................................... Lenglet, p. 247.

1895. Naissance de Lycaon fils de Pelasgus et de Déjanire. Larcher.

1885. A cette époque tremblement de terre qui sépare l'Ossa de l'Olympe ; les eaux s'écoulent dans la mer, et la Thessalie devient habitable....... Ibid.

1882. Institution des Pélories ou Saturnales chez les Thessaliens ; elles furent ainsi nommées de Pélorus, le premier qui apporta à Pelasgus la nouvelle de l'écoulement des eaux.......... Ibid.

1846. Époque du troisième Hermès ou Mercure Trismégiste qui, s'il en faut croire Iamblique, écrivit 36525 livres. Si ce fait étoit vrai cet Auteur seroit le plus fécond qui eût jamais existé ; mais Clément d'Alexandrie réduit cette immense quantité de livres à 42 volumes, dont il donne les titres et que Ptolémée Philadelphe fit traduire en grec par Manéthon. L'original et les copies en sont également perdus, de sorte qu'il ne nous en reste que des notions générales.......... Bailly, p. 131, 145, 367.

1837. C'est l'époque à laquelle *Peucetius* et *Oenothrus* conduisent chacun une Colonie en Italie, dix-sept générations avant la prise de Troie, selon Denys d'Halicarnasse...................... Larcher.

1796. Ogygès, connu par le Déluge de ce nom (b), règne dans l'Attique et dans la Béotie 1020 ans avant la première Olympiade, ce qui se rapporte au sentiment d'Orose, qui met ce Déluge 1040 ans avant la fondation de Rome................. Ibid.

(a) Ce Jupiter, sans doute le même que celui qu'on faisoit naître en Arcadie, n'étoit pas le plus ancien de ceux qui avoient porté ce nom. Le premier de tous est le *Jupiter Ammon* des Libyens ; ensuite le *Jupiter Sérapis* des Egyptiens ; le *Jupiter Bélus* des Assyriens ; le *Jupiter Célus* des anciens Perses ; le *Jupiter de Thèbes* en Egypte ; le *Jupiter Pappée* des Scythes ; le *Jupiter Assabinus* des Éthiopiens ; le *Jupiter Taranus* des Gaulois ; enfin le *Jupiter Apis* Roi d'Argos, petit fils d'Inachus ; le *Jupiter Asterius*, Roi de Crète, auquel on attribue l'enlèvement d'Europe et qui fut père de Minos ; le *Jupiter Phrygien*, père de Dardanus ; le *Jupiter Proetus*, oncle de Danaé ; le *Jupiter Tantale*, qui enleva Ganymède ; le Jupiter père d'Hercule et des Dioscures, qui vivoit un siècle environ avant la guerre de Troie et beaucoup d'autres, sans compter les Prêtres de ce Dieu qui seduisoient les femmes, et qui mettoient leur crime sur le compte de Jupiter.

(b) Xénophon compte cinq Déluges ; le premier arriva sous un ancien Ogygès dont l'époque

Années avant J. C.		CITATIONS.

1759. Inondation dans l'Attique, la 37e. année du règne d'Ogygès, suivant la Chronique d'Eusèbe...... **Larcher.**

1740. Joseph meurt en Egypte. *Texte Samarit.*......... **Lenglet.**

1732. Comète vue en Arabie sous la forme d'une roue, près du Sagittaire........................ **Coll. Acad. VI, p. 488.**

1655. Vers ce tems, selon M. Des-Vignoles, remontent depuis Alexandre, les observations de 480,000 ans, selon Bérose et Critodème (dans Pline); de 470,000 ans selon Cicéron, ou de 473,040 ans selon Diodore. On s'en moquoit parce qu'on ne pensoit pas que ces années babyloniennes dussent se prendre pour des jours.

1636. Moyse âgé de 40 ans. *Texte Samarit.*............ **Lenglet.**

1626. Réforme dans les méthodes astronomiques des Chaldéens, suivant Bérose l'historien......... **Bailly, p. 145.**

1600. Première observation des Éclipses à Babylone.... **Ibid. p. 146.**

1596. Les Israélites sortent de l'Egypte poursuivis par Pharaon (Aménophis III, fils de Rhampsès).... **Lenglet, p. 392, et 253.**

1590. Naissance de Cadmus, fils d'Agénor............. **Larcher.**

1582. Commencement de l'Ère de Cécrops, premier Roi d'Athènes, il étoit de Saïs en Egypte........ **Lenglet, d'après les marbres de Paros.**

Eusèbe fait arriver Cécrops en Grèce 189 ans après le Déluge d'Ogygès, ce qui répondroit à l'an 1570.

1579. Manès ou Maion règne sur la Lydie et la Phrygie; il y établit le Culte de Cybèle et d'Atys sur le modèle des fêtes d'Isis, suivant M. Fréret.

1572. Arrivée de Danaüs en Grèce, suivant Hérodote, qui le dit originaire de Chemmis en Egypte.. **Larcher.**

---

n'est point déterminée (à moins que ce ne soit celui dont Censorin place l'époque vers l'an 1200 avant la guerre de Troie). Il dura trois mois. Le second du tems d'Hercule et de Prométhée, ne dura qu'un mois. Le troisieme, qui ravagea l'Attique, est celui qu'on désigne ordinairement par le nom d'Ogygès et dont l'époque est connue. Le quatrième est celui qui, sous Deucalion, inonda la Thessalie pendant l'espace de trois mois. Le cinquième enfin arriva au tems de Protée et pendant la guerre de Troie; c'est celui qu'on appelle Pharonien et qui inonda une partie de l'Egypte. Diodore de Sicile parle aussi d'un sixième Déluge arrivé dans la Samothrace. Celui-ci, plus ancien que tous les précédens, est aussi connu sous le nom de Déluge de Dardanus; il fut produit par l'irruption des eaux de l'Euxin dans le bassin de la Méditerranée, où elles s'ouvrirent un passage par le Bosphore de Thrace et le détroit des Dardanelles.

Années
avant J. C.

1570. Époque du règne de Sésostris et de l'érection des Obélisques en Egypte, suivant Fréret. On rapporte encore à Sésostris l'invention de la Géographie. M. Larcher le fait postérieur à cette époque de plus de 200 ans. (Voyez ci-après 1356).

Bailly, p. 176, 198, 402, 443.

1568. Les Filles de Danaüs introduisent dans le Péloponnèse les Thesmophories, fêtes en l'honeur de Cérès.................................

Larcher.

1560. Le Gnomon connu à la Chine, suivant le P. Martini, ou au moins vers 1550.............

B. p. 351, 352.

1552. Enlèvement d'Europe par des Crétois...........

Larcher.

1544. Naissance de Bacchus fils de Sémelé ou du Bacchus grec, qu'il ne faut pas confondre avec le Bacchus indien......................................

Ibid.

1541. Deucalion fils de Prométhée règne en Thessalie, selon la Chronique d'Eusèbe................

Ibid.

1529. Déluge de Deucalion. Cette inondation de la Thessalie en fait périr tous les habitans......

Ibid.

1521. Les fêtes Panathénées établies à Athènes sous le règne d'Amphictyon.

1519. Cadmus fils d'Agénor arrive en Grèce avec des Arabes, venant de Thèbes en Egypte, et se fixe dans l'île d'Eubée. M. Larcher rapporte à l'an 1549 l'arrivée de Cadmus en Béotie, et à l'an 1550 l'établissement que des Phéniciens de la suite de Cadmus firent dans l'île de Thasus. Quoi qu'il en soit, ce fut ce Cadmus qui bâtit Thèbes en Béotie, et qui apporta l'Écriture en Grèce ou du moins l'y fixa......

Lenglet et Larcher.

1506. Première monnoie frappée à Athènes par Erichthonius ; son règne finit vers 1463 avant J. C. Vers ce tems vivoit Amyclas, fils de Lacédémon, et fondateur de la ville d'Amycles, où se voyoit un Temple d'Apollon, desservi par des Prêtresses, dont il existe une suite Chronologique, très-précieuse pour l'histoire. Ce monument, découvert en Laconie par M. l'abbé Fourmont, nous offre la forme la plus ancienne des Caractères grècs ; les lignes y sont alternativement

d'Hancarville, d'après Pline.

disposées de droite à gauche et de gauche à
droite. Les Grecs appeloient cette façon
d'écrire *Boustrophédon*, parce qu'elle imite la
direction des sillons que tracent les bœufs en
labourant la terre......................... d'Hancarville.

1500. Première éruption connue de l'Etna........... } Coll. Acad. VI,
p. 489.

Vers ce tems vivoit Bérose le Chaldéen, père de
la Sibylle Babylonienne, la même que la Sibylle } Bailly, Astron.
de Cumes. Ce fut lui qui porta dans la Grèce } Anc p. 136, 138,
l'usage du Gnomon et du Cadran Solaire..... } 201, 387, 445.

1450. Vers ce tems Orphée, Eumolpe, et selon d'autres,
Erecthée instituèrent dans l'Attique les mystères
d'Eleusis. A la même époque Persée régnoit
à Argos.................................. Ib. p. 172.

1447. L'Équinoxe du Printems répondoit au 15ᵉ. degré
du Bélier.

1432. Minos I règne en Crète et y bâtit la ville de Cydonie. Lenglet.

1424. Mœris le dernier des 330 Rois d'Egypte, depuis
et compris Ménès jusqu'à Sésostris........... Larcher.

1423. Fondation de la ville de Troie, suivant Clément
d'Alexandrie. Pélops arrive en Grèce........ Ibid.

1383. Naissance d'Alcée fils d'Alcmène, ou de l'Hercule
grec (a), à peu-près contemporain de Chiron,
dont la Fable a fait un Centaure (b)......... Bailly, p. 425.

1380. Les Sicules, originaires des confins de la Dalmatie,
s'établissent en Sicile, à laquelle ils donnent
leur nom. *Hellanicus* de Lesbos, Historien plus

(a) La taille gigantesque et la force prodigieuse que l'histoire prête à Hercule, ne sont rien
en comparaison du systéme singulier qu'avoit imaginé M. Henrion de l'Académie Royale des
Belles-Lettres. Il porta un jour à l'Académie une espèce de Table ou d'Echelle Chronologique
sur la différence de la taille des hommes depuis la Création du Monde jusqu'à la Naissance
de Jésus-Christ. Dans cette Table il assignoit à Adam 123 pieds 9 pouces de haut, et à Eve
118 pieds 9 pouces ¾; d'où il établit une règle de proportion entre les tailles des hommes et
celles des femmes à raison de 25 à 24. Cette taille excessive diminua bientôt. Noé avoit déja
20 pieds de moins qu'Adam; Abraham n'en avoit plus que 28; Moyse 13; Hercule 10; et
ainsi des autres toujours en diminuant; de sorte, comme le dit très-bien M. Sabbathier, que
si la Providence n'avoit suspendu cette prodigieuse diminution, à peine oserions-nous aujourd'hui nous compter entre les insectes qui rampent sur la terre.

(b) Les Centaures étoient des peuples de Thessalie qui, les premiers des Grecs, eurent
l'adresse de monter un Cheval et de le dompter.

ancien que Thucydide, et même qu'Hérodote,
fixe cet événement à la 26ᵉ. année du Sacerdoce
d'*Alcinoé*, Prêtresse d'Argos, ce qui répond à la
80ᵉ. année avant la prise de Troie, marquée
par *Philiste*, auteur Sicilien.

1363. Vers ce tems Janus passe de Grèce en Italie et
fait, dit-on, frapper des empreintes sur les
monnoies de cuivre. *Varron*.................. d'Hancarville.

1356. Sésostris Roi d'Egypte succède à Mœris......... Larcher, Chro.

1353. Vers ce tems fut faite la description de la Sphère
qu'Eudoxe nous a laissée. Eudoxe étoit de
Cnide et postérieur de près d'un siècle à
Méton : l'un et l'autre avoient puisé chez les
Egyptiens les connoissances Astronomiques
dont ils enrichirent la Grèce.............. } Hist. de l'Astro. Anc. p. 145, 490, 510.

1350. Expédition des Argonautes ; enlévement de Médée.
Sisyphe, fils d'Éole et premier Roi de Corinthe
y établit les Jeux Isthmiques............... Larcher.

1342. Fondation, par Hercule, de la ville d'Herculanum,
ensevelie sous une affreuse éruption du Vésuve
la première année de l'Empire de Tite, et
retrouvée de nos jours.

1322. Second Cycle de la Période Caniculaire des
Egyptiens ; le premier étant fixé par Manéthon
à l'an 2782, comme on l'a vu plus haut...... Bailly, p. 402.

1320. Première fondation de Carthage par les Tyriens,
50 ans avant la prise de Troie.

1300. Vers ce tems, prise de la ville de Troie. M. Fréret,
d'après la Chronologie d'Hérodote et celle de
Thucydide, rapporte cet événement à l'an 1285
avant J. C................ } Bailly, p. 293, 511.

M. Larcher, d'après les mêmes Chronologies et
l'ancien Auteur de la vie d'Homère, le rapporte
à l'an 1270. Les preuves dont il appuie son opinion
sont telles qu'il ne paroît plus possible d'admettre
aucune des dates postérieures, que donnent
divers Auteurs anciens à ce grand événement de
l'Histoire grecque. Quoi qu'il en soit il n'y a pas
moins d'un siècle de différence entre la plus

ancienne et la moins reculée de ces époques,
comme on le voit par le Tableau suivant :
La prise de Troie, selon Dicæarque est de l'an 1212.
______ selon les Marbres de Paros............ 1209.
________________ les mêmes rectifiés............. 1208.
________________ Timée restitué par M. Boivin.... 1193.
________________ Velleius Paterculus............. 1191.
________________ Arétès de Dyrrachium.......... 1190.
________________ Solin........................ 1185.
________________ Apollodore et Denys d'Halicarnasse. 1184.
________________ Eratosthènes................... 1183.
________________ Id. suivant Denys d'Halicarnasse.. 1184.
________________ la Chronique d'Eusèbe.......... 1182.
________________ Sosibius cité par Censorin...... 1171.
________________ Enfin selon Georges le Syncelle.. 1170.
________________ et suivant le même, rectifié...... 1180. Larcher.

1297. Picus, fils de Saturne, suivant les Latins, premier
       Roi du Latium ou des Aborigènes...........

1280. Seconde éruption de l'Etna.................... Coll.Ac.VI.489.

1260. Thésée commence à régner à Athènes suivant les
       Marbres de Paros : mais cette époque doit
       être reculée de 60 ans, selon la Chronologie
       d'Hérodote.................................. Lenglet, d'après
                                                        la Chr. de Paros.

1251. Institution des Jeux Néméens par les Argiens....

1210. Jephthé gouverne les Israélites. *Texte Samarit*..... Ibid.

1153. Codrus, fils de Mélanthus, dix-septième et dernier
       Roi d'Athènes........................... Larcher.

1152. Comète vue de toute la Grèce, dans le Bélier,
       pendant 43 nuits : M. Fréret la rapporte à l'an
       1193 avant J. C., c'est-à-dire 41 ans plus tôt.. Col.Ac.VI.489.

1132. Dévouement de Codrus ; Médon, son fils, premier
       Archonte perpétuel......................... Larcher.

1102. Naissance d'Homère et fondation de la ville de
       Smyrne, suivant l'ancien Auteur de la vie
       d'Homère.................................. Ibid.

1095. D'autres placent ici la mort de Codrus, et le
       commencement des Archontes à Athènes..... Lenglet.

1089. Naissance de David. *Texte Samarit*............. Ibid.

1079. Les Textes Hébreu et Samaritain se réunissent à

cette époque, qui est la première année du règne de Saül..........................	Lenglet.
1015. Salomon commence à bâtir le Temple à Jérusalem. Sésonchis ou Sésac règne en Egypte.........	Ibid.
1003. D'autres placent ici la naissance d'Homère. Elle ne date même que de 968 ans avant J. C., selon *Velleius Paterculus*....................	Ibid.
992. Époque de l'établissement des Etrusques en Etrurie, d'où ils chassent les Ombres. Cette époque, déterminée par M. Fréret, est postérieure de 144 ans à la fondation d'Amérie par les Ombres, mais antérieure de 238 ans à la fondation de Rome. C'est à peu-près l'époque du passage des Sicules en Sicile, selon Thucydide, qui fait ce passage moins ancien que les Auteurs cités plus haut à l'an 1380......	Fréret.
920. Vers ce tems vivoit le Poète Hésiode, suivant Fréret.	
916. Naissance de Lycurgue, législateur de Sparte....	Lenglet.
907. Vers ce tems, construction des Pyramides de Memphis ou de la Basse-Egypte. Celles de la Haute-Egypte remontent à l'an 3362 avant J.C.	Bailly, p. 419.
895. Phidon d'Argos, contemporain de Lycurgue, fait frapper dans l'île d'Égine (*a*) les premières	

(*a*) Les Médailles en argent, où se trouve la *feuille de Platane* (dont la forme indiquant celle de tout le Péloponnèse, en devint l'emblème), n'ayant ni légende ni même aucune lettre pour en tenir lieu, portant d'ailleurs au revers le *Carré à plusieurs divisions très-irrégulières*, sont par là reconnoissables pour être des premiers tems où l'on en fabriqua. Suivant la remarque très-judicieuse de M. d'Hancarville, Phidon d'Argos étoit le plus puissant de tous les Princes de la Grèce, ayant, comme le dit Strabon, « réuni tout l'héritage de Téménus, auparavant « divisé en plusieurs parties, il prétendit à la possession de toutes les villes qu'Hercule avoit « prises autrefois » ; c'est-à-dire de tout le Péloponnèse, dont il possédoit une très-grande partie. Il fut le seul des Héraclides qui conçut de pareilles prétentions, ainsi lui seul put faire représenter sur ses monnoies le Symbole du Péloponnèse entier. Ce symbole est la *feuille de Platane* ; il ne se trouve sur aucune des Médailles des tems postérieurs, ni sur aucune de celles qui sont frappées avec un revers ou avec une légende. Cela nous assure que ces Monnoies, d'ailleurs très-rares, furent faites au tems de Phidon d'Argos ; elles sont les témoins de la domination qu'il affecta sur tout le Péloponnèse. Le Cabinet du Roi possède deux espèces différentes de ces anciennes Monnoies ; les unes paroissent avoir été faites dans l'île d'Égine, les autres peuvent avoir été frappées dans Argos, où Phidon habitoit ordinairement. Le type de la *Tortue* se maintint sur les Médailles d'*Ægium*, au lieu que celui de la *feuille de Platane* ne se maintint nulle part : de là vient que les Médailles avec cette empreinte sont de la plus grande rareté. *D'Hancarville, ibid. Vol.II, p. 398 et suiv.*

monnoies d'argent. Depuis cette époque jusques vers l'an 664 avant J. C. la plupart des
monnoies grecques offrent à leur revers un
carré creux à compartimens, qui tient à l'enfance
de l'art, et qu'on ne voit plus dans les monnoies
d'une fabrique postérieure : le manque de légende est encore un caractère distinctif de ces
Médailles.. } d'Hancarville;
vol. II, p. 176,
222, 389.

776. Établissement des Jeux Olympiques. Les faits
historiques n'ont de date précise chez les Grecs
que depuis cette époque de la première Olympiade. Ils ne comptoient avant que par générations, à raison de 3 générations par siècle.
M. Larcher rapporte l'établissement de ces jeux
à l'an 884 avant J. C., 108 ans avant l'Olym-
piade de Corœbus, qui fut censée la première. | Bailly, p. 304.

758. Fondation de Syracuse par Archias de Corinthe,
selon Pausanias, Thucydide et les Marbres de
Paros.. | Larcher.

754. Fondation de Rome, selon Varron ; mais selon les
Fastes Capitolins, elle est de l'an 753....... | Lenglet.

747. Époque de Nabonassar qui détruisit tous les
monumens historiques. C'est aussi l'époque où
les Mèdes secouèrent le joug des Assyriens,
suivant M. Larcher........................... | Bailly, p. 146.

715. Numa, second Roi de Rome, eut une connoissance
assez précise de la longueur de l'année Solaire. | Ib. p. 294, 437.
M. Larcher rapporte à cette même époque
l'avénement de Gygès au Trône de Lydie.

710. Séthos ou Séthon règne en Egypte............. | Ib. p. 304.

664. Premières Médailles ou Monnoies grecques avec
des légendes et sans carré creux............ | d'Hancarville.

660. Origine des Japonois, qui ont emprunté de la
Chine tout ce qu'ils savent d'Astronomie..... } Bailly, p. 493,
523.

656. Vers ce tems Démarate, père de Tarquin l'ancien,
chassé de Corinthe par Cypsélus, vient s'établir
en Étrurie, et y porte les Lettres ou anciens
Caractères grecs dont les Etrusques se servirent
par la suite..................................... } d'Hancarville,
II, p. 216.

A a a

639. Naissance de Thalès, un des sept sages de la Grèce, où il apporta la connoissance des Cercles de la Sphère..................... Bailly, p. 196, 429.

610. Naissance d'Anaximandre, inventeur des Cartes Géographiques........................... Ib. p. 197, 201, 444.

600. Fondation de Marseille dans les Gaules par une Colonie de Phocéens...................... Larcher.

594. Solon donne ses lois à Athènes, et après avoir fait jurer aux Athéniens qu'on n'y feroit aucun changement pendant dix ans, il part pour l'Egypte.................................... Ibid.

589. Époque du second Zoroastre, restaurateur de la religion des Mages......................... B. p. 132, 359,

588. Établissement des Jeux Pythiques à Delphes, par les Amphictyons.......................... Lenglet.

580. Vers ce tems naissance de Pythagore, inventeur de la Théorie de la Musique ; il applique les figures des cinq corps réguliers de la Géométrie aux quatre Elémens et à l'Univers : c'étoit le germe de la Cristallographie, mais ce germe a eu besoin de 2000 ans pour se développer............................... Bailly, p. 207, 214, 215.

578. Servius Tullius 6e. Roi de Rome, y fait fabriquer les premières monnoies de cuivre. *Primus signavit Æs*, dit Pline.

570. Amasis Roi d'Egypte. Ce fut sous son règne que Pythagore et Thalès vinrent en Egypte........ Lenglet.

559. Crésus monte sur le Thrône de Lydie........... Larcher.

550. Vers ce tems le règne de Cyrus. Le Poème des Argonautes fut fait à la même époque....... Bailly, p. 185, 305.

538. Vers ce tems Darius le Mède fit frapper à Babylone (mais, suivant Hérodote, ce fut Darius fils d'Hystaspes qui fit frapper en Perse) ces Monnoies d'or si connues sous le nom de *Dariques* et qui, par leur beauté et leur titre, ont été préférées pendant plusieurs siècles à toutes les autres monnoies de l'Asie.

525. Conquête de l'Egypte par Cambyses.

510. Troisième éruption de l'Etna.

500. Naissance d'Anaxagore de Clazomène, qui écrivit le premier sur l'illumination de la Lune et sur les Eclipses...................................... Bailly, p. 202, 205.

479. Quatrième éruption de l'Etna, suivant la Chronique de Paros............................. Lenglet.

460. Hérodote voyage en Egypte.................... Larcher.

450. Vers ce tems florissoit Philolaüs de Crotone, disciple de Pythagore et d'Archytas de Tarente. Il a le premier publié le mouvement de la Terre autour du Soleil.................... Bailly, p. 219,

432. Premier Cycle de Méton ou Cycle de 19 ans, dont il n'est que le restaurateur en Grèce, et qui fut nommé *Cycle* ou *Nombre d'or* : (c'est l'Ennéadécaétéride des Grecs). La première observation du Solstice d'Été fut faite en Grèce cette même année.......................... Ib. p. 225, 226, 451, 453.

400. Mort de Socrate. Vers ce tems florissoient à Athènes Polygnote, Apelle, Phidias, Polyclète et Praxitèle ; les deux premiers excellèrent dans la Peinture, les trois derniers portèrent la Sculpture à son plus haut degré de perfection.

389. Platon, âgé de 40 ans, voyage en Egypte et en Sicile.

373. Vers ce tems l'Equinoxe du printems répondoit au premier degré du Bélier ; il répond aujourd'hui au premier degré des Poissons, et le Solstice d'hiver au premier degré du Sagittaire.

357. Éclipse de Mars par la Lune, observée par Aristote. Eudoxe et Calippe étoient ses contemporains... Ibid. p. 244.

331. Commence l'Empire d'Alexandre. Ce Prince, qui ne voulut être peint que par Apelle, ne permit, par le même édit, qu'à Pyrgotèle de graver ses Médailles, et qu'à Lysippe de le représenter par la fonte des métaux. Toutes les Médailles qui nous restent de Thèbes en Béotie sont antérieures au règne d'Alexandre, qui détruisit cette ville.

330. Commence en Grèce la Période Calippique ou de 76 ans.................................. Ib. p. 249, 304,

300. Vers ce tems Papirius fait connoître à Rome le premier Cadran Solaire. Aristille et Timocharis premiers observateurs de l'école d'Alexandrie sous Ptolémée Soter. Ce fut sous ce Prince, que Démétrius de Phalère, philosophe distingué par ses talens, donna le projet de la fameuse Bibliothèque d'Alexandrie, dont il eut la Sur-intendance et qu'il porta à plus de cent mille volumes. Elle reçut de nouveaux accroissemens sous Ptolémée Philadelphe, qui fit faire la Version grecque de la Bible connue sous le nom *des Septante*. . . . . *Bailly*, p. 438, et II, p. 8. / *Lenglet.*

285. Manéthon écrit toute l'Histoire d'Egypte, qu'il dédie à Ptolémée Philadelphe.

275. Défaite de Pyrrhus par les Romains. Jusqu'à cette époque et même quelque tems après, l'As fut du poids d'une livre romaine, et la monnoie de Cuivre la seule en usage chez les Romains. . *Pline.*

269. La Monnoie d'Argent commence à Rome, cinq ans avant la première guerre Punique. . . . . *Ibid.*

265. Époque à laquelle furent faits les fameux Marbres de Paros ou d'Arondel. Vers ce tems Archimède, parent et ami d'Hieron II Roi de Syracuse, voyage en Egypte, et y invente cette fameuse Vis qui porte son nom.

264. Première guerre Punique; l'As d'une livre est réduit à deux onces romaines. . . . . *Ibid.*

260 ou 270. Bérose l'historien dédie son Histoire à Antiochus Soter. . . . . *Bailly*, p. 368.

250. Eratosthène, Bibliothécaire d'Alexandrie, est le premier qui ait entrepris de mesurer la Terre. Il trouva sa circonférence de 252,000 Stades, et par conséquent le degré de 700 Stades, qui à raison de 81 Toises 4 pieds 1 pouce $\frac{44}{70}$ le Stade, font 57,166 Toises au degré, ce qui ne s'accorde point avec ce qu'en dit M. Bailly. . . . . *Vol. II*, p. 39.

217. L'As romain réduit à une once, et la valeur du Denier portée de 10 As à 16, le Quinaire à 8, et le Sesterce à 4. . . . . *Pline.*

Années avant J. C.		CITATIONS.

207. La Monnoie d'Or commence à Rome, et le Scrupule d'or vaut 20 sesterces ou 5 deniers d'argent.... Pline.

204. Vers ce tems vivoit Apollonius de Perges, inventeur des Epicycles........................... Bailly, II, p. 45.

178. L'As est réduit à une demi-once romaine........ Pline.

150. Vers ce tems vivoit Hipparque, célébre Astronome de l'école d'Alexandrie. Il fut le premier qui jeta les fondemens d'une Astronomie méthodique en publiant un Catalogue des Étoiles fixes, dont le nombre, alors connu, montoit à 1022. Bailly.

60. Diodore de Sicile voyage en Egypte.

58. Premiers Quinaires d'argent frappés à Rome...... Pline.

45. Première Année Julienne, l'an 709 de la fondation de Rome................................. Lenglet.

42. Comète vue à Rome, pendant sept jours, peu de tems après l'assasinat de Jules - César. Cette Comète, qu'on voit représentée sur plusieurs médailles d'Auguste consacrées à la mémoire de Jules - César, est, s'il en faut croire quelques Newtoniens, la même que celle dont parle Homère dans l'Iliade ; la même qui, suivant M. Fréret, parut sous le règne d'Ogygès ; la même enfin que celle qui reparut en 1680 et à laquelle nous devons les *Pensées de Bayle sur la Comète.* Sa période étant supposée de 575 ans, elle reparoîtra sans doute en 2255 (*a*).

(*a*) Dans le courant de la présente année 1789, on nous promet celle qni brilloit, en 1660, au mariage de Louis XIV, et dont la période est, dit-on, de 129 ans. Ceux qui regardent les Comètes comme des corps Planétaires attendent son retour avec impatience ; mais qu'elle reparoisse ou non, elle ne rétablira pas, comme le pensoit Mac-Laurin (Découv. de Newt. p. 397) la Théorie du Vide et de l'Attraction Newtonienne qui, malgré l'appui que lui prétent encore quelques partisans trop zélés de ce Grand-Homme, croule aujourd'hui de toutes parts. Quant à la *Chronologie Réformée* du même Auteur, elle est déja reléguée avec son *Commentaire sur l'Apocalypse.* Newton est, sans contredit, le plus profond et le plus étonnant Géomètre qui ait paru sur la Terre, mais la Géométrie seule ne peut tenir lieu des Causes mécaniques et physiques, qu'il a presque par-tout méconnues ou supposées, pour y substituer des formules algébriques, qui ne sont au fond que des abstractions diamétralement opposées à la complication des phénomènes de la Nature.

Années
avant J. C.

8. Auguste ordonne la réformation du Calendrier Romain, et statue que l'on ne compteroit point d'année bissextile pendant 12 ans (*a*)......... | Lenglet.

1. Commencement de l'Ère Vulgaire, l'an 754 de la fondation de Rome, cinq ans après la naissance de JÉSUS-CHRIST, qui arriva l'an de Rome 749. | Ibid.

(*a*) Chaque mois de ce Calendrier étoit sous la protection d'une des douze grandes Divinités, que les Romains appeloient *Dieux Consentes*, et dont les douze Statues, enrichies d'or, étoient élevées, dit Varron, dans la grande place de Rome. Minerve présidoit au mois de Mars (le *Bélier*); Vénus au mois d'Avril (le *Taureau*); Apollon au mois de Mai (les *Gémeaux*); Mercure au mois de Juin (le *Cancer*); Jupiter au mois de Juillet (le *Lion*); Cérès au mois d'Août (la *Vierge*); Vulcain au mois de Septembre (la *Balance*); Mars au mois d'Octobre (le *Scorpion*); Diane au mois de Novembre (le *Sagittaire*); Vesta au mois de Décembre (le *Capricorne*); Junon au mois de Janvier (le *Verseau*); et Neptune au mois de Février (les *Poissons*).

F I N.

TABLE HISTORIQUE

PEUPLES, ISLES ET VILLES,

Dont les Monnoies d'or et d'argent sont évaluées dans cet Ouvrage.

N. B. Le chiffre romain indique la Drachme et le chiffre arabe la Page.

A.

ACARNANIE. (Epire). Les Acarnaniens. VIII. 90. XI. 101 —— *Amphilochia.* I. 50. IX. 95 (bâtie, selon Thucydide, par Amphiloque, dégoûté du séjour d'Argos, à son retour du siége de Troie, 1266 ans avant J. C.) —— *Anactorium.* IX. 95. (bâtie par une Colonie de Corinthiens, à la même époque qu'Ambracie, 620 ans avant notre ère. Strab.) —— Héraclée. III. 60 (le type de Pégase, qu'on voit sur ses médailles, semble indiquer que cette ville étoit une Colonie de Corinthe ou de Corcyre). — Leucade. I. 52. IX. 96. (les Leucadiens étoient, suivant Hérodote, une Colonie de Corinthe, ce qui est confirmé par le type de Pégase qu'on voit sur leurs monnoies. Le *Saut de Leucade*, d'où l'on dit que Sapho se précipita dans la mer, étoit célébre chez les Grecs).

ACHAÏE (Grèce) les Achéens. I. 49. — *Ægium.* I. 49. 50. (bâtie avant le siége de Troie). — Corinthe. I. 51. IV. 65. VI. 76. IX. 96. (son origine se perd dans la fable ou dans la nuit des tems. Elle existoit du tems des Argonautes, 1350 ans avant J. C.). — Patræ, aujoud'hui Patras. I. 53. III. 61. (On at-tribue sa fondation à Triptolème qui l'appela Aroé. Dans la suite elle fut agrandie par *Patreus*, fils de Protogène et petit-fils d'Agénor, qui lui donna son nom). — Peiræ. I. 53. X. 100.

ÆGINE. (île) *voyez* Egine.

ÆOLIE ou ÆOLIDE *voyez* EOLIDE.

ÆTOLIE *voyez* ETOLIE.

AFRIQUE. Barcé (Cyrénaïque).II. 55.(fondée par les frères d'Arcésilas III, roi de Cyrène, 515 ans avant notre ère. Strab. Sa première fondation est, suivant Hérodote, de l'an 553 avant l'ère vulgaire). — Carthage. II. 55. IV. 64. 67. V. 69. VII. 81. XI. 101. (fondée par les Tyriens 50 ans avant la prise de Troie, environ 1320 ans avant notre ère. D'autres ne datent sa fondation que de la Colonie qui y fut conduite par Elise ou Didon, 882 ans avant l'ère vulgaire; enfin, Velleius Paterculus ne la fait antérieure que de 65 ans à la fondation de Rome, 819 ans avant J. C). — Cyrène. II. 55. III. 60. IV. 65. VI. 76. VIII. 90. 91. (fondée par Battus I. 631 ans avant notre ère. Il étoit fils de Polymnestus, lequel descendoit d'un héros qui accompagna Jason dans son voyage de la Colchide).

ARADUS. (île de Phénicie). V. 69. 73.

ARCADIE. (Péloponnèse). les Arcadiens. I. 50. (Ce peuple chasseur et berger, s'étoit mis sous la protection du dieu Pan, qu'on voit sur toutes ses monnoies au revers de la tête de Jupiter, qui passoit pour être né en Arcadie). — Mégalopolis. I. 52. (bâtie 370 ans avant notre ère, suivant la chronique des Marbres de Paros).

ARGOLIDE. (Péloponnèse). Argos. I. 50. IX. 95. (bâtie par Phoronée, second roi de l'Argolide, environ 1900 ans avant notre ère). — Cléone. IX. 96. (fondée antérieurement à la guerre de Troie. Homère en fait mention).

ATTIQUE (Grèce). Athènes. II. 55. IV. 64. VI. 75. VII. 81. VIII. 86. 87. 90. IX. 95. (fut d'abord nommée *Cécropia*, du nom de Cécrops son premier roi ; elle prit le nom d'Athènes, lorsqu'Amphictyon, son troisième roi, l'eut consacrée à Minerve). — Mégare. IV. 65. (fondée par les Doriens 1131 ans avant notre ère. Pausanias rapporte que cette ville tiroit son nom de *Car*, fils de Phoronée et contemporain d'Ogygès, qui vivoit près de 1800 ans avant l'ere Chrétienne suivant le P. Pétau).

B.

BÉOTIE. (Grèce). les Béotiens. I. 50. XI. 101. — Thèbes. I. 54. VII. 84. (Cadmus fonda cette ville, mais il n'en bâtit que la citadelle qui s'appelloit *la Cadmée*. Amphion et Zétus construisirent la ville et lui donnèrent le nom de Thèbes. Elle a produit Epaminondas et Pindare).

BITHYNIE (Asie mineure). Chalcédoine. X. 99. (fondée par des Mégariens sous la conduite d'Argias, 675 ans avant notre ère). — Héraclée. IV. 65. VI. 76. VIII. 87. (dite Héraclée du Pont : c'étoit, suivant Xénophon, une Colonie de Mégariens ; mais Strabon dit qu'elle fut d'abord fondée par les Milésiens. Les Mégariens, auxquels Pausanias associe les Tanagréens, y envoyèrent ensuite une Colonie).

BRETAGNE (GRANDE) *Verulamium.* VI. 79.

C.

CARIE (Asie mineure). Antioche. VIII. 86. (bâtie par Antiochus I, environ 260 ans avant notre ère). — Cnide. II. 55. (C'est la même que Gnide, célèbre par la Vénus de Praxitèle. C'étoit, suivant Hérodote, une Colonie des Lacédémoniens ; mais Pausanias en rapporte la fondation à Triopas, dont la statue se voyoit au temple de Delphes. L'Historien Ctésias et l'Astronome Eudoxe y ont pris naissance). — Halicarnasse, ville célèbre de l'Ionie, étoit la résidence des Rois de Carie. *Voyez* Mausole, Idrieus et Pixodare dans la Table suiv. V. 73. 74. Cette ville a donné naissance à deux Historiens célèbres, Hérodote et Denys surnommé d'Halicarnasse.

CÉPHALLÉNIE (île) aujourd'hui CÉPHALONIE. II. 55. — *Cranium*, ibid. — Palès. I. 52. Polybe l'appelle *Palœa*, d'autres *Pala* ou *Palé*.

CHÉRSONÈSE TAURIQUE. Panticapée. IV. 66. X. 100. (Pline et Strabon attribuent la fondation de cette ville aux Milésiens).

CHIO (île de la mer Egée). III. 59. IV. 64. VI. 75. 76. (renommée par ses vins. Elle disputoit à plusieurs villes d'Ionie l'honneur d'avoir produit Homère).

CHYPRE (île). Paphos. X. 100. (il y

avoit en Chypre deux villes de ce nom, l'Ancienne et la Nouvelle : toutes les deux sous la protection de Vénus. Strabon et Pausanias disent que la nouvelle avoit été bâtie par Agapénor qui, après la prise de Troie, ayant été jeté par la tempête sur les côtes de cette île, fut forcé de s'y établir avec les compagnons de son infortune). — Soli. II. 57. IV. 66. (bâtie, selon Plutarque, par Démophon, et selon Strabon par Acamas et Phalérus, tous deux Athéniens. Solon, plusieurs siècles après, ayant conseillé de la transporter dans une plaine fertile, elle fut appelée de son nom Σολυι).

CILICIE (Asie mineure) *Aspendus.* IV. 64. XII. 104. (Aspende fut fondée par des Grecs, mais dans la suite ceux du voisinage s'en emparèrent). — *Celenderis.* IV. 64. X. 99. (fondée, suivant Pomponius Mela, par une Colonie de Samiens). — *Mallus.* III. 61. (avoit, dit-on, été bâtie par Amphiloque et Mopsus fils d'Apollon et de la Nymphe Manto.). — *Megarsus.* II. 50. *Nagidus.* III. 61.

CORCYRE (ile). I. 51. IX. 96. XI. 101. (cette île avoit d'abord été habitée par des Colchidiens, qui s'y établirent vers l'an 1349 avant notre ère ; Chersicratès, banni de Corinthe, y amena une Colonie 756 ans avant notre ère. Strab.)

COS. (île sur les côtes de Carie). II. 55. IV. 65. VI. 76. VIII. 87. IX. 96. (célèbre par la naissance d'Apelle, de Théocrite et d'Hippocrate. Ses vins ne le cédoient ni à ceux de Chio, ni à ceux de Lesbos. Il y avoit dans cette île une ville du même nom, qu'Homère appelle *Cos d'Eurypyle*, parce qu'Eurypyle fils d'Hercule y avoit régné).

CRÈTE. (ile). III. 59. — Apollonie VI. 75. — Aptère. VI. 75. X. 99. (fondée, suivant Pausanias, par un nommé Ptéras de Delphes). — *Arcadia.* I. 50. XII. 104. — *Cerœtonia.* X. 99. — *Chersonesus.* VI. 75. (étoit le port de la ville de Lyctus ou Lyttus. Strab.) — *Cnossus.* VI. 76. VIII. 87. XI. 101. XII. 105. (Gnosse étoit célèbre par son Labyrinthe, aussi en a-t-elle pris le type sur ses Monnoies. Elle fut bâtie par Minos, qui y faisoit sa résidence. Homère a fait l'éloge de cette ville à l'occasion de Dédale, dans sa description du bouclier d'Achille). — Cydonie. IV. 65. VI. 76. VIII. 87. (bâtie par Minos, 1432 ans avant notre ère, suivant les Marbres de Paros. Une Colonie de Samiens s'y établit 524 ans avant l'ère vulgaire. Hérodote). — Eleutherne. VI. 76. XI. 101. — Elyre. XII. 105. (on voit sur ses Monnoies, comme sur celles d'Ephèse, le type d'une Abeille, et au revers un Cerf près d'un palmier, ce qui semble indiquer une Colonie Ionienne). — Gortyne. III. 60. VI. 76. VII. 82. IX. 96. (L'origine de cette ville se perd dans les fables, car elle date de l'enlèvement d'Europe, 1550 ans avant J. C). — *Hierapytna.* VI. 76. VII. 82. (au rapport de Strabon cette ville tiroit son nom d'une colline du mont Ida, dans un antre de laquelle on disoit que Jupiter avoit été nouri par une chèvre. Ses Médailles semblent indiquer que les Athéniens y envoyèrent une Colonie). — *Itanus.* IV. 65. VI. 76. X. 100. XII. 105. — *Lappa.* III. 60. — *Lyttus.* I. 52. VI. 77. XII. 105. (Cette ville, que d'autres nomment *Lyctus*, étoit fort ancienne puisqu'Homère en fait mention et qu'il en compte les habitans au nombre des Grecs qui partirent pour le siége de Troie). — *Olus.* V. 71. — *Phœstus.* VI. 77. — Phalasarne. V. 71.

XII. 1o5. — *Polyrhenium.* VI. 77. XI. 1o2. — *Præsus.* IV. 66. (Strabon nous apprend qu'il y avoit dans cette ville un Temple de Jupiter Dictéen. Quelques-unes de ses Monnoies présentent aussi le type Ionien d'une Abeille). — *Priansus.* X. 1oo. — *Raucos*. Ibid. et XII. 1o5. — *Rythymna.* II. 56. — *Sybritium.* VI. 78.

CYRÉNAÏQUE. Barcé. Cyrène. *Voyez* Afrique.

E.

ÉGINE (île voisine de l'Attique). XIV. 11o. Les premières Monnoies grecques furent frappées dans cette île sous Phidon d'Argos.

ÉLIDE (Péloponnèse). Pylos. XI. 1o2. XII. 1o5.

ÉOLIE ou ÉOLIDE. (Asie mineure). Cyme ou Cume. VII. 82. (fondée par Clénas et Malaus, descendans d'Agamemnon, 112o ans avant notre ère. *Anc. vie d'Homère*). — *Myrina.* IV. 66. V. 71. VIII. 88. (Pomponius Mela, qui la qualifie de première ville de l'Eolide, dit qu'elle fut bâtie par *Myrinus.* Velleius Paterculus en attribue la fondation aux Eoliens. Il y avoit un Temple d'Apollon où l'on venoit consulter un ancien Oracle).

ÉPIRE (Grèce) les Epirotes. V. 70. XI. 1o2. — Ambracie. IX. 95. (fondée par Ambrax une ou deux générations avant la guerre de Troie. Un fils de Cypsèle y conduisit une Colonie de Corinthiens environ 62o ans avant notre ère). Voyez pour la suite de l'Epire ACARNANIE.

ESPAGNE. *Emporiæ.* IX. 96. XI. 1o2. (fondée par les Massiliens ou anciens Marseillois. Strab.). — *Osca.* VI. 77. (Cette ville étoit fameuse par ses fabriques de Monnoies dès le tems des premières guerres Puniques.

Tite-Live vante l'*Argentum Oscense.* On croit devoir en conclure qu'il y avoit des mines d'argent dans son voisinage).

ÉTOLIE (Grèce) les Étoliens. III. 59. VII. 81. 84. VIII. 86. — Lysimachie. IX. 96. (fondée par Lysimaque, Roi de Macédoine, 3o9 ans avant notre ère). — Naupacte. IX. 96. (prit son nom de la flotte qu'y firent équiper les Doriens qui suivirent les fils d'Aristomaque pour se rendre dans le Péloponnèse. Les Athéniens en chassèrent depuis les Locriens-Ozoles qui l'habitoient, pour la donner aux Messéniens chassés pour la troisième fois de leur patrie par les Lacédémoniens).

EUBÉE (île) III. 6o. — Caryste. V. 69. (Etienne de Byzance dit qu'elle avoit pris son nom de *Carystius* fils de Chiron. Diodore de Sicile en attribue la fondation aux Dryopes. — Chalcis. III. 59. 62. IV. 64. V. 69. — VII. 81. (Cette ville, dont la fondation est antérieure à la guerre de Troie, reçut depuis une Colonie d'Athéniens sous la conduite de Cothus, et des Éoliens de la suite de Penthilus 119o ans avant notre ère. La Lyre qu'on voit sur ses monnoies est sans doute celle de Linus, qui étoit né dans cette ville). — Erétrie. III. 6o. (fondée par les Athéniens avant la guerre de Troie, et après cette guerre, ils y envoyèrent une nouvelle Colonie sous la conduite d'Eclus; détruite par l'armée de Darius fils d'Hystaspes, 49o ans avant notre ère (Hérodote); et reconstruite depuis). — Istiée ou Histiée. V. 70. VI 76. VIII. 87. (il en est parlé dans l'Iliade, ce qui prouve l'antiquité de cette ville).

G.

GAULE. *Dornacus.* V. 69. — Marseille. I. 52. II. 56. V. 71. (fondée par les Phocéens, 6oo ans avant J. C. *Solin* et *Timée.* On compte parmi les Colonies de Marseille , Agde , Nice , Antibe , Olbie , *Emporiæ, &c.*) —Nimes. II. *56.* (Colonie Romaine , sous Auguste, comme le prouvent les Médailles qui sont ici décrites). —*Santones.* V. 72.— *Volcæ.* IX. *97.* (aujourd'hui le Languedoc , dont Narbonne étoit la Capitale).

1.

ILLYRIE. Apollonie. III. *59.* VI. *75.* (bâtie par une Colonie de Corinthiens et de Corcyréens. Strab.). — *Dyrrhachium.* III. *60.* V. *69.* *70.* VII. *82.* X. *99.* (Cette ville , dont on rapporte l'origine à Dyrrhachus , contemporain d'Hercule , étoit , dit Strabon , une Colonie des Corcyréens).

IONIE (Asie mineure). — Clazomène. VII. *82.* (fondée, suivant Pausanias , par des Ioniens, des Cléonéens et des Phliasiens qui s'y rendirent vers l'an *656* avant notre ère. C'est la patrie d'Anaxagore). — Colophon. IV. 68. (bâtie par Mopsus , petit fils de Tirésias. Dans la suite deux des fils de Codrus y menèrent une Colonie ; mais , selon Strabon , cette ville doit son origine à une Colonie de Pyliens , qui y fut conduite par Andrémon , quelque tems après la prise de Troie. C'est la patrie de Xénophane chef de l'école Éléatique). — Ephèse. V. *70.* VIII. *87.* XII. *105.* (une des douze ville Ioniennes ; célèbre par son Temple de Diane, dont l'origine, selon Pausanias , étoit antérieure à la migration Ionienne. Elle a donné naissance au Philosophe Héraclite et au Peintre Parrhasius). —Erythres. IV. *65.* (bâtie par Nélée , fils de Codrus , environ 1100 ans avant notre ère. La Sibylle Erythrée en a pris son nom). — Magnésie. VII. *82.* (étoit , suivant Strabon , une Colonie des Magnètes de Thessalie , à

laquelle s'étoient joints des Crétois ; aussi voit-on sur ses monnoies d'un côté le Cavalier, qui est un type Thessalien , et de l'autre un Taureau sur un Méandre ou Labyrinthe , qui est un type Crétois). — Milet. IV. *65.* XI. *102.* (Pline dit qu'elle fut d'abord appelée *Léléges* du nom des Léléges qui l'habitèrent ; puis *Pytiusa* , puis *Anactoria* et enfin *Milet.* La Fable rapporte son origine à *Miletus* , fils d'Apollon. Eusèbe veut qu'elle ait été bâtie sept ans après la ville de Cyzique , c'est-à-dire 1255 ans avant J.C. ; elle a produit le Philosophe Thalès , mais ce qui a le plus contribué à l'illustrer , c'est ce grand nombre de Colonies qu'elle a envoyées en divers pays). —Smyrne. VII. *83.* VIII. *89.* (fondée 1102 ans avant notre ère, suivant l'ancien Auteur de la vie d'Homère , qui dit qu'elle fut bâtie par des habitans de Cyme , sous la conduite de Thésée, descendant d'Eumelus , fils d'Admète. Strabon rapporte sa fondation à des Smyrnéens , qui habitoient un quartier d'Ephèse , nommé *Smyrné* , et qui lui donnèrent le nom de ce quartier). — Téos. I. *54.* III. *61.* *62.* IV. *66.* V. *73.* (C'étoit une des douze villes fondées par la Colonie Ionienne. Elle a produit Anacréon).

ITALIE. Albe. I. *50.* (fondée par Ascagne, fils d'Enée 1151 ans avant notre ère. Strab.). — Arpi. III. *59.* (anciennement nommée *Hippium* , fut fondée par Diomède , qui commandoit les Argiens au siége de Troie). — *Axia.* XII. *104.* — Les Bruttiens. VIII. *90.* IX. *95.* XI. *101.* (l'origine de ces peuples ne date , suivant Diodore de Sicile , que de l'an *356* avant l'ère vulgaire). — Cales. I. *51.* IV. *64.* (Eusèbe rapporte sa fondation à Calaïs , l'un des fils de Borée). —Capoue. III. *59.* (fondée par les Etrusques , sous le nom de Vulturne, et ensuite par les Samnites qui la nommèrent Capoue). — Les Cauloniens. V. 69. VI. 75. IX. 96. (Peuples de l'Etrurie, selon Diodore de Sicile. La ville de Caulonie fut fondée, dit Pausanias, par des Achéens, sous la conduite de Typhon. Elle fut détruite par Denys, qui en transporta les habitans à Syracuse 389 ans avant J. C.). —— Cosa. VIII. 90. (ville ancienne de l'Etrurie, où les Romains envoyèrent une Colonie avant la première guerre Punique). — Crotone. III. 59. 60. V. 69. VII. 82. (fondée par des Achéens, sous la conduite de Myscellus, un an avant Syracuse, 759 ans avant notre ère. Strab.). — Cumes. V. 69. VIII. 90. (passoit pour la plus ancienne de toutes les Colonies fondées par les Grecs en Italie. Strabon rapporte son origine à une Colonie partie de Chalcis en Eubée et de Cume ou Cyme ville de l'Eolide, sous la conduite d'Hippoclès et de Mégasthènes). — Les Falisques. III. 60. XI. 102. (Colonie des Argiens, selon Caton, cité par Pline. La ville de Falérie étoit une de ces Cités Pélasgiques, dont les habitans formoient, au rapport de Strabon, un peuple séparé des Etrusques). — Héraclée. III. 60. VI. 76. (bâtie sur les ruines de Siris, étoit, au rapport de Tite-Live, de Strabon et de Diodore de Sicile, une Colonie des Tarentins). — Leuca. V. 70. — Les Locriens. IV. 65. V. 70. (Colonie des Locriens - Ozoles .selon Strabon, et selon d'autres des Locriens-Opontiens, peuples de la Locride vis-à-vis de l'Eubée. Ils vinrent en Italie sous la conduite d'Evanthe et y fondèrent la ville de Locres, vers l'an 757 avant notre ère, trois ans avant la fondation de Rome, et prirent le nom de *Locriens-Epizéphyriens.*) —— Métaponte. III. 61. VI. 76. VII. 82. (fondée 1269 ans avant J. C. par *Epœus,* qui avoit été au siége de Troie ; d'autres disent par *Métapontus*

et des Pyliens de la suite de Nestor, au retour de la guerre de Troie. Enfin, si l'on en croit Ephore, elle fut fondée par *Daulius,* tyran de Crissa près de Delphes). — Naples. V. 71. (bâtie, selon Strabon, par les Cuméens, qui lui donnèrent le nom de Νεάπολις Κυμαίων, (la ville neuve de Cumes,) par opposition à l'ancienne, qu'ils nommèrent *Palœpolis* ou la Ville vieille. Elle avoit anciennement porté le nom de la Syrène *Parthenope,* qui, selon la Fable, y avoit son tombeau. Les Rhodiens y envoyèrent depuis une Colonie). — *Nola.* IV. 66. (c'étoit, selon Justin, une Colonie de Chalcidiens ; d'autres prétendent qu'elle fut bâtie par les Etrusques). — *Nuceria.* I. 52. (Il y avoit en Italie trois villes de ce nom, l'une dans la Campanie, une autre dans l'Ombrie et la troisième dans l'Apulie). —— Les Opontiens. I. 52. IX. 97. (ainsi nommés de la ville d'Oponte en Locride, dont une Colonie fonda Locres en Italie). — *Populonium.* VIII. 88. (ancienne ville des Etrusques, la seule qu'ils eussent sur le bord de la mer. C'est aujourd'hui *Piombino,* vis-à-vis de l'île d'Elbe). — Posidonie ou Pæstum. V. 71. VI. 77. (Colonie de Sybaris. Elle portoit plus anciennement le nom de *Pistulis* qu'on lit sur quelques-unes de ses Médailles en caractères grecs fort anciens. On ignore l'époque de sa fondation, mais elle existoit l'an 535 avant notre ère, puisqu'au rapport d'Hérodote Hyèle fut fondée en cette année par des Phocéens, sur l'avis que leur donna un habitant de Posidonie. Le type de Neptune, empreint sur ses Monnoies est analogue au nom de *Neptunia* que lui donnoient les Latins). — Rhégium. VIII. 88. 89. XII. 105. (étoit une Colonie de Chalcidiens et peut-être aussi de Samiens, car les Monnoies de Rhégium ont, comme celles de Samos, une tête de Lion et au revers un Veau ou un Taureau à mi-corps. Des Messéniens s'y réfugièrent après la seconde guerre de Messénie vers l'an 664 avant notre ère, et leur nom se trouve sur une médaille de Rhégium, qui paroît être de cette époque). — Rome. II. 56. V. 72. VI. 77. VII. 83. IX. 97. (Les Fastes capitolins font Rome moins ancienne d'un an, que ne la fait Varron, c'est-à-dire de l'an 753 avant notre ère ; Varron est plus suivi). — Suesano. IV. 66. (aujourd'hui *Sessa ;* c'est l'*Arunca* des anciens peuples du Latium). — Sybaris. VI. 78. (fondée par les Achéens, suivant Strabon, à peu-près à la même époque que Crotone ; détruite par les Crotoniates 510 ans avant notre ère ; rétablie, suivant Diodore de Sicile, 452 ans avant J. C. ; détruite de nouveau l'an 446). — Tarente. I. 53. III. 61. VI. 78. VII. 83. VIII. 91. (fondée par Phalante de Lacédémone, entre la première et la seconde guerre de Messénie, environ 666 ans avant notre ère ; (*Strab.*) il étoit à la tête de cette troupe de *Parthéniens*, qui ne pouvant couvrir l'irrégularité de leur naissance, se bannirent eux-mêmes de Sparte. D'autres rapportent la fondation de cette ville à Taras, fils de Neptune, qui, dit-on, fut sauvé d'un naufrage par un Dauphin ; fait fabuleux que les Tarentins paroissent avoir voulu consigner sur leurs Monnoies ; on y voit en effet un jeune homme nu porté par un Dauphin). — *Teanum.* III. 61. (Pline dit qu'elle fut ainsi nommée de *Teanus*, chef de la Colonie Grecque ou Pélasgique qui fonda cette ville). — *Terina.* VI. 78. (fondée par les Crotoniates et détruite par Annibal). — *Thurium.* II. 57. VI. 78. VII. 83. IX. 97. (fondée par une Colonie d'Athéniens, sous la conduite de Lampon et de Xénocrite, 464 ans avant

notre ère. Hérodote et l'Orateur Lysias furent du nombre des Colons. Diodore de Sicile place cette fondation deux ans plus tôt. Quelques-unes de ses Monnoies portent le type Corinthien de Pégase). — Tuder. XII. 105. (ancienne ville Etrusque, dite depuis *Colonia Tudertis.* On lit sur des As italiques le nom de TVTÈRE. *Voyez* la Table des As nᵒˢ. 62, 113 et 152). — *Valentia.* VI. 78. (fondée par les Locriens sous le nom d'*Hipponium* ou d'*Hippo*). — *Velia.* VI. 78. 79. (fondée par des Phocéens sous le nom d'Hyèle, 535 ans avant J. C.). — *Vria.* II. 57. V. 73. (On attribue sa fondation à une Colonie de Grecs, conduite par Idoménée après la prise de Troie, ou à des Crétois qui y passèrent après la mort de Minos).

L.

LACONIE. (Péloponnèse) Lacédémone. V. 70. (porta le nom de *Sparte* dès sa fondation, qu'on attribue à Lacédémon, lequel avoit épousé Sparté, fille d'Eurotas, dont il eut Amyclas, le fondateur d'Amycles. Eurotas vivoit environ trois siècles avant la guerre de Troie. M. l'abbé Fourmont a fait en Grèce la découverte d'un Temple élevé par ce prince à Minerve-Onga, et qui constate cette haute antiquité). — les Maléens. XI. 102. (Ces peuples habitoient la partie la plus orientale de la Laconie).

LESBOS (île de Mysie) I. 51. 52. IV. 65. (Elle tire son nom de *Lesbus*, petit-fils d'Eole. La fondation de la ville de Lesbos par des Eoliens est de l'an 1140 avant J. C. Elle a produit le Poète Terpandre et l'Historien Hellanicus). — Erèse. I. 51. (a donné naissance à Théophraste). — Méthymne. XI. 102. (ainsi nommée, dit-on, de Méthymne, fille de Macarée et femme de Lépydnus.

Arion, si célèbre par l'aventure du Dauphin qui le sauva des flots , étoit de cette ville). — Mytilène. I. 52. (les uns rapportent sa fondation à Mytilène, fille de Macaris , les autres à Myton ou Mytile , fils de Neptune, d'autres enfin aux Eoliens. C'est la patrie de Pittacus , un des sept sages de la Grèce , d'Alcée et de Sapho , si célèbres par leurs poésies lyriques).

LIPARI (île voisine de la Sicile). IV. 67. X. 100.

LOCRIDE. (Grèce). I. 52. V. 70. IX. 96. Les Locriens Epicnémédiens. IX. 96.

LOCRIENS EPIZÉPHYRIENS. *Voyez* Locres , article de l'ITALIE.

LYCIE. (Asie mineure). *Cragus.* III. 59. (bâtie près d'une montagne à huit sommets, où les Anciens plaçoient la Fable de la Chimère. Strabon). — *Cydna.* III. 60. — *Lymira.* V. 70. (d'autres écrivent *Limyra*). — *Massycites.* III. 61. (tiroit son nom du mont Massycites , consacré à Apollon). — *Olympus.* I. 52. (Strabon la compte parmi les six principales villes de Lycie , mais elle ne subsistoit déja plus du tems de Pline). — Patare. I. 53. (Strabon dit qu'elle tiroit son nom de *Patarus* qni l'avoit bâtie. Le Temple d'*Apollon Pataréen* , qu'on voyoit dans cette ville , étoit , selon Pomponius Méla, aussi riche que celui de Delphes (. — Phaselis. II. 56. V. 71. (Cette ville étoit, suivant Hérodote, une Colonie des Doriens. Elle fut d'abord appelée *Pityoussa* , puis *Pharsalus* et enfin *Phaselïs*).

LYDIE (Asie mineure). Sardes. VIII. 89. (étoit la capitale de la Lydie et la résidence du Roi Crésus 560 ans avant notre ère). — Sinope. II. 57. X. 100. (fondée d'abord par

les Cimmériens , fut , dans la suite , agrandie par une Colonie de Milésiens. Strab.). — Tralles. VIII. 90.

M.

MACÉDOINE. Les Macédoniens. III. 61. VII. 82. VIII. 88. X. 100. — Acanthe. VIII. 86. (c'étoit , au rapport de Thucydide, une Colonie de l'île d'Andros. Eusèbe dit qu'elle fut bâtie par Argée qui régnoit en Macédoine 655 ans avant notre ère). — *Bisaltia.* VI. 75. XIV. 110. (la Bisaltie étoit un canton de la Macédoine selon les uns , et de Thrace selon d'autres. Les Bisaltes passoient pour un peuple intrépide et guerrier. — Héraclée. VI. 76. XII. 105. (Il y avoit en Macédoine quatre villes de ce nom ; la première dans la Sintique ; la seconde dans la Piérie ; la troisième dans la Lyncestide et la quatrième dans la Chalcidique. Il est difficile de déterminer à laquelle appartiennent les Monnoies qu'on voit ici sous ce nom). — *Neapolis* V. 71. VIII. 88.

MÉLOS. (île) IV. 65. (peuplée par des Spartiates et des Amycléens 1116 ans avant notre ère. *Thucyd.* Cette île a donné naissance au Philosophe Diagoras , législateur des Mantinéens , et qui depuis fut proscrit comme Athée par les Athéniens , qui mirent sa tête à prix pour avoir révélé le secret des mystères de Cérès et brisé les Statues des Dieux).

MESSÉNIE (Péloponnèse). les Messéniens. VII. 82. 83. (Les Lacédémoniens , durant trois guerres sanglantes , ayant massacré, asservi ou dispersé les habitans de cette malheuseuse contrée , la ville de Messène ne fut fondée que postérieurement à la bataille de Leuctres , qui rendit à ce peuple sa liberté ; Epaminondas en fut le fondateur. Il y avoit alors près de 300 ans que les Messéniens étoient dispersés en Grèce, en Sicile, en Afrique, et en Italie).

MŒSIE. (Scythie Pontique). — *Istrus.* III. 60. X. 99. XII. 105. (fondée par les Milésiens 634 ans avant J. C.)

MYSIE. (Asie propre). Cyzique. V. 69. (Son antiquité remonte aux tems fabuleux, mais cette ville ne devint considérable que par la Colonie de Milésiens qui vint s'y établir 682 ans avant notre ère. Eusèbe la fait antérieure à la ville de Milet, puisqu'il dit que celle-ci ne fut bâtie que 7 ans après, l'an 1255 avant J. C.). — Lampsaque. I. 51. VIII. 91. (Sa fondation remonte, suivant Eusèbe, à l'an 655 avant J. C.). — *Parium.* X. 100. (bâtie, suivant Strabon, par les Milésiens, les Erythréens et les Pariens insulaires. Elle s'accrut aux dépens de Priape, autre ville du même canton). — Pergame. VI. 77. VIII. 88. (Pausanias dit que cette ville prit son nom de *Pergamus*, le dernier des trois fils que Pyrrhus avoit eus d'Andromaque). L'île de Lesbos faisoit aussi partie de la Mysie. *Voyez* LESBOS.

N.

NAXOS. (île) XII. 105. (l'une des plus grandes et des plus fertiles des Cyclades, étoit sous la protection de Bacchus, et ses vins étoient comptés parmi les plus excellens de la Grèce).

P.

PALESTINE. Samarie. Sicle et Denier Samaritains. II. 56. 57. IV. 66. 68.

PAMPHYLIE. (Asie mineure). Side. IV. 66. V. 72. VII. 83. VIII. 89.

PAPHLAGONIE. (Asie mineure). — Cromna. III. 59. (Homère en fait mention, ce qui prouve l'antiquité de sa fondation). — Sinope. VII. 83. Diogène *le Cynique* étoit de cette ville située sur le Pont-Euxin.

PAROS (île). II. 56. V. 71. Une des Cyclades, célèbre par ses carrières de marbre blanc, et par la naissance d'Archiloque et de Polygnote. Ce fut sous la conduite du premier que se rendit à Thasus une Colonie de Pariens vers l'an 630 avant notre ère.

PÉLOPONNÈSE (Grèce). *Voyez* ACHAÏE, ARCADIE, ARGOLIDE, ELIDE, LACONIE et MESSÉNIE. (La *Tortue* étant le symbole de l'Elide ; quand Pélops donna son nom au Péloponnèse, ce symbole devint celui de tout le pays. C'est la raison pour laquelle on le voit, ainsi que la *feuille de Platane,* sur les Médailles de cette Contrée).

PHÉNICIE. Tyr. III. 62. IV. 66. (fondée, selon Justin, par les Sidoniens ; mais Quinte-Curce fait Tyr et Sidon de la même ancienneté, et leur donne pour fondateur Cadmus fils d'Agénor. Hérodote recule la fondation de Tyr de plus de 1200 ans, puisqu'elle est, suivant cet Historien, de l'an 2760 avant notre ère).

PHOCIDE. (Grèce). Les Phocidiens (*a*). I. 53. (Il y eut des Phocidiens qui se joignirent à la Colonie Ionienne. Pausanias leur at-

____

(*a*) J'appelle, avec M. Larcher, *Phocidiens* les habitans de la Phocide, pour les distinguer des *Phocéens* de l'Ionie. Apeler les uns et les autres *Phocéens*, comme l'ont fait quelques Modernes, c'est exposer le lecteur à une équivoque, qui n'existe pas dans le grec, ni même dans le latin, car les premiers s'appeloient *Phocenses* et les seconds *Phocæi* ou *Phocæenses.*

tribue la fondation de Phocée ville d'Ionie, d'où les Marseillois tirent leur origine).

Phrygie (Asie mineure). Apamée. VIII. 86. (bâtie par Séleucus Nicator environ 3oo ans avant l'ère vulgaire). —— Cibyre. IV. 64. —Laodicée. VIII. 88. (anciennement nommée *Diospolis ;* elle prit son nouveau nom de Laodice, femme d'Antiochus II, Roi de Syrie, qui avoit fait rétablir cette ville).

Pisidie. (Asie mineure). —Selge. IV. 66. VI. 78.

Pont -Bithynique. Héraclée. *Voyez* **Bithynie.**

Proconèse (île de la Propontide). IV. 66.

R.

Rhodes (île). II. 56. III. 61. IV. 66. V. 71. VI. 77. VII. 83. IX. 97. (Tlépolème, fils d'Hercule, qui se trouva au siége de Troie, passa dans cette île 1282 ans avant notre ère. Les habitans des trois villes qu'il y fonda, furent réunis à celle de Rhodes l'an 408 avant J. C., date de sa fondation).

S.

Samarie. (Judée). *Voyez* **Palestine.**

Samos (île). II. 57. V. 72. VII. 83. (île et ville d'Ionie dans la mer Egée. Epicure et Pythagore y naquirent. Elle étoit sous la protection de Junon, qui y avoit un Temple superbe près du rivage à 20 stades de la ville).

Seriphus (île). I. 53. (Cette île, hérissée de rochers, étoit une des moins fertiles des Cyclades).

Sicile (île). Abacène. X. 99. (Denys le tyran y envoya une Colonie de Messéniens,

qui s'étoient réfugiés en Sicile, 397 ans avant notre ère. *Diod. de Sic.*). — Agrigente. VIII. 90. IX. 95. (bâtie par une Colonie de Géla 605 ans avant notre ère. *Thucyd.*) —— Alæse. VIII. 86. (bâtie par Archonidès 402 ans avant J. C. *Diod. de Sic.*) —— Atabyre. IX. 95. — Camarine. II. 55. VIII. 87. X. 99. XI. 101. (fondée par les Syracusains 623 ans avant notre ère. *Thucyd.* ; détruite par les Syracusains 499 ans avant notre ère. *Ibid.* ; rétablie deux ans après par Hippocrates ; *Ibid.* ; détruite de nouveau par Gélon, qui en transporta les habitans à Syracuse l'an 483 avant J. C. ; rétablie enfin par Gélon l'an 479). — Catane. VIII. 87. IX. 96. XII. 104. (fondée par des Chalcidiens, partis de Naxos en Sicile 753 ans avant notre ère. *Thucyd.*) —— Céphalédie. VI. 75. (prise par les Messéniens, vers l'an 396 avant notre ère, puis par Agathocle). —— *Emporium.* (aujourd'hui *Mazara*). M. d'Hancarville rapporte à cette ancienne ville de Sicile les Monnoies que j'ai attribuées, d'après le Catalogue d'Hunter, à la ville d'*Emporiœ* en Espagne. IX. 96. XI. 102. Le type Corinthien du Cheval Pégase au revers de la tête de Cérès ou de Proserpine, qui est un type Sicilien, justifie le premier de ces sentimens ; il est de plus appuié par d'autres Médailles de cette ville qui portent au revers de Pégase la Triquètre et deux Dauphins, autre symbole Sicilien, qui semble ne s'y trouver que pour la distinguer des autres villes du même nom, situées en Macédoine, en Campanie, en Espagne et ailleurs. Sa fondation doit avoir été très-ancienne, car celles de ses Monnoies où l'on voit le *carré creux* réduit à deux divisions, montrent qu'elle prit l'usage du monnoyage environ 96 ans après Phidon d'Argos, près de 23

années avant la première Olympiade). ——
Entelle. I. 51. (détruite par Denys le tyran
366 ans avant J. C.; mais rebâtie depuis).
—— Géla. IV. 65. VIII. 87. IX. 96. XI. 102.
(Son origine Crétoise est indiquée par le
type du Minotaure à mi-corps qu'on voit
sur ses Médailles. En effet elle fut fondée
par Antiphémus de Rhodes et Eutimus de
Crète 45 ans avant Syracuse, ce qui fait 713
ans avant notre ère. *Thucyd.*)—— Himère. I.
51. VIII. 87. IX. 96. XII. 105. (Euclide,
Simus et Sacon étoient les chefs de la Colonie de Chalcidiens et de Syracusains qui
s'y etablit vers l'an 649 avant notre ère.
Thucyd. et Diod. de Sic. Strabon dit qu'elle
fut fondée par des Zancliens, et cette fondation doit avoir été bien antérieure à la
précédente. Le *Coq* et la *Chimère* qu'on voit
sur ses Monnoies, font allusion à son nom
qui signifie *Jour,* ou Chimère en aspirant la
lettre H. Les Carthaginois la détruisirent
409 ans avant notre ère). —— Les Léontins.
VIII. 88. IX. 96. XI. 102. (La ville de
Léonte fut fondée cinq ans après Syracuse
par les Chalcidiens qui avoient fondé la
ville de Naxos. Ainsi Léonte date de l'an
753 avant l'ère vulgaire. *Thucyd.*)— Messine.
VIII. 88. IX. 96. (Anaxilas changea le nom
de Zanclé que portoit cette ville en celui de
Messène, 494 ans avant notre ère. *Thucyd.*
Voyez ci-après *Zanclé* pour l'époque de sa
première fondation).— Morgantium. IV. 65.
VIII. 88. (Cette ville n'existoit plus du tems
de Strabon ; elle passoit, dit-il, pour avoir
pris son nom des *Morgetes,* peuples d'Italie
qui, chassés par les Œnotriens, étoient allés
chercher une retraite en Sicile, où ils bâtirent
Morgantium longtems avant la guerre de
Troie). —— Motye. VIII. 88. (ainsi nommée,
dit-on, d'une femme qui avoit indiqué à

Hercule ceux qui avoient pris ses bœufs. Elle
étoit habitée par une Colonie de Carthaginois lorsque Denys l'ancien s'en empara l'an
397 avant notre ère). —— Naxus ou Naxos.
IX. 96. 97. (C'est une des plus anciennes
Colonies grecques de la Sicile. Elle est,
selon Thucydide, de l'an 759 avant notre
ère, et fut fondée par des Chalcidiens sous
la conduite de Theuclès, un an avant la
fondation de Syracuse). —— Panormus. IV.
67. X. 100. (étoit, suivant Thucydide, une
Colonie Phénicienne. C'est aujourd'hui Pa-
lerme). —— Egeste ou Ségeste. VIII. 89. IX.
97. (Cicéron dit qu'elle fut bâtie par Enée,
et Festus ajoute que ce héros en donna le
gouvernement à *Ægestus,* d'où elle prit le
nom d'Egeste dont les Latins ont fait Ségeste.
Virgile en attribue la fondation à Aceste,
Dardanien d'origine). — Sélinonte. VIII. 89.
IX. 97. (bâtie par les Mégariens de Sicile
627 ans avant notre ère. *Thucyd.*) —— Les
Siciliens. II. 57. —— Syracuse. II. 57. IV. 66.
67. VI. 78. VIII. 89. 90. 91. IX. 97. X. 100.
XI. 102. (fondée par Archias de Corinthe
758 ans avant notre ère, aussi voit - on le
type du cheval Pégase sur les plus anciennes
de ses Monnoies). —— Tauromenium. IV.
67. 68. XI. 103. (on ignore l'époque de sa
fondation, mais cette ville fut bien aug-
mentée lorsque Denys ayant détruit Naxos,
ses habitans vinrent s'y réfugier 403 ans
avant J. C. C'est aujourd'hui Taormine).
— Thermæ. VIII. 90. (aujourd'hui *Termini,*
doit son origine à ceux qui échappèrent de la
destruction d'Himère par les Carthaginois,
vers l'an 409 avant notre ère, environ 240
ans après la fondation de cette dernière).
— Zanclé. XII. 105. (fondée par les Sicules
1058 ans avant notre ère. *Thucyd.* Eusèbe
recule l'époque de cette fondation au tems

E e e

d'Ogygès ; les Samiens s'en emparèrent 497 ans avant J. C. Ils en furent chassés peu de tems après par Anaxilas, tyran de Rhégium, qui l'appella Messène. *Voyez* plus haut Messine).

Siphnus. (ile). I. 53. V. 72. (Cette ile voisine de Sériphe, offre sur quelques-unes de ses Monnoies le même type que cette dernière. On dit qu'elle avoit anciennement des mines d'or et d'argent, dont elle envoyoit la dixme au Temple de Delphes).

Syrie. Laodicée. IV. 65. (Ammien Marcellin la cite entre les quatre villes qui faisoient l'ornement de la Syrie ; savoir Antioche, Laodicée, Apamée et Séleucie. Elle avoit reçu son nom de Séleucus II, qui nomma les quatre villes dont on vient de parler. Il donna à la première le nom de son père, à la seconde celui de sa mère, à la troisième celui de sa femme et le sien à la quatrième). — Séleucie. V. 72. (ainsi nommée, comme on vient de le voir de Séleucus II, son fondateur).

T.

Ténédos (ile). V. 72. 73. VIII. 90. (située vis-à-vis de la Troade et fameuse par le séjour qu'y fit la flotte des Grecs pendant le siége de Troie).

Ténos (ile). II. 57. (l'une des plus fertiles des Cyclades, étoit sous la protection de Neptune, dont le Temple passoit pour un des plus anciens de la Grèce).

Thasus (ile). V. 73. VI. 78. VII. 83. VIII. 90. IX. 97. X. 100. (Les Thasiens étoient Phéniciens d'origine et datoient de l'an 1550 avant J. C., mais dans la suite cette ile fut peuplée d'une nouvelle Colonie grecque qu'on y amena de Paros, 720 et selon d'autres 630 ans avant notre ère).

Thessalie (Grèce). Les Thessaliens. I. 54. VIII. 90. Démétriade. IX. 96. (doit son nom à Démétrius Poliorcète, Roi de Macédoine, qui la fit bâtir vers l'an 290 avant l'ère vulgaire). — Lamia. VI. 77. (ses prétendues magiciennes étoient célèbres dans la Grèce). Larisse. I. 51. (Acrise y fut tué d'un coup de disque par Persée). — Les Œtéens. I. 52. (ces peuples tiroient leur nom du mont Oéta, sur lequel on prétend qu'Hercule se brûla. Les peuples qui habitoient au pied de cette montagne avoient une vénération particulière pour ce héros). — Pelinna. I. 53. — Pharsale. *Ibid.* (célèbre par la bataille que Jules-César gagna près de cette ville sur Pompée, l'an 48 avant J. C.) — Tricca. I. 54.

Thrace. Abdère. I. 49. II. 59. (d'abord fondée par Timésias de Clazomène, 655 ans avant notre ère ; puis par les Téiens 541 ans avant la même ère. Démocrite, Anaxarque et Protagoras l'ont rendue célèbre). — Aenos. VI. 75. (Homère dit que cette ville envoya des troupes auxiliaires à Troie sous la conduite de Piros. Hérodote en fait une ville Eolienne ; on y voyoit le tombeau de Polydore). — Byzance. III. 59. (fondée par les Mégariens, qui avoient à leur tête Byzas, contemporain de Jason. Velleius Paterculus attribue la fondation de cette ville aux Milésiens, Justin aux Lacédémoniens, et Ammien Marcellin aux Athéniens, ce qui peut se concilier au moyen des Colonies que ces peuples y envoyèrent en différens tems. C'est aujourd'hui Constantinople. La Chronique d'Eusèbe rapporte sa fondation à l'an 658 avant J. C.). — Maronée. I. 52. V. 70. VII. 82. XI. 102. (Elle reconnoissoit

Bacchus pour son protecteur, à cause de l'excellence du vin que produisoit son territoire. On attribue sa fondation à un certain Maron, dont elle a pris le nom). — Mesambrie. XI. 102. (fondée, suivant Hérodote, par des habitans de Byzance et de Chalcédoine, qui aimèrent mieux s'expatrier que de tomber sous la puissance de Darius 496 ans avant notre ère. Strabon fait de cette ville une Colonie de Mégariens). — Périnthe. VII. 83. (ses habitans défendirent courageusement leur liberté contre les Perses l'an 511 avant notre ère. *Hérodote.* — Tirida. III. 62.

TROADE. (Asie mineure). Abyde. III. 59. VII. 81. (fondée par les Milésiens vers l'an 655 avant J. C.). — Alexandrie. VII. 81. (On la croit fondée par Alexandre lors de son séjour en Asie). — Ilium. III. 60. (bâtie après la destruction de l'ancienne Troie, à 30 stades des ruines de l'*Ilium* d'Homère. *Strab.*).

Z.

ZACYNTHE. (île, aujourd'hui Zante). III. 62. IV. 66. VI. 79.

N. B. On a vu, dans la Table Chronologique, que l'époque où furent frappées les premières Monnoies grècques, sous Phidon d'Argos, est de l'an 895 avant J. C. M. D'Hancarville observe que dans les 32 années qui suivirent cette époque on frappa les Monnoies avec le creux à seize ou huit partitions; cette époque se termine à l'an 863 avant notre ère. Dans les 32 années suivantes, vers la 55°. avant la première Olympiade et la 831°. avant J. C., on fabriqua des Monnoies dont les revers portent l'empreinte d'un carré divisé en quatre partitions. Dans l'époque suivante, on commença à faire des Monnoies, dont le revers, avec le carré divisé en quatre parties, comme dans l'époque précédente, fut orné de figures et même de légendes; cette troisième époque finit environ 23 ans avant la première Olympiade, 799 ans avant notre ère. L'époque qui vint ensuite dura jusqu'à la III°. Olympiade; on eut alors des Médailles dont le revers porte deux ou un seul carré creux au fond duquel est une empreinte en relief : cette méthode de les fabriquer paroit avoir été celle de la quatrième époque du monnoyage. Bientôt après on fit, en quelques endroits, des Monnoies avec des figures *incuses* à leurs revers, ou bien avec un carré assez profond, mais sans aucune partition : alors on y imprima des têtes ou des figures de relief; ce fut la cinquième époque. Pour donner à ces dernières Médailles toute la perfection à laquelle parvinrent les Monnoies grecques, il ne s'agissoit plus que de supprimer le *creux* qui les défiguroit encore, et cette opération semble avoir eu lieu vers la XI°. Olympiade. *Recherches sur l'Origine, l'Esprit et les progrès des Arts de la Grèce. Tom. II, p. 441 et 442.*

FIN DE LA TABLE DES PEUPLES.

TABLE CHRONOLOGIQUE

DES

ROIS,

Dont les Médailles ou Monnoies ont été rapprochées des Drachmes, soit de la Grèce ou des îles, soit de l'Asie mineure.

Roi de la Cyrénaïque.

Avant J. C.

632. **BATTUS.** n°ˢ. VII· 84. IX. 98.

Anciens Rois Perses de la race des Achéménides, et dont les noms sont inconnus.

600. N°. XIII. 107.

Rois de Sicile et de Syracuse.

479. **HIÉRON I.** n°. VIII. 92.

PHILISTIS. (*Reine de Syracuse, dont l'époque est incertaine*). n°. IX. 98.

345. **ICÉTAS** ou **HICÉTAS.** n°. VIII. 92.

311. **AGATHOCLE.** n°ˢ. VIII. 93. XII. 106.

215. **HIERONYME.** n°. VIII. 93.

Rois de Macédoine.

413. **ARCHELAUS I.** n°. III. 63.

397. **AMYNTAS III.** n°. I. 54.

360. **PHILIPPE II.** (*Père d'Alexandre le Grand*). n°ˢ. IV. 67. VII. 84. VIII. 92.

336. **ALEXANDRE LE GRAND.** n°ˢ. VII. 84. VIII. 92. 93. IX. 98.

(*Suite des Rois de Macédoine*).

Avant J. C.

294. **DÉMÉTRIUS POLIORCÈTE.** n°. VIII. 93.

286. **LYSIMAQUE.** n°ˢ. VII. 84. VIII. 92. 93. XI. 103.

279. **ANTIGONE.** n°. VIII. 93.

Rois de Carie.

381. **MAUSOLE.** n°. V. 73.

355. **IDRIEUS.** *Ibid.*

340. **PIXODARE.** n°ˢ. V. 74. VII. 84.

Roi de Péonie.

331. **AUDOLÉON.** n°ˢ. I. 54. VII. 84.

Rois d'Egypte.

323. **PTOLÉMÉE I.** *Soter.* n°ˢ. I. 54. III. 62. 63. IV. 67. IX. 98.

285. **PTOLÉMÉE II.** *Philadelphe.* n°ˢ. I. 54. III. 62. 63.

ARSINOÉ, *Sœur et femme de Philadelphe.* n°ˢ. III. 62. IV. 67. V. 73.

246. **PTOLÉMÉE III,** *Evergètes I.* n°. II. 57.

221. **ARSINOÉ II,** *femme de Ptolémée IV. Philopator.* n°. III. 62.

(Suite des Rois d'Égypte).

204. PTOLÉMÉE V. *Épiphanes.* n°. II. 57.

180. PTOLÉMÉE VI. *Philometor.* n°. I. 54.

116. PTOLÉMÉE VIII. *Soter II.* n°. V. 73.

106. PTOLÉMÉE IX. *Alexandre.* n°. IV. 67.

80. BÉRÉNICE , *femme de Ptolémée X.* n°. III. 62.

47. PTOLÉMÉE XIII , *et dernier.* n°. IV. 67.

Rois de Syrie.

312. SÉLEUCUS I. *Nicator.* n°. VIII. 93.

282. ANTIOCHUS I. *Soter. Ibid.*

247. SÉLEUCUS II. *Callinique (a). Ibid.*

227. SÉLEUCUS III. *Ceraunus. Ibid.*

176. ANTIOCHUS IV. *Dieu - Epiphanes.* n°. VIII. 93.

164. ANTIOCHUS V. *Eupator.* Ibid.

162. DÉMÉTRIUS I. *Soter.* n°. VII. 84.

151. ALEXANDRE I. *Bala.* n°s. IV. 67. VII. 85.

146. DÉMÉTRIUS II. *Nicator.* Ib. et VIII. 93.

145. ANTIOCHUS VI. *Épiphanes.* n°. VIII. 93.

(a) M. l'abbé de Tersan possède un Médaillon d'or de ce Prince , pièce qu'on peut regarder comme unique ou de la première rareté. C'est un *Octodrachme* ou *Tétrastatère d'or,* un peu moins pesant que ceux de Lysimaque Roi de Macédoine , lesquels appartiennent à la Drachme du n°. VIII. Son poids est de 9 gros 3 à 4 grains.

(Suite des Rois de Syrie).

139. ANTIOCHUS VII. *Sydètes.* n°s. III. 63. IV. 68. VII. 85. VIII. 93.

129. ALEXANDRE II. *Zebinna.* n°. VI. 79.

126. ANTIOCHUS VIII. *Grypus.* n°s. VI. 79. VII. 85. VIII. 93.

114. ANTIOCHUS IX. *Philopator.* n°. VII. 85.

97. SÉLEUCUS VI. *Épiphanes - Nicator.* n°. VII. 85.

93. PHILIPPE. *Epiphanes - Philadelphe.* n°s. V. 73. VI. 79.

69. ANTIOCHUS XII. *Dyonisius.* n°s. VII. 85. VIII. 93.

Rois ; incertaine.

HÉLIOCLÈS. n°. VIII. 94.

Rois d'Epire.

287. PYRRHUS. n°s. VIII. 92. XII. 106.

266. ALEXANDRE II. *Son fils.* n°. III. 63.

Roi de Pergame.

285. PHILÉTÈRE I. n°. VIII. 93. 94.

Rois des Parthes.

253. ARSACE II. *Tiridate.* n°s. VI. 79. VII. 85.

173. ARSACE VI. *Mithridate I.* n°. VI. 79.

136 ARSACE VII. *Phraate II.* n°. V. 73.

114. ARSACE IX. *Mithridate II.* n°s. V. 73. VI. 79.

76. ARSACE XI. *Sanatraèce.* n°. VI. 79.

Avant J. C.

(Suite des Rois Parthes).

70. ARSACE XII. *Phraate III. (Non pesé, à cause d'une bélière adhérente à la médaille).*

60. ARSACE XIII. *Mithridate III.* n°s. III. 63. IV. 68. V. 73. VI. 79. X. 100.

Après J. C.

52. ARSACE XXVIII. *Vologèse III.* n°s. II. 57. III. 63. IV. 68.

Incertaines des Arsacides.

N°s. I. 54. II. 57. IV. 68.

Rois de Bithynie.

Avant J. C.

238. PRUSIAS I. n°. VII. 85.

90. NICOMÈDE III. *Ibid.*

Rois de Cappadoce.

220. ARIARATHE V. *Eusèbe.* n°s. VII. 85. VIII. 94.

93. ARIARATHE VIII. *Philométor.* n°. VII. 85.

Avant J. C.

(Suite des Rois de Cappadoce).

63. ARIOBARZANE I. *Philoromœus.* (On a omis de placer sous la Drachme du n°. V, deux monnoies de ce Prince, l'une du poids de 71 grains, et l'autre de 68 grains. D'Ennery, Cat. n°. 252).

Rois d'Arménie.

189. XERXÈS. n°. VII. 85.

66. TIGRANE. n°s. V. 73. VI. 79. VII. 85.

Roi de Pont.

133. MITHRIDATE VI. le *Grand.* n°s. II. 58. V. 74. VIII. 92.

Rois du Bosphore.

Après J. C.

156. EUPATOR. n°. VI. 79.

180. SAUROMATE III. *Ibid.*

Rois de Perse, de la Dynastie des Sassanides, et successeurs des Rois Parthes.

223. *Sans noms de Princes.* n°. VII. 85.

FIN DE LA TABLE DES ROIS.

TABLE ALPHABÉTIQUE

DES

POIDS, MESURES ET MONNOIES,

Tant des Anciens que des Modernes, dont il est parlé dans cet Ouvrage.

A.

ACÈNE ou DÉCAPODE. *Page* 4.

———(Grande) ou Dodécapode. 5. (Ces mesures servoient chez les Anciens, comme aujourd'hui notre *Perche*, à l'arpentage des Terres).

ACÉTABULE. 24. 25. (C'étoit le *Sescunx* du Sextier, puisque l'Acétabule contenoit $1\frac{1}{2}$ Cyathes).

ACRE. En Normandie c'est une mesure de superficie qui vaut 160 perches quarrées, ce qui fait 77440 pieds quarrés ou près de 2 arpens $\frac{1}{2}$ des environs de Paris; l'*Acre* contient 4 vergées, la *Vergée* 40 perches et la *Perche* 22 pieds-de-roi. *Voyez* Perche.

ACTE. C'étoit, chez les Romains, une mesure de superficie; l'*Acte simple* ou *petit Acte*, étoit une superficie de 4 pieds de largeur sur 120 de longueur. L'*Acte quarré* contenoit 30 Actes simples; il avoit par conséquent 120 pieds romains de longueur sur autant de largeur; le double de cette mesure formoit le *Jugère*, voyez ce mot.

ÆS GRAVE. Les Romains désignoient par ce nom les As et autres Monnoies de Cuivre des premiers tems de la République, c'est-à-dire avant leur réduction. *Voyez* la Table des As.

AMENDES et compositions pécuniaires chez les Francs. 154. modérées par Pepin le Bref et Louis le Débonnaire. 155.

AMPHORE ou Quadrantal des Romains. 24. 25. 34.

AMPHOREUS des Grecs. 25.

ARGENS, sorte de poids. 161.

ARGYRE (*grand*) de M. Paucton. 40.

——— des Hébreux. 108.

——— (*petit*). Ibid. note (3).

AROURE. 4. (Hérodote, Liv. II. C. 168, évalue l'Aroure Egyptienne à une superficie de 100 *Coudées d'Egypte* ou de *Samos* en tout sens. Cette Aroure surpasseroit l'Aroure ordinaire, qui n'étoit formée que de 100 *pieds géométriques* en tout sens; au reste Hérodote parle en cet endroit de la petite Coudée d'Egypte de $21\frac{1}{3}$ doigts, et non de la Coudée sacrée).

ARPENT de France. 5. 23. L'Arpent ou Jugère des Romains avoit 240 pieds de longueur sur 120 de largeur, ce qui donne 28800 pieds Romains pour la superficie de cet Arpent, lesquels répondent à 26120 pieds de roi ou 725 $\frac{5}{9}$ Toises quarrées de France. *Voyez au mot* Perche.

As ou Livre Romaine. 35. 40. 108. 132 *et suiv.* Ses multiples. 133.

—— réduit. 135 *et suiv.*

ASSARION. 35. 38. 107. 108.

ASSIPONDIUM. C'est la même chose que l'*Æs grave* ou l'As romain du poids d'une livre. *Voyez* As.

AUNE de Paris, son rapport avec le Pied Romain. 3. (Note).

AUREUS des Latins ou *CHRYSOS* des Grecs. 108. 143. Ses multiples chez les Romains. 131.——Chez les Grecs. *Voyez* DISTATÈRE et TRISTATÈRE d'or, &c.

B.

*B*ES ou $\frac{2}{3}$ de Livre Romaine. *Voyez au mot* Cyathe.

BICESSIS. 133.

BILLON, se dit en général de toute monnoie d'or ou d'argent alliée ou mêlée d'une portion de cuivre plus ou moins forte au-dessous du titre fixé par les Ordonnances. On nomme *Billon d'argent,* celui qui est à 10 deniers de fin et au-dessous. On appelle *haut* ou *bon billon,* celui qui est de 10 den. jusqu'à 5; et *bas billon,* celui qui n'est que de 5 deniers et au-dessous. Les *Bourgeois forts* étoient à 6 deniers de fin, les *Blancs* et les *Deniers Parisis* à 4 deniers 12 grains; les *Deniers Tournois* à 3 den. 18 grains, de même que les *Doubles Parisis,* qui en 1350 n'étoient plus qu'à 2 den. 18 grains).

BLANC ou Liard, monnoie de Billon qui valoit 3 deniers Tournois. Les *Blancs à la Couronne* en valoient 5; et c'est de là qu'on appelle encore aujourd'hui *Six blancs,* 2 sous 6 deniers Tournois. Le *Petit blanc* ou *Sizain,* qui étoit d'argent, valoit 6 des mêmes deniers; à l'égard du *Grand blanc* ou *Douzain,* c'étoit le Sou Tournois. *Voyez* ce mot.

BŒUF. Quel étoit le prix d'un bœuf chez les Grecs. 120. — En France sous la première Race. 153.

BOISSEAU de Paris, ses multiples et sous-multiples. 23. (Dans le Pays de Caux il faut, année commune, 4 gerbes au boisseau; 4 boisseaux pour ensemencer un Acre de terre, (*Voyez* Acre), lesquels rendent 100 gerbes ou 25 boisseaux. C'est la proportion d'environ 6 pour un; mais il faut observer que le boisseau du Pays de Caux étant du poids de 60 livres, il est égal à 3 boisseaux de Paris).

BOURGEOIS, on appeloit ainsi le Denier Parisis, et les 2 deniers s'appeloient *Double* ou *fort Bourgeois.* Voyez Double.

BRASSE ou Pas géométrique de France. 3.

—————— des Romains. *Voyez* Pas Romain.

—————— Grecque. *Voyez* Orgyie.

C.

*C*ADOS. (Mesure Grecque des liquides). 25.

CALQUE ou CHALQUE. 36.

CANNE commune ou simple. 4.

—————— double. 5.

—————— hachémique. 5.

CAPITHA des Perses. *Voyez au mot* Chénice.

CENTONIALIS NUMMUS. 108.

CENTUM-PONDIUM. 45. 133.

CENTURIE. Les Romains appeloient ainsi une mesure de 200 Jugères. Son nom vient de ce qu'elle ne contenoit anciennement que cent Jugères, et elle l'a conservé lorsque par la suite cette mesure a été de deux cents.

CENTUSSIS. 133. 141.

CÉRATION, chez les Grecs étoit le même poids que les Latins appeloient *SILIQUA.* *Voyez* Silique.

CHALQUE. *Voyez* CALQUE.

CHÉBEL ou Chaîne d'Arpenteur. 5.

CHÉKY de Turquie, ses rapports avec l'ancienne Mine grecque. 159. Et avec l'ancienne livre Romaine. 160.

CHÊME. 25.

CHEMIN SABBATIQUE. 12.

CHÉNICE. 25. 26. Il y avoit chez les Grecs des Chénices de diverses grandeurs, qu'il est essentiel de ne pas confondre; savoir : 1°. La *petite Chénice* ou *Chénice Asiatique*, qui contenoit 3 Cotyles ou $1\frac{1}{2}$ Sextiers. (Pollux et Dioscoride). 2°. La *Chénice Attique*, qui étoit la 48ᵉ. partie du Médimne. Elle contenoit 4 Cotyles ou 2 Sextiers. (Hesychius et Photius, d'après le Scholiaste d'Aristophane). 3°. la *Chénice moyenne*, qui contenoit le double de la Chénice Asiatique du n°. 1, c'est-à-dire trois Sextiers. 4°. la *grande Chénice* ou *Chénice de Fannius*, étoit la 24ᵉ. partie du Médimne et valoit 4 Sextiers : tel étoit le *Capitha* des Perses suivant Xénophon. 5°. enfin, la *Chénice Pontique*, qui valoit, selon St. Epiphane, 10 Cotyles ou 5 Sextiers.

CHŒNIX des Grecs. *Voyez* CHÉNICE.

CHOUS ou Conge grec. 25.

CHRYSOS. 48. 58. 108.

CIRCONFÉRENCE de la Terre, mesurée par les Anciens. 19.

CISTOPHORE des Anciens, paroit être la Monnoie de Rhodes. 63.

CISTOPHORE des Antiquaires modernes. 38, 77, 83, 86 —— 89.

CLIME. Les Romains appeloient ainsi une mesure de superficie qui avoit 60 pieds en tout sens ; c'étoit un diminutif de l'*Aroure.* Voyez ce mot.

CONDYLE. 1.

CONGE ou demi-pied cube Romain. 24. 25. 34. (C'est du nom de cette mesure, égale à 6 Sextiers Romains, qu'est dérivé le mot *Congiaire* (*Congiarium*) si fréquent sur les Médailles de bronze frappées sous les Empereurs ; ce qui nous apprend que ces distributions de blé qui se faisoient au Peuple Romain, étoient de six sextiers, ou d'un peu plus du quart de notre boisseau par tête).

CONQUE. 25.

Coss Indien. 14. 21.

COTYLE. 25.

COUDÉE Babylonienne ou Royale d'Hérodote. 2.

COUDÉE du Caire ou du Nilomètre. 2.

COUDÉE commune, moyenne ou lithique des Grecs. *Ibid.*

COUDÉE commune Hébraïque. 12. *Voyez* Pied Philétérien.

COUDÉE Hachémique ou grande Coudée des Arabes. 2.

G g g

C OUDÉE noire des Arabes. *Voyez* C OUDÉE Babylonienne.

C OUDÉE (petite) d'Egypte ou de Samos. 2. 27.

C OUDÉE Pythique ou Delphique. 2.

C OUDÉE Royale de Babylone. *Ibid.*

C OUDÉE Sacrée, *dite aussi* Coudée du Caire *ou* du Nilomètre. *Ibid.*

C UILLERÉE ou L IGULE. 24. 25.

————————— commune des Grecs. 25.

———————— vétérinaire. *Ibid.*

C ULEUS. 24. (Cette mesure est évaluée dans Boudot » à 480 pintes, mesure de Paris, » à 35 onces de Paris chacune » : ce qui donne 16800 onces pour la capacité du *Culeus.* Cette évaluation est fausse relativement au nombre des Pintes, mais très-juste relativement à celui des Onces : car la Pinte de Paris ne contenant, en eau pure ou distillée, que 31 onces et 64 grains, si l'on multiplie ces nombres par les 540 pintes mesure de Paris, qui sont la vraie capacité du *Culeus,* on aura 16800 onces, quantité égale à celle qui résulte des deux nombres fixés par Boudot, lequel fait la Pinte de Paris trop grande, en lui donnant, je ne sai sur quel fondement, 35 onces de capacité).

C YATHE. 24. 25. (Le Cyathe étoit au Sextier ce que l'Once étoit à l'As ou Livre Romaine ; c'est pourquoi l'on donnoit aux parties du Sextier les mêmes noms qu'aux parties de l'As. La 12ᵉ. partie du Sextier étoit donc un Cyathe ou *Uncia ;* le *Sextans* étoit 2 Cyathes ; le *Quadrans* 3 Cyathes ; le *Triens* 4 Cyathes ; le *Quincunx* 5 Cyathes ; le *Semis* ou l'Hémine 6 Cyathes ; le *Septunx* 7 Cyathes ;

le *Bes* 8 Cyathes ; le *Dodrans* 9 Cyathes ; le *Dextans* 10 Cyathes ; et le *Deunx* 11 Cyathes. Une Épigramme de Martial nous apprend que lorsqu'on vouloit boire à son ami ou à sa maîtresse, on demandoit autant de Cyathes qu'il y avoit de lettres dans le nom de la personne à qui l'on alloit boire :

Nævia Sex Cyathis ; septem Justina bibatur; Quinque Lycas ; Lyde quatuor ; Ida tribus. Omnis ab infuso numeretur amica Falerno, &c.
(Epig. I. 72).

C YZICÈNE. 109.

D.

D ACTYLE ou D OIGT, 1.

D ARIQUE. 109. (*Stateres Darici, Philippici, Alexandrici omnes aurei existunt,* dit Pollux).

D ÉCADRACHME. 109.

D ÉCAPODE ou Perche Grecque. 4.

D ECEMPEDA ou Perche Romaine. *Ibid.* (La Perche Romaine quarrée, égale à 100 pieds romains quarrés, répondoit à 90 pieds 8 pouces 4 lignes de France. Il y avoit dans un arpent Romain 288 de ces Perches quarrées, autant que de scrupules à la livre Romaine. *Voyez* Arpent).

D ECUSSIS. 133. 136. (A Rome, avant l'introduction de la Monnoie d'argent, on le nommoit aussi *Denarius* de sa valeur de 10 As ou de dix livres pesant de cuivre. De tels *Deniers de cuivre* étoient aussi peu portatifs que la *Monnoie de fer* de Lycurgue, et il ne falloit pas une somme bien considérable pour en remplir un chariot).

D EGRÉ de grand Cercle ; ses rapports avec les Stades et autres mesures de distance des Anciens. 18.

DEMIE-CORDE ou Voie de bois de Paris. 3.

DEMIE - OBOLE. 35. 52. 61. 72. 78.

DEMI - PALME ou **DEMI - TRAVERS DE MAIN.** *Voyez* CONDYLE.

DEMI - SCHOÈNE Persien. 5.

DEMI - SICLE Asiatique. 38.

DEMI - SOU D'OR ou *SEMISSIS.* 126. 129. 153.

DENIER d'Auguste. 37. 72. 122.

———— de Constantin. 108. 126.

———— de Néron. 37. 124.

———— plus fort du double que le Denier commun. 111. — à la taille de 60 à la liv. romaine. 153.

DENIERS de Billon : tels étoient, en France, les *Bourgeois*, de l'année 1310; les *Deniers Tournois* de 1313 ; les *Deniers Parisis* de 1314 *et années suiv.* ; les *Doubles Parisis* de 1346 ; les *Blancs* à la *fleur-de-lys*, à la *couronne*, &c. Voyez Billon.

DENIER de Fin ; c'est le Scrupule de notre once, qu'on divise en 24 grains de fin. Les 12 deniers, qui représentent le Marc, contiennent donc 288 *grains de fin*, lesquels équivalent aux 4608 *grains de poids*, qui composent notre Marc. Ainsi un grain de fin d'argent équivaut à 16 grains de poids ; il équivaloit à 24, c'est-à-dire au scrupule, lorsque la livre de 12 onces étoit en usage ; car alors les 12 *deniers de fin* répondoient aux 12 onces de cette livre, et l'on ne comptoit au Marc que 8 de ces mêmes deniers, parce qu'il n'est composé que de 8 onces. Aujourd'hui que l'on compte au Marc 12 *deniers de fin*, chaque denier ne pèse plus que 16 grains. En effet on obtient également ces 288 grains de fin, soit que l'on divise par 24 les 6912 grains que pèse la livre de 12 onces, ou par 16 les 4608 grains que pèse le marc. *Voyez* DENIER du poids de Marc.

DENIER d'or. On nomme quelquefois ainsi l'*Auréus* Romain. *Voyez* ce mot. — De la 3ᵉ. Race, ses différens types. 158.

DENIER du poids de marc. 142. Son origine 153 *et suiv.* Sous Pepin. 155. Sous Charlemagne. 156, sert à évaluer le titre ou degré de fin des monnoies d'argent. 161. *Voyez* DENIER de fin.

DENIER Romain. 35. 37. 56. 72. 77. 83. 111 *et suiv.* 132.

———— Samaritain. 56. 57.

DENIER Sterling ou Estelin. 157. Fut celui de nos Roi de la seconde Race. *Ibid.* Ses rapports avec les autres Deniers d'argent d'un titre inférieur. 160. 161.

DENIER Tournois ou PETIT Tournois. 160. C'étoit la 12ᵉ. partie du *Sou Tournois* ou *Gros Tournois*, de même que le *Denier Parisis*, qui s'appeloit aussi *Bourgeois*, étoit la 12ᵉ. partie du *Sou Parisis*.

DENRÉES. Leur prix sous le Bas-Empire. 130. — Chez les Grecs du tems d'Aristophane et de Démosthène, *ibid.* en France sous Charlemagne. 156. 157.

DEUNX. Voyez au mot CYATHE.

DEXTANS. Voyez ibid.

DIÆTA. 18.

DIAULE, Stade double ou redoublé. 12.

DICALQUE. 35.

DIDRACHME. 35. 38.

DIOBOLE. 35.

DIOTA. 25.

DIPLÉTHRE. *Voyez au mot* PLÉTHRE.

DISTATÈRE d'or. 38.

DOCHME, chez les Grecs, étoit synonyme de *Palme* ou *Paleste*. Voyez ces mots.

DODÉCAPODE. 5.

DODRANS ou ¾ de liv. rom. *Voyez au mot* CYATHE.

DOLICHOS. 14. (Quoique le Dolique ou la plus longue course des chars, soit communément évaluée à 8 Diaules, qui font 16 stades, il paroit que cette mesure a varié chez les Grecs, ainsi que plusieurs autres. En effet le Scholiaste d'Aristophane et Suidas portent le Dolique à 10 Diaules ou 20 Stades, tandis que d'après le même Suidas et plusieurs passages des Odes de Pindare, cette mesure n'auroit pas eu moins de 12 Diaules ou Stades redoublés, qui font 24 Stades. Ces différences ne proviennent peut-être que de la longueur plus ou moins grande des Stades qu'on avoit à parcourir ; mais le Scholiaste de Pindare observe aussi que le Dolique, qui étoit de 12 révolutions du stade pour les chars attelés de quatre bons chevaux, n'étoit que de 8 révolutions pour les chars qui n'étoient traînés que par de jeunes poulains).

DORE ou DORON. C'est la même mesure que le petit Palme. *Voyez* PALESTE.

DOUBLE-PALME des Grecs, étoit une mesure de 8 doigts. *Voyez* PALME.

DOUBLE. C'étoit en France une petite monnoie de Billon, ainsi nommée de ce qu'elle valoit 2 deniers. Il y avoit le *Double*
Tournois, qui s'appeloit aussi *Royal double Tournois* : et le *Double Parisis*, qui s'appeloit encore *Royal double Parisis*, ou *Double et fort Bourgeois*. Voyez DENIER TOURNOIS.

DOUZAINS. *Voyez* SOUS de Billon. (Le Sou Tournois fut aussi nommé *Douzain* de sa valeur de 12 Deniers Tournois ; et sa moitié s'appeloit *Sizain*. Voyez ces mots.

DRACHME d'Abacène ou d'Istrus. 99.

DRACHME d'*Ægium* ou du Peloponnèse. 49 *et suiv.* Est encore aujourd'hui la Drachme de Marseille, où elle fut apportée par les Phocéens. 159. Se retrouve aussi à Constantinople. *Ibid.* Et même à Moscou.

DRACHME Asiatique de M. Paucton. 37. (C'étoit le *Zuz* des Hébreux ; chez ce peuple la dot d'une fille étoit fixée par la loi à 200 *Zuzim* d'argent, ce qui faisoit une grande Mine Attique ou 93 liv. 6 sous 8 den. de notre monnoie).

DRACHME Attico-Sicilienne. 38. 86-94.

DRACHME Attique (grande) 37. 95.

———————————— (moyenne) 38. 81. 86.

——————— (petite) 35. 37. 55.

DRACHME de Chalcis ou d'Eubée. 59 *et suiv.*

DRACHME Corinthienne. 95. *et suiv.*

DRACHME de Crète ou de Chio. 75. *et suiv.*

DRACHME d'Egine. 110.

DRACHME Egyptienne de Cléopâtre, n'est autre chose que la *petite Obole Attique.* Voyez ce mot.

DRACHME Ephésienne ou d'Ionie. 37. 69. *et suiv.*

DRACHME de Pylos. 101 *et suiv.*

DRACHME de Rhégium. 104 *et suiv.*

DRACHME de Samos. 55 *et suiv.*

DRACHME de Tyr ou de Phénicie. 64 *et suiv.*

DUELLE. 35. 38.

DUPONDIUS. 133. 135. 136. 137.

E.

EMPAN des modernes. C'est la Spithame ou le grand Palme des Anciens. 1.

ESTERLIN ou ESTELIN. 142 157. C'est le même que le *Denier Sterling.* Voyez ce mot. ESTELIN de Bruxelles. 161.

EXAGIUM SOLIDI. 127. Voyez HEXA-GION.

F.

FARSANG d'Arménie. 15.

FELIN ou FERLIN. 142. C'étoit anciennement le quart du Denier Sterling. 160.

FIRSENK de Perse. 15.

FLORINS, leur origine en France. 157. 159.

FOLLIS. VOYEZ *PHOLLIS.*

FORMES Binaires, Ternaires, *&c.* 131.

FRANC. Comment ce mot est devenu synonime du mot Livre. 158.

FRANC-A-CHEVAL, monnoie d'or du Roi Jean. 157.

G.

GAU Indien. 17. 20.

———— de Surate et du Malabar. 20.

———— du Coromandel. *Ibid.*

GIOM ou JIAM d'Arabie. 18. 20.

GRAMME ou *GRAMMA.* Voyez Scrupule.

H.

HÉCATOMPÉDON, *c'est-à-dire* de cent pieds de long. Les Grecs appeloient ainsi un Temple de Minerve, placé dans la Citadelle d'Athènes, et qui subsiste encore aujourd'hui, puisqu'au rapport de Jacques Spon, qui en donne les dimensions, les Turcs en ont fait une Mosquée. 80.

HÉCATONTADE. *Voyez au mot* Talent.

HECTE ou *MODIOS.* 26.

HEMIHECTE. 26.

HÉMINE on DEMI-SEXTIER. 24. 25.

HEMIOBOLE *Voyez* DEMIE-OBOLE.

HÉRÉDIE. C'étoit, chez les Romains, une mesure de superficie, qui contenoit 4 Actes quarrés ou 2 Jugères, c'est-à-dire 480 pieds Romains de long sur 240 de large. C'étoit la portion que Romulus avoit assignée à chaque Citoyen. *Voyez* Arpent.

HEXADRACHME d'argent, nommé *Talent Sicilien.* 58. 110.

————————— ou Tristatère d'or. *Ibid.* 109.

HEXAGION. 38. 127.

HEXAPODE ou ORGYIE. 3.

HIPPICON. 12.

HOLQUE ou *HOLCE. Préf.* C'est ainsi que les Grecs appeloient la Drachme de 63 grains ou la *Drachme-poids.* La petite Mine attique pesoit cent Holques. *Voyez* Petite Drachme attique.

J.

JIOM ou GIAM d'Arabie. 18. 20.

H h h

Journée de Chémin des Anciens. 18.

———————————— des Modernes. 16.

Jugère ou Pléthre. 6. On entendoit aussi par ce mot une mesure de superficie. *Voyez* Acte et Arpent.

K.

Karat. 142. En usage à Constantinople. 159. (Le Karat, qui parmi nous sert à évaluer le titre de l'or, se divise en 32 grains de fin. 24 Karats contiennent donc 768 grains de fin, lesquels équivalent aux 4608 grains de poids qui composent notre Marc; ainsi le grain de fin d'or équivaut à 6 grains de poids).

Kodrantès. 107. 108.

L.

Lepton. 107. 108.

Li de la Chine. 21.

Libelle. 35. 36. 132.

Lichas ou Demi-Pied Philétérien. 1.

Lieue commune de France. 16. 21.

Lieue de Demi-heure de chemin. 15.

——— de ¾ d'heure. *Ibid.*

Lieue Gauloise ou de la Grande-Bretagne. 15.

Lieue Germanique (grande). 17, *note.* Son rapport avec le degré. 20.

Lieue d'Irlande. 15.

Lieue Marine ou Horaire de France. 16. 21.

Lieue de Paris. 16.

Lieues ou Mesures itinéraires des Modernes, et leurs rapports avec le degré de 57066 ⅔ toises. 20. 21.

Ligule. *Voyez* Cuillerée.

Litre ou Livre Asiatique. 40. (C'est de ce mot que dérive notre mot *Litron*, pour désigner la 16ᵉ. partie du Boisseau de Paris. Un Litron de farine équivaut en effet au poids d'une livre : cette mesure contient en blé le poids de 20 onces, et en eau pure 25 onces 7 gros 29 ⅓ grains.)

Livre Catalane ou Roussillonnoise ancienne. 161.

Livre Française de 16 onces, son origine. 142. 158.

Livre Gauloise ou de Charlemagne, *dite aussi* Livre des Médecins. 155. 156. 158.

Livre Mansois, ses rapports avec la Livre Tournois, &c. 160.

Livre Parisis, ses rapports avec la Livre Tournois. 161.

Livre Romaine antique. *Voyez* As. Fut d'usage en France sous nos Rois de la première Race. 153. 158. Fut aussi l'ancienne Livre Catalane ou Roussillonnoise. 161. —— Moderne, en quoi elle diffère de l'ancienne. 133, note (*b*). 162.

Livre Sterling, dans son origine, étoit la même que la Livre Gauloise ou de Charlemagne. 160.

Livre Tournois, son origine. 156. Ses rapports avec la Livre de Charlemagne ou Livre Sterling. 160. — avec la Livre Parisis et la Livre Mansois. *Ibid.* et 161.

Livre *de Troy*, ses rapports avec la Livre Romaine et notre Marc de Troies. 162. en quoi elle diffère de la Livre *Aver-du-pois.* Ibid.

LOTH ; principales villes du Nord où l'on fait usage de ce poids. 162.

LUCULLIENNES (Médailles). 115.

LUPIN. 35. 36.

M.

MAILLE, c'étoit en France la même chose que l'Obole. *Voyez* ce mot. (Il y avoit des *Mailles* ou *Oboles tierces*, ainsi nommées de ce qu'elles valoient le tiers du Sou Tournois, c'est-à-dire 4 Deniers Tournois ; et des *Mailles* ou *Oboles blanches*, qu'on nommoit aussi *Sizains* ou *Petits blancs*, parce qu'elles valoient un Demi-Sou Tournois).

MANCUS ou MANCUSE. 161.

MARC *de France*. *Voyez* POIDS de MARC. —— *de Troies.* 160. —— *de Tours.* Ibid. —— de *Limoges.* Ibid. —— de la Rochelle , dit d'*Angleterre*. Ibid. Rapports de ce dernier avec le Marc de Troies. 161.

MÉDAILLONS d'or du Bas-Empire. 131.

MÉDIMNE. 26. 130. (Le Médimne étoit égal à 4 ½ *Modius* Romains).

	Asiatique ou Persien. 26.
	Attique. 27.
	Delphique ou Pythique. 26.
MÉTRÈTE	Egyptien. 27.
ou	Grèc. 25 et suiv. 34.
PIED-CUBE	Olympique. 26.
	Philétérien. 27.
	Romain. 25. 26. 34.
	de Syrie. 27.

MILIARÉSION. 108. 144.

MILLE Asiatique ou Persien. 14.

MILLE commun d'Italie. 15. 21.

MILLE Gaulois ou ancien Mille Européen. 14.

MILLE Hébreu. 13.

MILLE Romain. 13. Le nouveau Traducteur de Lucien dit, (dans une note sur l'Icaro-Ménippe, Vol. III. p. 354.) que le Mille est de 7 stades. « Cependant , ajoute-" t-il , quelques Auteurs anciens lui en " donnent 10, mais le Géographe Strabon " ne lui en donne que 8 , ainsi que d'autres. « C'est un nouvel exemple de ces prétendues contradictions qu'on a cru remarquer chez les Anciens , mais qui disparoissent lorsqu'on sait qu'il y avoit 10 stades Nautiques au *Mille Persien*, tandis qu'au *Mille Romain* dont parle Strabon , il y avoit 10 stades Pythiques, 8 stades Olympiques, ou, ce qui revient au même, 7 stades Philétériens. Le même Traducteur fait aussi une évaluation trop foible de la *Drachme*, et conséquemment de la *Mine* et du *Talent* Attiques , en ne portant la première qu'à 10 ou 12 sous de notre Monnoie actuelle. Cette évaluation eût été bonne sous Louis XIV.

MINE d'Alexandrie. 35. 42. (C'étoit la *Mine civile* des Hébreux ; leur *Mine sacrée* étoit plus forte d'un cinquième).

MINE Attique (grande). 35. 41.

———————— (petite). 35. 40. 109.

La même avant Solon. 58.

MINE Babylonienne. 35. 41.

MINE d'Egine. 35. 43.

MINE Egyptienne ou Rhodienne. 35. 40.

MINE Hébraïque. *Voyez* MINE d'Alexandrie.

MINE Italique. 35. 42. 133.

MINE de Rhégium. 35. 42.

MINE Syracusaine. 35. 40.

MINE Syrienne ou Ptolémaïque. 35. 39.
109. (Cette petite Mine, égale en valeur
au Statère d'or, est celle dont parle Pollux,
lorsqu'il dit : *Cæterum Stater aureus Minam
faciebat.* Lib. IX. C. 6).

MINE Talmudique. 40.

MODIOS ou Boisseau des Grecs. 26.

MODIUS ou Boisseau des Romains. 25. 130.

MORABATIN. 161.

MUID de Paris. Ses multiples et sous-
multiples. 22. 23. (Les deux Muids de Paris
(qui font le Tonneau d'Orléans) contenant
576 pintes, sont plus forts d'un seizième
ou de 36 pintes que le *Culeus* Romain. Nos
3 Muids de Paris sont égaux à 24 pieds
cubiques de France, ou à 32 pieds cubiques
Romains, notre pied cube étant plus fort
d'un quart que le pied cube Romain).

MULTIPLES de l'As. 133.

MURRHINS. Prix de ces Vases précieux
chez les Anciens. 152. On en voit plusieurs
au Garde-Meuble de la Couronne. *Ibid.*

MYRIADE. 46. 104. 149.

——————— (grande). 47.

MYSTRON. 25.

——————— vétérinaire. *Ibid.*

N.

NILOMETRE. 20. Coudée du Nilomètre.
Voyez Coudée du Caire ou Coudée sacrée.

NONUSSIS. 133.

NUMME ou *NUMMUS* des Latins ; ce mot
employé sans épithète désignoit le petit
Sestérce. *Voyez* Sesterce. Le Numme d'or
étoit l'*Auréus.* Voyez ce mot : enfin sous
Constantin et ses successeurs, le *Nummus*
étoit une monnoie de cuivre. *Voyez* Phollis.

O.

OBOLE Attique (petite). 35. 36.

——————— (grande). 24. 37.

OBOLE Esterlin. 160.

OBOLE de France. 142. (L'Obole en
France fut toujours la moitié du Denier,
on l'appeloit aussi *Maille* : la *Demi - Obole*
s'appeloit *Pite, Picte, Poitevine* ou *Pou-
geoise :* c'est la plus petite des espèces qui
eurent cours sous Saint-Louis, et il paroît,
par une Ordonnance, que Philippe de Valois
en fit fabriquer.)

OCTODRACHME. 38. 39. 109. (L'Octodrachme d'or s'appeloit Tétrastatère, parce
qu'il pesoit 4 Statères d'or, dont chacun étoit
du poids de deux drachmes d'argent).

OCTUSSIS. 133.

ONCE Asiatique (grande). 39.

——————— (petite). *Ibid.*

ONCE Esterlin ou de Charlemagne. 160.

ONCE Romaine. 35. 39. 135. 142. ——
réduite. 136. *et suiv.* (Par le mot *Once* les
Romains entendoient non - seulement un
douzième de la *Livre* ou de l'*As - monnoie,*
mais encore un douzième du *Pied,* du
Jugere, et même du *Sextier.*) Voyez ces
différens noms et la Table des Onces. 162.

OR. Son rapport à l'argent chez les Grecs.
35. 109. — chez les Romains. 112 *et suiv.* 143.
— sous nos Rois de la première Race. 153. —
sous la seconde Race. 157. Son rapport avec
le cuivre sous Théodose. 108. (En France le
Marc d'or fin, c'est-à-dire au titre de 24
Karats, vaut aujourd'hui 806 liv. 8 sous, et
le Marc d'argent fin au titre de 12 deniers, est
évalué à 54 liv. 17 sous, d'où il suit que le
rapport du prix de l'argent à celui de l'or est
aujourd'hui parmi nous comme 1 à 14 $\frac{2}{7}$.

Orgyie ou Hexapode. 3.

Orthodore ou Orthodoron. 1.

Oxybaphe. 25.

P.

Palma. Les Latins désignoient ainsi le petit Palme, pour le distinguer du *Palmus*, qui étoit le grand Palme. *Voyez* l'article suivant. (Ce qu'on appelle aujourd'hui *Palme* à Marseille et à Gènes, est l'ancien pied Pythique, qui subsiste également à Montpellier sous le nom de *Pam*.)

Palme ou Paleste. 1.

———— (grand). *Voyez* Spithame. (La Paleste ou petit Palme portoit aussi le nom de *Tétarte*, parce qu'elle étoit le quart du Pied ; ou le nom de *Trite*, parce qu'elle étoit le tiers du grand Palme ou de la Spithame.) Il y avoit aussi chez les Grecs un Palme de 5 doigts, qui étoit le quart du *Palmipes* ou Pied Philétérien.)

Palmipes. Voyez Pied Royal ou Philétérien.

Parasange. 15.

Pas double ou Géométrique ancien. 3.

Pas Géométrique de France. *Ibid.*

Pas Persien. *Ibid.*

Pas Romain. *Ibid.*

Pas Simple ou de Voyageur. 3.

Pechys. C'est ainsi que les Grecs nommoient la Coudée commune ou de 24 doigts. *Voyez* Coudée commune.

Penny ou Denier Sterling. 160.

Perche de France. 5. (*Note*).

———— Romaine. 4. (La Perche légale de France étant de 22 pieds, les cent Perches quarrées donnent pour l'*Arpent royal* 48400

pieds quarrés ou 1344 $\frac{4}{9}$ toises quarrées ; mais l'arpent des environs de Paris, où la perche n'est que de 18 pieds, ne vaut que 900 Toises quarrées).

Pfenning des Saxons et Penny des Anglois. *Voyez* Denier Sterling.

Pharsac d'Arabie. 15. 21.

———————— (grand). 16. 20.

Phollis ou Follis. 108.

Pied Anglois moderne, approche davantage du Pied Grèc Olympique que du Pied Romain. 1.

Pied Marseillois. *Voyez* Pied Pythique, *et au mot* Palme.

Pied Delphique. *Voyez* Pied Pythique.

Pied de Drusus. 2.

Pied Géométrique. 1. 26. (Les Anciens avoient déduit ce Pied de la mesure d'un degré de Méridien). *Voyez* la Préface.

Pied Grec Olympique. 2. 26.

Pied des Maçons, réformé sous Louis XIV. 155.

Pied Ptolémaïque. 1. (*Note*).

Pied Pythique ou Delphique. 1. 26. (Ce Pied paroit avoir été déduit de la longueur du pendule qui bat les demi-secondes de tems. *Voyez* la Préface).

Pied Romain. 1. 26. La cubature du Pied Romain de 130,6 lignes donne 1289,098 pouces cubiques de France. Un autre, un peu plus long, donne 1292,375. Enfin, si l'on veut supposer au Pied Romain 10 pouces 11 lignes de France, sa cubature donnera 1295 pouces cubiques et $\frac{331}{1728}$, ce qui diffère très-peu des 1296 pouces cubiques trouvés par la pesée des Médailles.

Q.

pintes que le Tonneau d'Orléans. Voyez aux mots Muid et *Culeus*).

QUINAIRE ou VICTORIAT. 35. 72. 132.

QUINCUNX ou QUINCONCE. 133. 138.

QUINQUESSIS ou *QUINTUSSIS*. 133.

R.

RASTE Germanique. 15.

RÉDUCTIONS de l'As. 132.

S.

SAC de plâtre 23. —— de farine, est à Paris de 325 livres, qui répondent à deux setiers ou 24 boisseaux. Le poids du boisseau de farine est de 13 ½ livres, ce qui donne pour le litron, ou seizième du boisseau, 13 onces ½. C'est un peu plus de la moitié de ce qu'il pèse en eau distillée. *Voyez* au mot Litre Asiatique.

SCHELIN ou *SCHILLING*. Monnoie Angloise ; ce qu'elle pesoit dans son origine. 160. (C'est le sou sterling ou de Charlemagne).

'SCHOÈNE du Delta ou de la basse Égypte. 16.

SCHOÈNE de l'Heptanome. 18.

SCHOÈNE Persien. 6.

SCHOÈNE de la Thébaïde ou de la haute Égypte. 17.

SCRUPULE ou SCRIPULE (*Scriplum*). 35. 37. 111. 153. Les Romains nommoient aussi *Scrupule* une superficie de 100 pieds quarrés. 288 de ces scrupules composoient leur arpent, qui se divisoit aussi, de même que la livre, en 12 onces, chacune de 24 scrupules. *Voyez* Arpent.

SEL. Combien il en faut de boisseaux au muid de Paris. 23. A l'île de Ré le *cent de sel* ou les 100 setiers équivalent à 28 muids, mesure de Brouage. Les 28 muids, mesure rase de Brouage, ne font à Oléron, à Marennes et à Brouage que 18 ⅔ muids de bosse ; à la Tremblade et à Moësse que 14 muids de bosse. Le muid de sel pèse 2000 livres ; le setier, mesure rase de Brouage, 560 livres ; ainsi les 100 setiers ou 28 muids pèsent 56000 liv., et se vendent sur bosse de 290 à 300 livres. Le poids du pied cube de sel est évalué à 148 liv. 12 onces, ce qui fait un peu plus du double de ce que pèse le pied cube d'eau distillée.

SÉLIBELLE ou SEMBELLE. 35. 36. 132.

SEMIS ou DEMI-LIVRE romaine. On l'appeloit aussi *Selibra*. 141.

SEMISSIS ou DEMI-AS. 35. avant sa réduction. 134. —— réduit 137. *et suiv.*

SEMISSIS. Voyez DEMI-SOU d'or.

SEPTIER ou SETIER de Paris pour les liquides. 22. —— pour les choses sèches. 23. (Le produit moyen d'un arpent de bled est dans les années *abondantes* de 7 à 8 setiers, mesure de Paris ; dans les *bonnes* années de 6 setiers ; dans les *médiocres* de 5 ; dans les *foibles* de 4 ; et de 3 dans les *mauvaises*).

SEPTUNX. 134

SEPTUSSIS. 133.

SESCUNX ou *SESCUNCIA*. 1 ½ onces Romaines. On entendoit par ce mot, non-seulement la 8ᵉ. partie de la livre, mais aussi la 8ᵉ. partie du pied, de l'arpent ou jugère, du sextier, &c. As réduit au *Sescunx*. Voyez la cinquième réduction. 137.

SESQUICYATHUS. C'étoit la même mesure que l'Acétabule. *Voyez ce mot.*

SESQUICULEARIS. Mesure qui contenoit une fois et demie le *Culeus*, et qui répondoit, non à 720 pintes mesure de Paris, comme le dit Boudot, mais à 810 pintes : ce qui fait, à 54 pintes près, le tonneau de Bordeaux, ou les trois muids de Paris. Voyez *CULEUS.*

SESQUIDIGITUS.
SESQUIJUGERUM.
SESQUILIBRA.
C'est 1 $\frac{1}{2}$ doigt, 1 $\frac{1}{2}$ jugère, 1 $\frac{1}{2}$ livre. *Voyez* chacun de ces mots.

SESQUIOBOLUS. Les Latins appeloient ainsi l'Obole et demie des Grecs ou le quart de drachme qui répondoit au Sesterce Romain. *Voyez* Quart de Drachme.

SESQUIPES. Un pied et demi, c'est-à-dire une *Coudée*, laquelle différoit à raison du pied dont elle étoit composée. *Voyez* Coudée.

SESTERCES (grands). 145 *et suiv.*

———— (petits). 35. 72. 132. 133. 143. 145. *et suiv.*

SEXIS ou *SEXTUSSIS.* 133.

SEXTANS. 35. 135. 142. —— réduit 136. *et suiv.*

SEXTIER Romain. 24. 25. 130. (J'écris *Sextier* pour conserver l'étymologie du mot latin *Sextarius*, car le Sextier Romain étoit juste la sixième partie du Conge. On le distinguera par ce moyen de notre SETIER de Paris , qu'on écrit aussi SEPTIER , par la raison sans doute qu'il est , à très-peu près , la *septième partie* de ce même Conge. En effet notre Chopine ou Setier de Paris seroit juste la septième partie du Conge Romain, si ce Conge contenoit 28 poissons ou $\frac{28}{8}$ de la pinte de Paris ; mais il n'en contient que 27 ; car la capacité du Sextier Romain est de 27 pouces cubiques de France qui repré-

sentent 28 pouces cubiques Romains). *Voyez au mot* Poisson.

SEXTULE. 35. 38. 127.

SEXTUSSIS. Voyez *SEXIS.*

SEXUNX. Six onces ou six pouces. Voyez *Semis.*

SICILIQUE. 35. 38.

SICLE Asiatiqne. 38.

———— Samaritain. *Ibid.* 66. et 68.

SILIQUE ou CÉRATION. 35. 36. 142.

SILIQUE d'or. 108. Note (1).

SIZAIN. C'étoit le demi-Sou Tournois , ainsi nommé de sa valeur de six Deniers Tournois. *Voyez* Sou Tournois.

SOLIDUS. Voyez Sou d'or.

SOU d'argent de la première Race. 153. 154.

SOUS DE BILLON. Ont commencé en France , sous le règne d'Henri III , en 1572. Ils étoient au titre de 3 deniers 12 grains , et portoient le nom de *Douzains ,* parce qu'ils valoient 12 deniers d'alors. *Voyez* Billon.

SOU de cuivre. Son origine est très-moderne. 154.

SOU Mansois. Ses rapports avec le Sou de Charlemagne et le Sou Tournois. 160.

SOU d'or. 108. 126 *et suiv.* 129. 144. 153. *et suiv.* Ses multiples. 130 *et suiv.* de Catalogne, à la taille de 21 à la livre Romaine. 161.

SOU Parisis étoit le vingtième de la Livre Parisis. 161. Ses rapports avec le Sou Tournois. *Ibid.*

Sou Sterling ou de Charlemagne 160.

Sou ou Gros Tournois. *Ibid.* (Il étoit au titre de 11 deniers 12 grains de fin, à la taille de 58 au marc, et conséquemment du poids de 79 $\frac{24}{71}$ grains. Il en falloit quatre au sou sterling. On les appeloit encore *Grands Blancs*, *Gros Deniers Blancs* ou *Douzains*, de leur valeur de 2 *Petits Blancs* ou de 12 deniers Tournois.)

Spithame ou Grand Palme. 1.

Stade d'Aristote ou Petit Stade. 7. 8. Suivant Hérodote (livre VII. c. 34), depuis Abydos jusqu'à la côte opposée, le trajet est de sept Stades. Or ce trajet n'étant que d'environ 357 $\frac{1}{2}$ de nos toises, M. d'Anville en a conclu que les Stades dont Hérodote parle en cet endroit n'étoient que de 51 toises, ce qui est à très-peu près la mesure du petit Stade. *Voyez Mém. de l'Acad. Royale des Inscr. Vol. 28. p. 334. et Vol. 26. p. 82.*

Stade de Cléomède. 7. 8.

Stade d'Eratosthène. 7. 9.

Stade d'Hérodote ou de Possidonius. *Ib.*

Stade double ou Diaule. 12.

Stade Egyptien ou Alexandrin. 7. 11.

Stade (grand) ou Stade des Stades. *Ibid.*

Stade Macédonien de M. d'Anville. *Voyez* Stade d'Aristote.

Stade Nautique ou Persien. 7. 9.

Stade Olympique. 7. 10.

Stade Pythique ou Delphique. 7. 8.

Stade royal ou Phjlétérien. 7. 11. 93.

Statère d'argent. 35.

Statère ou Sicle Asiatique. 38.

Statère Grec. *Ibid.*

Statère d'or. Son rapport avec l'argent. 35. 38. Son poids 58. 108. 109.

Statère d'or de Cyzique. 109.

Statmes ou Relais d'Asie. 17.

Statues Colossales des Grecs. Leurs dimensions. 80.

Stips uncialis. Voyez Once Romaine.

T.

Talent d'Alexandrie. 34. 46. 107. *et suiv.* C'est le même que le Talent Hébraïque. *Voyez* Talent des Hébreux.

Talent Attique (grand). 34. 45. 95. 98.

———————— (petit). 34. 44.

———————— (moyen). 81. 86.

Talent Numismatique. 58. 110.

Talent Babylouien. 34. 44. 48.

Talent Corinthien. 45. 95.

Talent d'Egine. 34. 47. 48. 110.

Talent Egyptien ou Rhodien. 34. 43. 63. 94.

Talent Euboïque. 59. 63.

Talent Hécatontade. 48.

Talent des Hébreux. 107. 108.

Talent Italique. 34. 45. 141.

Talent Macédonien. 109.

Talent d'or ordinaire ou de compte. 48. 109.

——————— d'Homère Ibid. et 58. 109.

——————— Numismatique des Hébreux. 109.

——————— Numismatique de Syrie. *Ib.*

K k k

TALENT de Rhégium. 34. 46. 1 4.

TALENT Sicilien ou Numismatique d'argent. 58. 110.

TALENT Syrien ou Ptolémaïque. 34. 43. On comptoit à ce Talent 12 mille drachmes égyptiennes ou de Cléopatre, c'est-à-dire 12000 petites oboles attiques. Sa Mine, égale à 33 ⅓ petites drachmes attiques, pesoit 100 Scrupules, c'est-à-dire 100 Dioboles ou 200 Oboles attiques du n°. II. et valoit un *Statère d'or.* Voyez MINE SYRIENNE.

TÉRONCE. 36. 132.

TÉTARTE ou Quart de pied. *Voyez* Palme ou Paleste.

TÉTARTE ou Quart du Setier Grec. 25.

TÉTRADRACHME. 35. 38. 39.

———————— d'or. *Voyez* Distatère d'or.

TETRASSARION. 108.

TÉTROBOLE. 35.

TIERS DE SOU d'or ou *TREMISSIS.* 126. 129. 153. *et suiv.*

———————— d'argent de la loi Salique. 154.

TOISE de France, *dite* du Châtelet, ses sous-multiples. 155 (note *b.*) — de Charlemagne étoit plus longue de 6 lignes. *Ibid.*

TREMISSIS ou *TRIANIS* d'argent de la première race. 154.

———————— d'or. *Voyez* Tiers de Sou d'or.

TRESSIS. 133.

TRIANIS ou *TREMISSIS.* 154.

TRICESSIS. 133.

TRIENS. 35. 134. 141. 142. — réduit. 136. *et suiv.*

TRIOBOLE. 35.

TRIPONDIUS. 133. 136.

TRISTATÈRE d'or. 109.

TRITE. *Voyez* au mot Palme.

V.

VASES de Cristal de Roche, leur prix chez les Anciens. 152. — de Sardoine orientale. *Voyez* Murrhins.

VERSE. Mesure de superficie qui étoit la même que l'Aroure. *Voyez ce mot.*

VICTORIAT ou QUINAIRE. 35. 46.

VIGESSIS. 133.

UNCIA ou *STIPS UNCIALIS.* Voyez Once Romaine.

URNE. 24. 25. 34.

W.

WERSTE de Russie. 21. (C'est le Werste ancien, le nouveau est égal à 552 ⅓ toises de France).

X.

XESTÈS ou Setier Grec. 25.

XYLON. 3.

Z.

ZUZ des Hébreux. *Voyez au mot* Drachme Asiatique.

BIBLIOTHÈQUE ROYALE

FIN DE LA TABLE DES POIDS, MESURES, &c.

ERRATA.

Préface, *page* xvij, *ligne 5* de la note, *trigenta*, lisez *triginta*.

Page   1, *ligne 8, Palma*, lisez *Palmus*.

——   5, —— 2, $1\frac{1}{6}$, *lisez* $1\frac{1}{5}$.

——   7, *dernière colonne, ligne 28*, 9 pouces 7 lignes, ajoutez $\frac{7}{10}$.

——   12, —— 14, Hérodote, *lisez* Héron.

——   13, —— 14, aporté, *lisez* a porté.

——   24, —— 11, Quadantal, *lisez* Quadrantal.

—— *Ibid*, note (*a*) *ligne* 8, *vii* lisez *vini*.

——   26, *ligne* 1, La Médimne, *lisez* Le Médimne.

—— *Ibid*, —— 6, de la dernière colonne, 3, *ajoutez* $\frac{696}{1280}$.

—— *Ibid*, —— 7, Ibid, 1, *ajoutez* $\frac{232}{1280}$.

——   29, —— 9 et 10, Tungstène, *lisez* Tung-Stein.

——   46, —— 34, } milles, *lisez* mille.
——   48, —— 7, }

——   55, 76 et 91, Sylphium, *lisez* Silphium.

——   56, *ligne* 7, Sicile, *lisez* Cilicie.

——   69, —— 11, *Talentum inquo*, lisez *Talentum in quo*.

——   75, Cephalœdium. Crète, *lisez* Cephalœdium. Sicile.

——   95, *ligne* 9, du n°. 11, *lisez* du n°. II.

——   100, —— 19, Paphos. Isle, *ajoutez* de Chypre.

——   115, —— 20, Qninaire, lisez *Quinaire*.

——   127, n°. 245, Restitor, *lisez* Restitvtor.

——   147, 5ᵉ. colonne, *ligne* 3, de Frace, *lisez* de France.

——   148, *ligne* 1, Assinius, *lisez dans les deux colonnes* Asinius.

——   175, —— 25, Jephthé, *lisez* Jephté.

www.ingramcontent.com/pod-product-compliance
Ingram Content Group UK Ltd.
Pitfield, Milton Keynes, MK11 3LW, UK
UKHW022009170726
13837UKWH00001B/76